21世纪高等学校计算机专业实用规划教材

Python
快乐编程
Web开发

◎千锋教育高教产品研发部 / 编著

清华大学出版社
北京

内容简介

本书共12章,主要包括 Web 客户端基础、Web 编程的网络基础和数据库基础、Web 开发的主要框架(Django、Flask、Tornado)、Django 项目实战、Flask 项目实战等内容。随着 Python 的发展,Python3.x 会称霸整个市场,因此本书使用 Python3.6 讲解实战,直接以实战的形式让读者实际体验 Python Web,使读者轻松快乐地学会 Python Web 开发。

本书适合有一定 Python 以及 Web 基础的读者学习。

本书封面贴有清华大学出版社防伪标签,无标签者不得销售。
版权所有,侵权必究。举报:010-62782989,beiqinquan@tup.tsinghua.edu.cn

图书在版编目(CIP)数据

Python 快乐编程. Web 开发/千锋教育高教产品研发部编著. —北京:清华大学出版社,2020.5(2025.3重印)
21世纪高等学校计算机专业实用规划教材
ISBN 978-7-302-55258-1

Ⅰ. ①P… Ⅱ. ①千… Ⅲ. ①软件工具—程序设计—高等学校—教材 Ⅳ. ①TP311.561

中国版本图书馆 CIP 数据核字(2020)第 051913 号

责任编辑:贾 斌
封面设计:胡耀文
责任校对:胡伟民
责任印制:丛怀宇

出版发行:清华大学出版社
    网　　址:https://www.tup.com.cn,https://www.wqxuetang.com
    地　　址:北京清华大学学研大厦 A 座 邮　　编:100084
    社 总 机:010-83470000 邮　　购:010-62786544
    投稿与读者服务:010-62776969,c-service@tup.tsinghua.edu.cn
    质量反馈:010-62772015,zhiliang@tup.tsinghua.edu.cn
    课件下载:https://www.tup.com.cn,010-83470236
印 装 者:三河市龙大印装有限公司
经　　销:全国新华书店
开　　本:185mm×260mm 印　张:21.75 字　数:545 千字
版　　次:2020 年 7 月第 1 版 印　次:2025 年 3 月第 6 次印刷
印　　数:3001~3100
定　　价:59.00 元

产品编号:078663-01

编委会

（排名不论先后）

总　　监　　胡耀文　　杨　生
主　　编　　曾　吉　　徐占鹏
副 主 编　　彭晓宁　　印　东　　巩艳华
　　　　　　　　邵　斌　　王琦晖　　李雪梅
　　　　　　　　贾世祥　　唐新亭　　尹少平
　　　　　　　　慈艳柯　　朱丽娟　　张红艳
　　　　　　　　叶培顺　　杨　斐　　白妙青
　　　　　　　　任条娟　　舒振宇　　赵　强
　　　　　　　　周凤翔　　曲北北　　耿海军
　　　　　　　　李素清

出版说明

随着我国改革开放的进一步深化,高等教育也得到了快速发展,各地高校紧密结合地方经济建设发展需要,科学运用市场调节机制,加大了使用信息科学等现代科学技术提升、改造传统学科专业的投入力度,通过教育改革合理调整和配置了教育资源,优化了传统学科专业,积极为地方经济建设输送人才,为我国经济社会的快速、健康和可持续发展以及高等教育自身的改革发展做出了巨大贡献。但是,高等教育质量还需要进一步提高以适应经济社会发展的需要,不少高校的专业设置和结构不尽合理,教师队伍整体素质亟待提高,人才培养模式、教学内容和方法需要进一步转变,学生的实践能力和创新精神亟待加强。

教育部一直十分重视高等教育质量工作。2007年1月,教育部下发了《关于实施高等学校本科教学质量与教学改革工程的意见》,计划实施"高等学校本科教学质量与教学改革工程(简称'质量工程')",通过专业结构调整、课程教材建设、实践教学改革、教学团队建设等多项内容,进一步深化高等学校教学改革,提高人才培养的能力和水平,更好地满足经济社会发展对高素质人才的需要。在贯彻和落实教育部"质量工程"的过程中,各地高校发挥师资力量强、办学经验丰富、教学资源充裕等优势,对其特色专业及特色课程(群)加以规划、整理和总结,更新教学内容、改革课程体系,建设了一大批内容新、体系新、方法新、手段新的特色课程。在此基础上,经教育部相关教学指导委员会专家的指导和建议,清华大学出版社在多个领域精选各高校的特色课程,分别规划出版系列教材,以配合"质量工程"的实施,满足各高校教学质量和教学改革的需要。

本系列教材立足于计算机专业课程领域,以专业基础课为主、专业课为辅,横向满足高校多层次教学的需要。在规划过程中体现了如下一些基本原则和特点。

(1) 反映计算机学科的最新发展,总结近年来计算机专业教学的最新成果。内容先进,充分吸收国外先进成果和理念。

(2) 反映教学需要,促进教学发展。教材要适应多样化的教学需要,正确把握教学内容和课程体系的改革方向,融合先进的教学思想、方法和手段,体现科学性、先进性和系统性,强调对学生实践能力的培养,为学生知识、能力、素质协调发展创造条件。

(3) 实施精品战略,突出重点,保证质量。规划教材把重点放在公共基础课和专业基础课的教材建设上;特别注意选择并安排一部分原来基础比较好的优秀教材或讲义修订再版,逐步形成精品教材;提倡并鼓励编写体现教学质量和教学改革成果的教材。

(4) 主张一纲多本,合理配套。专业基础课和专业课教材配套,同一门课程有针对不同层次、面向不同应用的多本具有各自内容特点的教材。处理好教材统一性与多样化,基本教材与辅助教材、教学参考书,文字教材与软件教材的关系,实现教材系列资源配套。

(5) 依靠专家,择优选用。在制定教材规划时要依靠各课程专家在调查研究本课程教材建设现状的基础上提出规划选题。在落实主编人选时,要引入竞争机制,通过申报、评审确定主题。书稿完成后要认真实行审稿程序,确保出书质量。

  繁荣教材出版事业,提高教材质量的关键是教师。建立一支高水平教材编写梯队才能保证教材的编写质量和建设力度,希望有志于教材建设的教师能够加入到我们的编写队伍中来。

21世纪高等学校计算机专业实用规划教材

联系人:魏江江 weijj@tup.tsinghua.edu.cn

前言

为什么要写这样一本书

当今世界是知识爆炸的世界,科学技术与信息技术急速地发展,新型技术层出不穷。但教科书却不能将这些知识内容随时编入,致使教科书的知识内容瞬息便会陈旧不实用,以致教材的陈旧性与滞后性尤为突出。在初学者还不会编写一行代码的情况下,就开始讲解算法,这样只会吓跑初学者,让初学者难以入门。

IT 这个行业,不仅需要理论知识型人才,更需要实用型、技术过硬、综合能力强的人才。所以,高等学校毕业生求职面临的第一道门槛就是技能与经验的考验。由于学校往往注重学生的素质教育和理论知识,而忽略了对学生的实践能力培养。

如何解决这一现象

为了杜绝这一现象,本书倡导的是快乐学习,实战就业。在语言描述上力求准确、通俗、易懂,在章节编排上力求循序渐进,在语法阐述时尽量避免术语和公式,从项目开发的实际需求入手,将理论知识与实际应用相结合。目标就是让初学者能够快速成长为初级程序员,并拥有一定的项目开发经验,从而在职场中拥有一个高起点。

前言

在瞬息万变的 IT 时代,一群怀揣梦想的人创办了千锋教育,投身到 IT 培训行业。六年来,一批批有志青年加入千锋教育,为了梦想笃定前行。千锋教育秉承用良心做教育的理念,为培养"顶级 IT 精英"而付出一切努力,为什么会有这样的梦想,我们先来听一听用人企业和求职者的心声:

"现在符合企业需求的 IT 技术人才非常紧缺,这方面的优秀人才我们会像珍宝一样对待,可为什么至今没有合格的人才出现?"

"面试的时候,用人企业问能做什么,这个项目如何来实现,需要多长的时间,我们当时都蒙了回答不上来。"

"这已经是面试过的第十家公司了,如果再不行的话,是不是要考虑转行了。难道大学里的四年都白学了?"

"这已经是参加面试的第 N 个求职者了。为什么都是学计算机专业的,但当问到项目如何实现时,怎么连思路都没有呢?"

这些心声并不是个别现象,而是中国社会反映出的一种普遍现象。高等学校的 IT 教育与企业的真实需求存在脱节,如果高校的相关课程仍然不进行更新,毕业生将面临难以就业的困境。很多用人单位表示,高等学校毕业生表象上知识丰富,但绝大多数在实际工作中用之甚少,甚至完全用不上高校学习阶段所学知识。针对上述存在的问题,国务院也作出了关于加快发展现代职业教育的决定。很庆幸,千锋教育所做的事情就是配合高等学校达成产学合作。

千锋教育致力于打造 IT 职业教育全产业链人才服务平台,全国数十家分校,数百名讲师坚持以教学为本的方针,全部采用面对面教学,传授企业实用技能,教学大纲实时紧跟企业需求,拥有全国一体化就业体系。千锋教育的价值观是"做真实的自己,用良心做教育"。

针对高校教师的服务:

(1) 千锋教育基于近六年的教育培训经验,精心设计了包含"教材+授课资源+考试系统+测试题+辅助案例"的教学资源包,节约教师的备课时间,缓解教师的教学压力,显著提高教学质量。

(2) 本书配套代码视频,索取网址:http://www.codingke.com/。

(3) 本书配备了千锋教育优秀讲师录制的教学视频,按本书知识结构体系部署到了教学辅助平台(扣丁学堂)上,可以作为教学资源使用,也可以作为备课参考。

高校教师如需索要配套教学资源,请关注扣丁学堂师资服务平台,扫描下方二维码关注微信公众平台索取。

针对高校学生的服务:

扣丁学堂

（1）学 IT 有疑问，就找千问千知，它是一个有问必答的 IT 社区，平台上的专业答疑辅导老师承诺工作时间 3 小时内答复您学习 IT 中遇到的专业问题。读者也可以通过扫描下方的二维码，关注千问千知微信公众平台，浏览其他学习者在学习中分享的问题和收获。

（2）学习太枯燥，想了解其他学校的伙伴都是怎样学习的，可以加入扣丁俱乐部。"扣丁俱乐部"是千锋教育联合各大校园发起的公益计划，专门面向对 IT 有兴趣的大学生提供免费的学习资源和问答服务，已有超过 30 多万名学习者获益。

就业难，难就业，千锋教育让就业不再难！

千问千知

关于本教材

本教材既可作为高等学校本、专科计算机相关专业的 Python Web 实战入门教材，还包含了千锋教育 Python Web 阶段全部的课程内容，是一本适合广大计算机编程爱好者的优秀读物。

抢 红 包

本书配套源代码、习题答案的获取方法：添加小千 QQ 号或微信号 2133320438。

注意！小千会随时发放"助学金红包"。

致　谢

本教材由千锋教育高教产品研发部组织编写，将千锋教育 Python 学科多年积累的实战案例进行整合，通过反复精雕细琢最终完成了这本著作。另外，多名院校老师也参与了教材的部分编写与指导工作，除此之外，千锋教育 500 多名学员也参与到了教材的试读工作中，他们站在初学者的角度对教材提供了许多宝贵的修改意见，在此一并表示衷心的感谢。

意见反馈

在本书的编写过程中，虽然力求完美，但难免有一些不足之处，欢迎各界专家和读者朋友们给予宝贵意见，联系方式：huyaowen@1000phone.com。

千锋教育高教产品研发部

2019-11-25 于北京

目 录

第 1 章 初识 Python Web ... 1

1.1 Python Web 开发简介 ... 1
- 1.1.1 所需技术能力 ... 1
- 1.1.2 Python 开发 Web 应用的优势 ... 1
- 1.1.3 选择 Python3.x 版本的原因 ... 2

1.2 Python Web 框架简介 ... 2
- 1.2.1 主流框架 ... 2
- 1.2.2 其他框架 ... 3

1.3 框架的选择 ... 3
1.4 MVC 架构 ... 4
1.5 虚拟环境 ... 5
- 1.5.1 Python 虚拟环境 ... 5
- 1.5.2 pip 和 easy_install ... 5
- 1.5.3 虚拟环境的安装 ... 6

1.6 本章小结 ... 10
1.7 习题 ... 10

第 2 章 Web 客户端基础 ... 12

2.1 HTML 基础 ... 12
- 2.1.1 HTML 简介 ... 12
- 2.1.2 HTML 标签与表单 ... 12
- 2.1.3 HTML 在 Web 中的运用 ... 19

2.2 CSS 基础 ... 22
- 2.2.1 CSS 简介与基础使用 ... 22
- 2.2.2 CSS 语法规则 ... 23
- 2.2.3 CSS 与 DIV 实现 Web 布局 ... 25

2.3 JavaScript 基础 ... 28
- 2.3.1 JavaScript 简介与基本使用 ... 28
- 2.3.2 JavaScript 基本语法 ... 29
- 2.3.3 DOM 模型与 Window 对象 ... 33

  2.3.4 Web 中 HTML 事件处理 ……………………………………… 37

 2.4 本章小结 …………………………………………………………… 39

 2.5 习题 ………………………………………………………………… 40

第 3 章 Web 客户端进阶 ………………………………………………… 41

 3.1 jQuery ……………………………………………………………… 41

  3.1.1 jQuery 简介与使用 ……………………………………… 41

  3.1.2 jQuery 选择器 …………………………………………… 43

  3.1.3 jQuery action ……………………………………………… 43

  3.1.4 jQuery 事件 ……………………………………………… 47

  3.1.5 jQuery Ajax ……………………………………………… 49

 3.2 Bootstrap …………………………………………………………… 51

  3.2.1 Bootstrap 简介 …………………………………………… 51

  3.2.2 Bootstrap 全局 CSS 样式 ………………………………… 54

  3.2.3 Bootstrap 组件 …………………………………………… 56

 3.3 本章小结 …………………………………………………………… 59

 3.4 习题 ………………………………………………………………… 59

第 4 章 Web 编程之网络基础 ………………………………………… 60

 4.1 网络基础与 TCP/IP ……………………………………………… 60

  4.1.1 网络基础概述 …………………………………………… 60

  4.1.2 C/S 与 B/S 架构介绍 …………………………………… 61

  4.1.3 TCP/IP 与 UDP ………………………………………… 63

 4.2 HTTP 协议 ………………………………………………………… 65

  4.2.1 初识 HTTP ……………………………………………… 65

  4.2.2 URL ……………………………………………………… 66

  4.2.3 HTTP 请求与响应 ……………………………………… 66

  4.2.4 HTTP 消息报头 ………………………………………… 68

 4.3 Cookie 与 Session ………………………………………………… 70

  4.3.1 会话 ……………………………………………………… 70

  4.3.2 Cookie …………………………………………………… 70

  4.3.3 Session …………………………………………………… 71

 4.4 本章小结 …………………………………………………………… 72

 4.5 习题 ………………………………………………………………… 72

第 5 章 数据库基础 …………………………………………………… 73

 5.1 数据库基础 ………………………………………………………… 73

  5.1.1 数据库基本概念 ………………………………………… 73

  5.1.2 常用数据库简介 ………………………………………… 74

5.2 关系数据库 ... 76
 5.2.1 关系数据库简介 ... 76
 5.2.2 关系数据库建模 ... 76
 5.2.3 SQL 简介 ... 79
 5.2.4 SQL 实战 ... 79
5.3 Redis 安装 ... 90
5.4 本章小结 ... 91
5.5 习题 ... 91

第 6 章 Django——企业级开发框架 ... 93

6.1 Django 概述、安装及使用 ... 93
 6.1.1 Django 简介 ... 93
 6.1.2 Django 安装 ... 94
 6.1.3 Hello World 实现 ... 96
6.2 模型层 ... 97
 6.2.1 ORM ... 97
 6.2.2 模型层设计的步骤 ... 99
 6.2.3 模型层的基本操作 ... 102
6.3 模板 ... 106
 6.3.1 模板的基础 ... 106
 6.3.2 模板的使用 ... 107
 6.3.3 基本模板标签和过滤器 ... 108
 6.3.4 模板的继承 ... 110
6.4 视图层 ... 112
 6.4.1 Django 中 URL 映射配置 ... 112
 6.4.2 视图函数 ... 115
6.5 请求与响应 ... 116
 6.5.1 WSGI ... 117
 6.5.2 请求 ... 118
 6.5.3 响应 ... 119
6.6 Django 表单详解 ... 120
 6.6.1 一个简单的表单 ... 120
 6.6.2 表单绑定 ... 122
 6.6.3 表单数据验证 ... 122
6.7 本章小结 ... 125
6.8 习题 ... 125

第 7 章 Django 框架进阶 ... 127

7.1 Django Admin 站点管理 ... 127

7.1.1 Admin 站点简介 ······ 127
7.1.2 Admin 站点配置与登录 ······ 127
7.1.3 Admin 的使用 ······ 131
7.1.4 Admin 站点的定制 ······ 136
7.2 Django 的高级扩展 ······ 142
7.2.1 静态文件 ······ 142
7.2.2 中间件 ······ 144
7.2.3 分页 ······ 146
7.2.4 Ajax ······ 149
7.2.5 富文本 ······ 151
7.2.6 Celery ······ 153
7.2.7 文件上传 ······ 157
7.3 本章小结 ······ 160
7.4 习题 ······ 160

第 8 章 Flask——快速建站 ······ 162

8.1 Flask 概述 ······ 162
8.1.1 Flask 简介 ······ 162
8.1.2 Flask 安装 ······ 163
8.1.3 Flask 实现第一行代码 ······ 165
8.2 路由详解 ······ 166
8.2.1 一般路由 ······ 166
8.2.2 带参数的路由 ······ 166
8.2.3 HTTP 访问方式 ······ 169
8.2.4 生成 URL ······ 170
8.3 Jinja2 模板 ······ 171
8.3.1 初识 Jinja2 ······ 171
8.3.2 Jinja2 基础语法 ······ 172
8.3.3 控制结构 ······ 174
8.3.4 过滤器 ······ 177
8.3.5 模板继承 ······ 178
8.4 SQLAlchemy ······ 178
8.4.1 SQLAlchemy 安装 ······ 178
8.4.2 SQLAlchemy 的初使用 ······ 181
8.4.3 使用 SQLAlchemy 进行数据库操作 ······ 185
8.5 WTForm 表单 ······ 188
8.5.1 表单定义 ······ 188
8.5.2 模板编写 ······ 189
8.5.3 接收表单数据 ······ 190

    8.5.4 表单验证 190
  8.6 本章小结 192
  8.7 习题 192

第 9 章 Flask 框架进阶 193

  9.1 上下文 193
    9.1.1 本地线程 193
    9.1.2 应用上下文 194
    9.1.3 请求上下文 194
  9.2 Flask 扩展 195
    9.2.1 Flask-Script 195
    9.2.2 Flask-DebugToolbar 197
    9.2.3 Flask-Admin 199
    9.2.4 Flask-Migrate 200
    9.2.5 Flask-Cache 200
    9.2.6 循环引用 202
  9.3 Werkzeug 的使用 203
    9.3.1 常用数据结构 203
    9.3.2 功能函数 204
    9.3.3 加密 206
    9.3.4 中间件 206
  9.4 本章小结 208
  9.5 习题 208

第 10 章 Tornado——高并发处理 210

  10.1 Tornado 概述与安装 210
    10.1.1 Tornado 简介 210
    10.1.2 Tornado 安装 210
    10.1.3 Tornado 实现"Hello World" 213
  10.2 协程的使用 214
    10.2.1 同步与异步 I/O 214
    10.2.2 yield 关键字与生成器 214
    10.2.3 协程 215
  10.3 WebSocket 的运用 218
    10.3.1 WebSocket 概念 218
    10.3.2 WebSocket 运用 219
  10.4 Tornado 的运行和部署 222
    10.4.1 开启调试模式 222
    10.4.2 静态文件和文件缓存 223

10.4.3 线上运营配置 …… 224
10.5 Tornado 操作数据库 …… 226
  10.5.1 ORM 包 …… 226
  10.5.2 操作数据库 …… 228
10.6 本章小结 …… 230
10.7 习题 …… 230

第 11 章 Django 实战 …… 232

11.1 项目概览及准备 …… 232
11.2 用户管理 …… 234
  11.2.1 用户注册 …… 234
  11.2.2 用户登录 …… 237
  11.2.3 修改密码 …… 240
11.3 页面设计 …… 241
  11.3.1 基页面 …… 241
  11.3.2 首页 …… 244
  11.3.3 分类管理页面设计 …… 246
  11.3.4 图书管理页面设计 …… 248
  11.3.5 作者管理页面设计 …… 252
  11.3.6 出版社管理页面设计 …… 255
11.4 分类管理 …… 258
  11.4.1 添加分类 …… 258
  11.4.2 编辑分类信息 …… 260
  11.4.3 删除分类信息 …… 261
  11.4.4 分页显示分类信息 …… 263
11.5 图书管理 …… 264
  11.5.1 添加书籍信息 …… 264
  11.5.2 编辑书籍信息 …… 266
  11.5.3 删除书籍信息 …… 268
  11.5.4 分页显示书籍信息 …… 268
  11.5.5 查询书籍信息 …… 270
11.6 作者管理 …… 272
  11.6.1 添加作者信息 …… 273
  11.6.2 编辑作者信息 …… 274
  11.6.3 删除作者信息 …… 275
  11.6.4 分页显示作者信息 …… 276
11.7 出版社管理 …… 278
  11.7.1 添加出版社信息 …… 278
  11.7.2 编辑出版社信息 …… 279

11.7.3 删除出版社信息 ………………………………………………… 280
11.7.4 分页显示出版社信息 ……………………………………………… 282
11.8 本章小结 ……………………………………………………………… 283
11.9 习题 …………………………………………………………………… 284

第 12 章 Flask 实战 ……………………………………………………… 285

12.1 项目概览及准备 ……………………………………………………… 285
    12.1.1 项目概览 …………………………………………………… 285
    12.1.2 项目配置 …………………………………………………… 286
    12.1.3 项目所使用扩展 …………………………………………… 288
    12.1.4 数据库生成 ………………………………………………… 289
    12.1.5 蓝本(蓝图)的使用 ………………………………………… 291
12.2 页面设计 ……………………………………………………………… 292
    12.2.1 基页面 ……………………………………………………… 292
    12.2.2 宏文件 ……………………………………………………… 294
    12.2.3 首页 ………………………………………………………… 295
    12.2.4 用户信息管理页面设计 …………………………………… 297
    12.2.5 博客管理页面设计 ………………………………………… 300
    12.2.6 发送邮件页面设计 ………………………………………… 301
    12.2.7 错误展示页面设计 ………………………………………… 302
12.3 表单管理 ……………………………………………………………… 302
    12.3.1 用户表单 …………………………………………………… 302
    12.3.2 博客表单 …………………………………………………… 304
12.4 首页管理 ……………………………………………………………… 304
12.5 用户管理 ……………………………………………………………… 306
    12.5.1 用户注册 …………………………………………………… 306
    12.5.2 用户登录 …………………………………………………… 311
    12.5.3 用户信息展示 ……………………………………………… 313
    12.5.4 用户信息修改 ……………………………………………… 314
12.6 博客管理 ……………………………………………………………… 321
    12.6.1 发表博客 …………………………………………………… 321
    12.6.2 收藏博客 …………………………………………………… 321
    12.6.3 "我的博客"展示 …………………………………………… 324
    12.6.4 删除博客 …………………………………………………… 325
12.7 本章小结 ……………………………………………………………… 327
12.8 习题 …………………………………………………………………… 327

第 1 章 初识 Python Web

本章学习目标
- 了解使用 Python 开发 Web 应用需具备的技能
- 了解 Python Web 框架
- 了解 MVC 架构
- 掌握虚拟环境的使用

随着 Web 技术的发展和软件工程的日益成熟,工程师提出敏捷开发的需求。其他编程语言由于其复杂性而很难满足需求,Python 的出现解决了这一难题。Python 是一种解释型的脚本语言,其开发效率非常高,因此适合用来开发 Web 应用程序。

1.1 Python Web 开发简介

本节将讲解三部分内容,第一是学习 Python Web 开发之前需要具备的技术能力,第二是 Python 开发 Web 应用的优势,第三是选择 Python3.x 版本的原因。

1.1.1 所需技术能力

本书主要讲解 Python Web 开发,Python Web 开发包含的内容比较多,因此开发人员需要具备以下技术能力:

(1) 熟悉 Python 基础(参考《快乐编程 Python 基础入门》)。
(2) 至少熟悉一种 Python Web 框架(部分技术的核心知识在后面章节中会详细讲解)。
(3) 熟悉数据库、缓存、消息队列等技术的使用(参考《MySQL 数据库从入门到精通》)。
(4) 了解 HTML、CSS、JavaScript(本书有相应讲解)。
(5) 至少熟悉一种 IDE(本书使用 PyCharm)。
(6) 了解计算机网络(本书也有相应的讲解)。

以上是在学习 Python Web 开发之前所需具备的一些技术能力,其中部分技术的核心知识在后面章节中会详细讲解。

1.1.2 Python 开发 Web 应用的优势

目前有多种语言可以进行 Web 开发,如 Python、PHP、C♯等等,选择 Python 开发有以下优势:

(1) TIOBE 2017 年 6 月语言排行榜中 Python 排名第 4,如图 1.1 所示。

Jun 2017	Jun 2016	Change	Programming Language	Ratings	Change
1	1		Java	14.493%	-6.30%
2	2		C	6.848%	-5.53%
3	3		C++	5.723%	-0.48%
4	4		Python	4.333%	+0.43%
5	5		C#	3.530%	-0.26%
6	9	∧	Visual Basic .NET	3.111%	+0.76%
7	7		JavaScript	3.025%	+0.44%
8	6	∨	PHP	2.774%	-0.45%
9	8	∨	Perl	2.309%	-0.09%
10	12	∧	Assembly language	2.252%	+0.13%
11	10	∨	Ruby	2.222%	-0.11%
12	14	∧	Swift	2.209%	+0.38%
13	13		Delphi/Object Pascal	2.158%	+0.22%
14	16	∧	R	2.150%	+0.61%
15	48	∧∧	Go	2.044%	+1.83%
16	11	∨	Visual Basic	2.011%	-0.24%
17	17		MATLAB	1.996%	+0.55%
18	15	∨	Objective-C	1.957%	+0.25%
19	22	∧	Scratch	1.710%	+0.76%
20	18	∨	PL/SQL	1.566%	+0.22%

图 1.1   TIOBE 2017 年 6 月语言排行榜

在图 1.1 中,Python 在 2016 年就已经排名第 4,并且前 5 种语言中,只有 Python 热度在增长,可见 Python 的火热程度。

(2) Python 有非常强大的标准库和第三方库,并且很多著名项目都是用 Python 完成的,如豆瓣、Google、搜狐、YouTube、Instagram 等都有选择 Python 作为 Web 开发语言。

(3) Python 语言简单易学,并且发展时间比较久,非常健壮优雅。

(4) Python 的资料非常丰富,如 Django、Flask、Tornado 等开源框架。

1.1.3 选择 Python3.x 版本的原因

本书代码使用 Python3.6.2 编写,主要有以下几点原因:

(1) Python2.x 即将退出历史舞台,如 Django2.0 往后将不再支持 Python2.x。

(2) Python3.x 是目前最新的 Python 版本,学习肯定要与时俱进。

(3) Python 中的第三方库已基本支持 Python3.x,满足开发需要。

(4) Python3.x 的执行效率更高。

1.2 Python Web 框架简介

1.2.1 主流框架

1. Django

Django 始于 2003 年,是现今 Python Web 框架中最成熟、最著名、应用最广泛的框架,被称之为企业级的 Web 框架,而且还是一个开放源代码的 Web 应用框架。

2. Flask

Flask 是 Python Web 框架中较为年轻的一个,诞生于 2010 年。Flask 使用简单的核心,用扩展(extension)增加其他功能,因此它是一个轻量级的 Web 框架。Flask 没有默认使用的数据库和窗体验证工具,因此也被称为 microframework。其 WSGI 工具箱采用 Werkzeug,模板引擎则使用 Jinja2,Flask 使用 BSD 授权。

3. Tornado

Tornado 是在 FriendFeed 的 Web 服务器及其常用工具上的开源版本。Tornado 和目前主流的 Web 服务器框架(包括大多数 Python 框架)有着明显区别:它是非阻塞式服务器,而且速度相当快。得利于其非阻塞的方式和对 epoll 的运用,Tornado 每秒可以处理数以千计的连接,因此 Tornado 是实现实时 Web 服务的一个理想框架。开发这个 Web 服务器的主要目的是处理 FriendFeed 的实时功能——在 FriendFeed 的应用中每一个活动用户都会保持着一个服务器连接。

4. Web.py

Web.py 是一个轻量级 Python Web 框架,它具有简单、功能强大、开源等优点,该框架由已故美国作家、Reddit 联合创始人、RSS 规格合作创造者、著名计算机黑客 Aaron Swartz 开发。Web.py 目前已被很多家大型网站所使用。Web.py 以简单易学著称,开发者只需了解 Python 基础,就可以掌握 Web.py。

5. Bottle

Bottle 也是一个轻量级 Python Web 框架,其简单高效,遵循 WSGI。之所以轻量,是因为它只有一个文件,并且除 Python 标准库外,它不依赖于任何第三方模块。

6. Web2py

Web2py 是一个为 Python 语言提供的全功能 Web 应用框架,旨在敏捷快速地开发 Web 应用,具有快速、安全以及可移植的数据库驱动的应用,兼容 Google App Engine。

1.2.2 其他框架

1. Quixote

豆瓣网是目前国内最大的使用 Python 开发的网站,它应用的框架就是 Quixote,但是 Quixote 在其他方面应用较少,因此其知名度不高。

2. Klein

Klein 是一个使用 Python 开发的微型框架,可用于生产环境。

3. Pyramid

Pyramid 是一款通用的开源 Web 框架,可以在各种各样的情况下使用它。它的资料在国内较少,因此知名度不高,使用者也比较少。

1.3 框架的选择

上一节主要介绍了 Python Web 中的 9 种框架,而且 Python Web 框架还远不止这 9 种。因此,选择合适的框架就显得尤为重要。接下来介绍一些选择框架的原则:

（1）选择主流框架，如Django，这类框架的文档资料相对来说齐全，社区更加频繁，即使遇到困难也可以在短时间内解决。

（2）观察框架是否能满足当前的需求，不同的时间段可能对框架的需求不同，如入门时可能会选择比较简单的框架进行学习，但是工作之后可能就会将工作需求摆在第一位。

（3）经常关注框架的活跃度，可以通过框架的咨询量（技术咨询与非技术咨询）来判断其活跃度。如果一个框架的活跃度不大，说明使用的人群偏少，如此框架中出现的bug被修复的可能性就比较小。

（4）网络上对各种框架有不同方面的评价，大家应通过官方数据来判断框架的合适性。

（5）对于网络上的技术文档要注重其时效性，如在网络上可以搜索到大量有关Django1.X的技术文档，但是发表时间都不一样，而且Django官方文档中提出Django1.X在几年后将不再维护，因此查看技术文档时需要注重时效性。

1.4　MVC架构

现在主流的Python Web框架几乎都是全栈Web框架，而全栈Web框架一般都使用MVC架构进行开发，因此接下来讲解MVC架构。

MVC(Model-View-Controller)是模型(model)-视图(view)-控制器(controller)的缩写，是一种软件设计典范，用一种业务逻辑、数据、界面显示分离的方法组织代码，将业务逻辑聚集到一个部件里面，在改进和个性化定制界面及用户交互的同时，不需要重新编写业务逻辑。MVC主要将Web应用分为三部分：模型、视图、控制器。

- **模型**（**Model**）：模型表示企业数据和业务规则。对应用程序相关的数据以及相关数据的处理方法进行包装，最终提供功能性接口，一般是给视图和控制器提供实时更新的数据。
- **视图**（**View**）：主要是负责数据的显示和呈现，即视图是用户看到并与之交互的界面。一个模型可以为很多不同的视图服务，即可同时处理多个视图。作为视图来讲，并不用做代码变动，它只是作为一种输出数据并允许用户操纵的方式。
- **控制器**（**Controller**）：负责接受用户的操作反馈，一般来说控制器不能与视图直接通信，需要通过模型来进行通信，这样提高了业务的一致性，即模型是整体数据的中心。

这三部分内容互相分离，使得对各部分的代码交互改进时不需要去更改或重写整体的业务逻辑以及其他不相关部分的代码，如图1.2所示。

对于MVC架构模式，不仅仅在Python中应用，其他很多语言都会应用到。

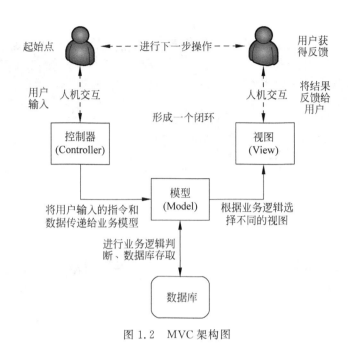

图 1.2 MVC 架构图

1.5 虚 拟 环 境

1.5.1 Python 虚拟环境

使用 Python 框架开发的前期准备是安装所需组件,而在进行多个项目的开发时不同的项目所需的组件可能不一样,如果将这些组件都安装到同一台计算机下可能就会发生冲突,因此本书推荐安装 Python 的虚拟环境进行开发。

Python 虚拟环境由 Ian Bicking 编写,是一个可以管理独立 Python 项目运行环境的系统,这样就可以将每一个项目都运行在独立的虚拟环境中,避免了不必要的冲突。

1.5.2 pip 和 easy_install

Python 安装组件的方法有两种:pip 和 easy_install。在早期的 Python 版本的安装包中并不包含这两者的内容,因此需要开发者手动到网上下载合适的版本。由于本书是讲述 Python3.6.2,本身安装包中就包含这两部分的内容,因此不需要单独安装 pip 和 easy_install。

二者都是用来安装 Python 组件的,只是对于 easy_install 来说 pip 的命令更加丰富,可以通过 pip 命令进行软件的安装和卸载。使用 pip help 命令可以查询 pip 中包含的命令。

本节以 pip 安装及卸载 sp 包为例来展示 pip 在 Windows 下的使用:sp 包可以快速查找哪些文件或目录占用磁盘。安装命令(pip install sp==1.1.0,其中 1.1.0 是指定的 sp 版本号)及结果如图 1.3 所示。

接下来若需要卸载此包,也可以通过 pip 进行卸载,命令为 pip uninstall sp,在执行完此命令后输入 y 表示同意,回车即可以卸载,如图 1.4 所示。

easy_install 的使用与 pip 类似,本章不作过多赘述。

图 1.3 sp 包安装

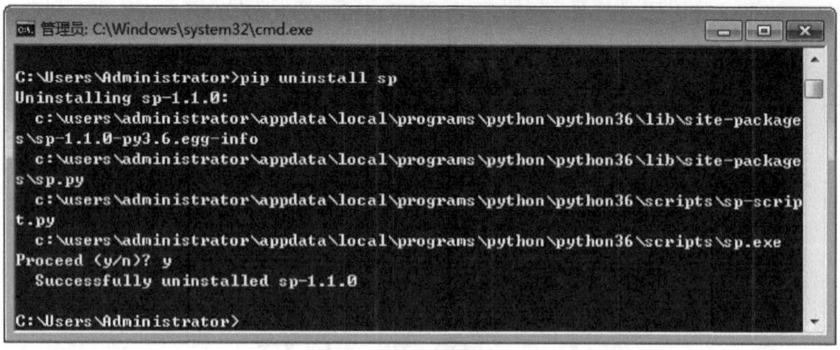

图 1.4 sp 包卸载

1.5.3 虚拟环境的安装

本书是面向 Windows 用户的,因此本章以 Windows 系统下安装 Python 虚拟环境为例进行讲解。

1. 安装虚拟环境

进入 Windows 命令行格式窗口(Win 键+R,输入 cmd)输入命令 pip install virtualenv 就可以直接安装了。

2. 虚拟环境的使用

虚拟环境的使用分为以下几个步骤:

(1) 创建虚拟环境使用命令 virtualenv venv,如图 1.5 所示。

图 1.5 创建虚拟环境

(2) 创建完虚拟环境之后还可以给它指定 Python 解释器,命令为 virtualenv -p D:\python\python.exe venv1。由于本书使用的只有一个版本,即 Python3.6.2,因此在创建虚拟环境的时候就直接自动指定了解释器。虚拟环境也可以安装在其他文件夹，如图 1.6 所示。

图 1.6　虚拟环境安装在 D 盘 myvirtualenv 文件下

（3）进入虚拟环境并激活，如图 1.7 所示。

图 1.7　进入并激活虚拟环境

（4）退出虚拟环境，命令为 deactivate.bat 或直接 deactivate 即可退出虚拟环境，如图 1.8 所示。

图 1.8　退出虚拟环境

3. virtualenvwrapper

为了能够更加方便地使用 virtualenv，可以借助 virtualenvwrapper。virtualenvwrapper 是对 virtualenv 的功能扩展，可以管理全部的虚拟环境，用单个命令方便切换不同的虚拟环境。

（1）安装 virtualenvwrapper。安装流程及命令（pip install virtualenvwrapper-win），如图 1.9 所示。

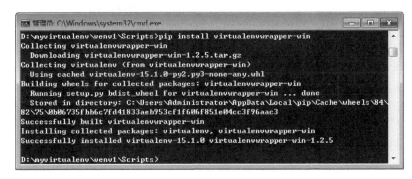

图 1.9　安装 virtualenvwrapper

(2)设置环境变量,即设置默认虚拟环境的安装位置,如图1.10～图1.13所示。鼠标右击【我的电脑】,选择【属性】选项,进入系统信息窗口,如图1.10所示。

图1.10 系统基本信息窗口

单击【高级系统设置】,打开【系统属性】对话框,如图1.11所示。

图1.11 系统属性对话框

单击【环境变量】按钮,打开【环境变量】对话框,如图 1.12 所示。

图 1.12　环境变量对话框

在【系统变量】区域单击【新建】按钮,打开【新建系统变量】对话框,在"变量名"文本框输入 workon_home,在"变量值"文本框内输入默认创建的虚拟环境的路径:D:\myvirtualenv(这个位置可自行设置),如图 1.13 所示。

图 1.13　新建环境变量对话框

(3) Virtualenvwrapper 的使用。命令 mkvirtualenv venv2 是创建虚拟环境 venv2,如图 1.14 所示。

图 1.14　创建虚拟环境 venv2

命令 workon 查看所有的虚拟环境,workon＋虚拟环境名称是切换虚拟环境,如图 1.15～图 1.16 所示。

退出虚拟环境与之前退出方式一样,此处不再赘述。

图 1.15　workon 查看所有的虚拟环境

图 1.16　workon 切换虚拟环境

1.6　本章小结

本章主要讲解了 Python Web 开发所需技能、Python Web 框架、框架的选择、MVC 架构以及虚拟环境五部分内容。通过本章的学习，大家需掌握 Python Web 的主流框架及特点、Web 开发模式以及虚拟环境的相关知识，为后续章节的学习奠定基础。

1.7　习　　题

1. 填空题

（1）写出 Python 的三个主流框架_____、_____、_____。

（2）Python 中安装第三方库使用的命令是_____或_____。

（3）退出虚拟环境的命令是_____。

（4）查看虚拟环境的命令是_____。

（5）MVC 架构中 M 指的是_____，V 指的是_____，C 指的是_____。

2. 选择题

（1）下列选项中，没有选择 Python 作为 Web 开发语言是（　　）。

　　A. Google　　　　B. 豆瓣　　　　C. 百度　　　　D. YouTube

（2）一般通过建立（　　）来解决不同项目中资源冲突问题。

　　A. 通道　　　　B. 虚拟环境　　　　C. 数据库　　　　D. 临时缓存

(3) 下列选项中,(　　)不属于 Python 框架。

　　A. Flask　　　　　B. Django　　　　　C. Tornado　　　　　D. Spring

(4) 下列选项中,(　　)不属于 MVC 架构内容。

　　A. View　　　　　B. Controller　　　　C. VR　　　　　　D. Model

(5) 下列选项中不能用来编写 Web 后端服务器的是(　　)。

　　A. PHP　　　　　B. C#　　　　　　　C. Python　　　　　D. CSS

3. 思考题

(1) 简述学习 Python Web 之前需要哪些技术能力?

(2) 简述如何选择 Python 框架。

第 2 章　Web 客户端基础

本章学习目标
- 掌握 HTML 基础
- 掌握 CSS 基础
- 掌握 JavaScript 基础

Web 客户端开发主要包括 HTML、CSS、JavaScript 等知识,它们负责网站前端页面的展示,增强用户体验,是整个网站的门面。接下来本章将讲解 HTML、CSS、JavaScript 等内容。

2.1　HTML 基础

2.1.1　HTML 简介

超文本标记语言(HyperText Markup Language,HTML)是标准通用标记语言下的一个应用,也是一种规范、一种标准,通过标记符号来标记网页中需要显示的各个部分,即告知浏览器如何显示其中的内容。

HTML 的基本格式如下:

```
<!DOCTYPE html>
<html lang = "en">                              <!-- 顶层标记 -->
<head>
    <!-- 此处编写标题、导航、登录等内容 -->       <!-- 头标记 -->
</head>
<body>
    <!-- 此处编写网页的主体内容 -->              <!-- 体标记 -->
</body>
</html>
```

2.2.1　HTML 标签与表单

1. 标签

标签是 HTML 的主要组成部分,一般成对出现,也有单个出现的。每一个标签都代表一种显示规则,HTML 中常用的标签如表 2.1 所示。

表 2.1 常用标签

标签	作用	举例
`<p></p>`	段落标签	`<p>北京千锋</p>`

`<h1></h1>`
`<h2></h2>`
`<h3></h3>`
`<h4></h4>`
`<h5></h5>`
`<h6></h6>`
	各级标题标签	`<h1>千锋一级标题</h1>`
		`<h2>千锋二级标题</h2>`
		`<h3>千锋三级标题</h3>`
		`<h4>千锋四级标题</h4>`
		`<h5>千锋五级标题</h5>`
		`<h6>千锋六级标题</h6>`

`<a></a>`	链接标签	`<a href="www.1000phone.com">北京千锋</a>`
`<img />`	图片标签	`<img src="www.1000phone.com/img/1000phone.jpg" alt="北京千锋" />`

`<table></table>`	表格标签	`<table>`
		　`<tr>`
		　　`<td>千锋教育</td>`
		　　`<td>扣丁学堂</td>`
		　　`<td>好程序员</td>`
		　`</tr>`
		　`<tr>`
		　　`<td>http://www.mobiletrain.org</td>`
		　　`<td>http://www.codingke.com</td>`
		　　`<td>http://www.goodprogrammer.org</td>`
		　`</tr>`
		`</table>`

`<tr></tr>`	表格中行标签	
`<td></td>`	表格中行内列标签	

`<ul></ul>`	无序列表标签	`<ul>`
		　`<li>千锋教育</li>`
		　`<li>扣丁学堂</li>`
		　`<li>好程序员</li>`
		`</ul>`
		`<ol>`
		　`<li>http://www.mobiletrain.org</li>`
		　`<li>http://www.codingke.com</li>`
		　`<li>http://www.goodprogrammer.org</li>`
		`</ol>`
		`<dl>`
		　`<dt>千锋教育</dt>`
		　`<dd>http://www.mobiletrain.org</dd>`
		　`<dt>扣丁学堂</dt>`
		　`<dd>http://www.codingke.com</dd>`
		　`<dt>好程序员</dt>`
		　`<dd>http://www.goodprogrammer.org</dd>`
		`</dl>`

`<ol></ol>`	有序列表标签	
`<li></li>`	有序列表和无序列表中项标签	
`<dl></dl>`	定义列表	
`<dt></dt>`	定义列表中被定义词标签	
`<dd></dd>`	定义列表中定义描述标签	

2. 表单

表单是 Web 的重要组成部分,主要作用是从客户端收集用户在浏览器的操作信息,是实现客户端与服务器端交互的核心。表单的工作方式为:用户在浏览器中提交数据,并以 GET/POST 方式提交给服务器,服务器进行回应并将结果返回给浏览器。本节主要介绍表单的常用形式。

1) 文本输入框

文本输入框的作用是给用户提供输入内容的输入框(单行输入框、多行输入框、密码输入框等),其对应的标签及用法如例 2-1 所示。

【例 2-1】 文本输入框

```
1    <!DOCTYPE html>
2    <html lang = "en">
3    <head>
4        <meta charset = "UTF - 8">
5        <title>文本输入框</title>
6    </head>
7    <body>
8    <form>
9    <table>
10       <tr>
11           <td>用户名:</td>
12           <td><input type = "text" name = "username"></td>
13       </tr>
14       <tr>
15           <td>密码:</td>
16           <td><input type = "password" name = "password"></td>
17       </tr>
18       <tr>
19           <td>说明:</td>
20           <td><textarea name = "comment" rows = "10" cols = "50"></textarea></td>
21       </tr>
22   </table>
23   </form>
24   </body>
25   </html>
```

例 2-1 运行结果如图 2.1 所示。

例 2-1 代码实现了一个简单的前端表单。第 8~23 行是整个表单的内容,其中第 11~12 行是用户名输入框,第 15~16 行是密码输入框,第 19~20 行是说明输入框。

2) 选择控件

在网站中有一些需要规定范围的内容就需要选择控件,用户只能从提供的内容中选择。添加选择控件的作用有两点:一是方便用户,减少输入,直接单击合适选项即可;二是可以避免恶意攻击,如例 2-2 所示。

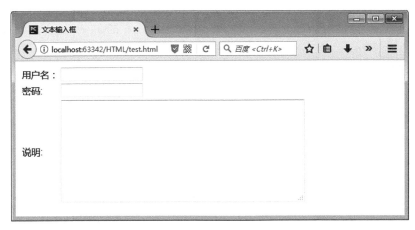

图 2.1　例 2-1 运行结果

【例 2-2】　选择控件

```
1    <!DOCTYPE html>
2    <html lang = "en">
3    <head>
4        <meta charset = "UTF - 8">
5        <title>选择控件</title>
6    </head>
7    <body>
8    <form>
9    <table>
10       <!-- 单项选择 -->
11       <tr>
12           <td>性别:</td>
13           <td>
14               男<input type = "radio" checked = "checked"
15                   name = "gender" value = "male" />
16           </td>
17           <td>
18               女<input type = "radio" name = "gender" value = "female" />
19           </td>
20       </tr>
21
22       <tr>
23           <td>就读学校</td>
24           <td>
25               <select>
26                   <option value = "TSINGHUA">清华大学</option>
27                   <option value = "PKU">北京大学</option>
28                   <option value = "BUAA">北京航空航天大学</option>
29                   <option value = "UIBE">对外经济贸易大学</option>
30                   <option value = "BIT">北京理工大学</option>
31                   <option value = "BUU">北京联合大学</option>
```

```
32              <option value = "RUC">中国人民大学</option>
33           </select>
34        </td>
35    </tr>
36    <!-- 多项选择 -->
37    <tr>
38        <td>爱好:</td>
39    </tr>
40    <tr>
41        <td><input type = "checkbox" name = "movie">电影</td>
42        <td><input type = "checkbox" name = "sport">运动</td>
43        <td><input type = "checkbox" name = "book">看书</td>
44        <td><input type = "checkbox" name = "game">游戏</td>
45    </tr>
46    <tr>
47        <td><input type = "checkbox" name = "music">音乐</td>
48        <td><input type = "checkbox" name = "food">美食</td>
49        <td><input type = "checkbox" name = "tour">旅游</td>
50        <td><input type = "checkbox" name = "programming">编程</td>
51    </tr>
52 </table>
53 </form>
54 </body>
55 </html>
```

例 2-2 运行结果如图 2.2 所示。

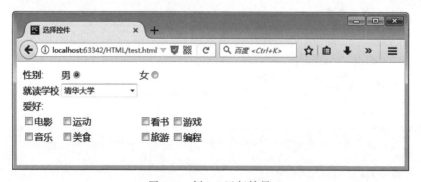

图 2.2 例 2-2 运行结果

例 2-2 代码实现了选择控件的使用。第 12~19 行是"性别"选择控件,其中只有"男"和"女"两个选项,并且是单选框;第 23~34 行是"就读学校"的选择控件,其中包含 7 所大学的内容,是一个单选下拉框;第 37~51 行是"爱好"的选择控件,其中包含 8 种爱好可以选择,是一个多选控件。

3)文件上传

HTML 定义了标准的文件上传控件,可以通过此控件将本地文件上传到网站,如例 2-3 所示。

【例 2-3】 文件上传

```
1   <!DOCTYPE html>
2   <html lang="en">
3   <head>
4       <meta charset="UTF-8">
5       <title>文件上传</title>
6   </head>
7   <body>
8   <form>
9   <table>
10      <tr>
11          <td><input type="file" name="picture" accept=".jpg,.png" /></td>
12      </tr>
13  </table>
14  </form>
15  </body>
16  </html>
```

例 2-3 运行结果如图 2.3～图 2.5 所示。

图 2.3 例 2-3 运行结果

单击【浏览】运行结果如图 2.4 所示。

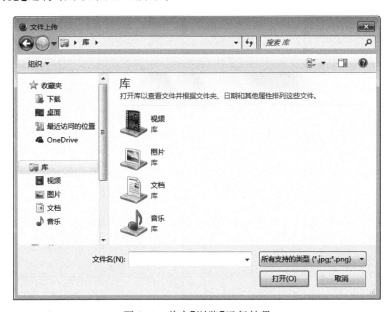

图 2.4 单击【浏览】运行结果

选择文件之后单击【打开】运行结果如图 2.5 所示。

图 2.5　单击【打开】运行结果

例 2-3 代码实现了文件上传功能。第 11 行是文件上传的主要内容，其中<input>标签的类型为 file，并且指定接收的文件后缀名为".jpg,.png"，即 accept 的值。

4）提交与组合表单数据

在用户填写选择完成之后需要进行提交，提交涉及提交方式、接收页面等信息。表单中数据还可以进行组合，使整个表单简洁明了，如例 2-4 所示。

【例 2-4】　提交与组合表单数据

```
1    <!DOCTYPE html>
2    <html lang = "en">
3    <head>
4        <meta charset = "UTF - 8">
5        <title>提交与组合表单数据</title>
6    </head>
7    <body>
8    <form name = "test" action = "test.py" method = "post">
9        <fieldset>
10           <legend>用户姓名</legend>
11           姓：
12           <input type = "text" name = "firstname" value = "北京">
13           <br>
14           名：
15           <input type = "text" name = "lastname" value = "千锋">
16           <br><br>
17           <input type = "submit" value = "Submit">
18       </fieldset>
19       <fieldset>
20           <legend>用户性别</legend>
21           男<input type = "radio" checked = "checked"
22                   name = "gender" value = "male" />
23           <br><br>
24           女<input type = "radio" name = "gender" value = "female" />
25       </fieldset>
26    </form>
27    </body>
28    </html>
```

例 2-4 运行结果如图 2.6 所示。

图 2.6 例 2-4 运行结果

例 2-4 中第 9～18 行是将用户姓名(姓、名)和 Submit 提交按钮组合成为一部分内容。第 19～25 行是将用户性别作为另一部分的内容,最终实现将不同的内容分属于不同的部分,使表单简洁明了。

2.1.3 HTML 在 Web 中的运用

HTML 页面在 Web 中主要是将用户输入数据提交给后台,然后将后台返回的数据展现给用户,接下来演示 HTML 在 Web 中的运用,如例 2-5 所示。

【例 2-5】 HTML 在 Web 中的运用

```
1   <!DOCTYPE html>
2   <html lang = "en">
3   <head>
4       <meta charset = "UTF - 8">
5       <title>用户注册</title>
6   </head>
7   <body>
8   <form name = "test" action = "test.py" method = "post">
9       <fieldset>
10          <legend>用户注册</legend>
11          <fieldset>
12              <legend>基本信息</legend>
13              <table>
14                  <tr>
15                      <td>用户名:</td>
16                      <td><input type = "text" name = "username"></td>
17                  </tr>
18                  <tr>
```

```html
19                    <td>密码:</td>
20                    <td><input type = "password" name = "password"></td>
21                </tr>
22                <tr>
23                    <td>性别:</td>
24                    <td>
25                        男<input type = "radio" checked = "checked"
26                            name = "gender" value = "male" />
27                    </td>
28                    <td>
29                        女<input type = "radio" name = "gender" value = "female" />
30                    </td>
31                </tr>
32                <tr>
33                    <td>电话:</td>
34                    <td><input type = "text" name = "tel"></td>
35                </tr>
36                <tr>
37                    <td>邮箱:</td>
38                    <td><input type = "email" name = "email"></td>
39                </tr>
40            </table>
41        </fieldset>
42        <fieldset>
43            <legend>其他信息</legend>
44            <table>
45                <tr>
46                    <td>就读学校</td>
47                    <td>
48                        <select>
49                            <option value = "TSINGHUA">清华大学</option>
50                            <option value = "PKU">北京大学</option>
51                            <option value = "BUAA">北京航空航天大学</option>
52                            <option value = "UIBE">对外经济贸易大学</option>
53                            <option value = "BIT">北京理工大学</option>
54                            <option value = "BUU">北京联合大学</option>
55                            <option value = "RUC">中国人民大学</option>
56                        </select>
57                    </td>
58                </tr>
59                <tr>
60                    <td>爱好:</td>
61                </tr>
62                <tr>
63                    <td><input type = "checkbox" name = "movie">电影</td>
64                    <td><input type = "checkbox" name = "sport">运动</td>
```

```
65                <td><input type = "checkbox" name = "book">看书</td>
66                <td><input type = "checkbox" name = "game">游戏</td>
67            </tr>
68            <tr>
69                <td><input type = "checkbox" name = "music">音乐</td>
70                <td><input type = "checkbox" name = "food">美食</td>
71                <td><input type = "checkbox" name = "tour">旅游</td>
72                <td><input type = "checkbox" name = "programming">编程</td>
73            </tr>
74            <tr>
75                <td>说明:</td>
76                <td>
77                    <textarea name = "comment"
78                        rows = "10" cols = "50"></textarea>
79                </td>
80            </tr>
81        </table>
82        </fieldset>
83        <fieldset>
84            <legend>上传照片</legend>
85            <table>
86                <tr>
87                    <td>上传照片:
88                    <input type = "file" name = "picture"
89                        accept = ".jpg,.png" />
90                    </td>
91                </tr>
92                <tr>
93                    <td>
94                    <input type = "submit" name = "submit" value = "注册">
95                    </td>
96                </tr>
97            </table>
98        </fieldset>
99     </fieldset>
100    </form>
101    </body>
102  </html>
```

例2-5是HTML在Web开发中用户注册界面设计,运行结果如图2.7所示。

例2-5代码实现了表单内容的整合,代码实现在上面内容中已经有所介绍,此处不再赘述。

注意:一个表单中可以使用多个<submit>控件。

图 2.7　例 2-5 运行结果

2.2　CSS 基础

Web 开发中若仅使用 HTML 只能将网站的原始内容显示出来,这样的网站缺少美感。CSS 可以控制各种标签的样式,使 HTML 搭建的原始内容以更具美感的形式显示。

2.2.1　CSS 简介与基础使用

层叠样式表(Cascading Style Sheet,CSS)是用于表现 HTML 文件显示样式的语言,可以控制网页页面的显示,还可以提高网页的复用性和可维护性。

CSS 共有 3 种样式,具体如下所示。

1. 内部样式

内部样式在 HTML 页面< head >中编写,通过< style type="text/css"></style >标识实现,作用于整个 HTML 页面,具体示例如下:

```
<style type = "text/css">
    body{
        background-color: #FFFFFF;
    }
    p{
        color:red;
        font-style:italic;
    }
    fieldset{
        background-color: #ff9900;
    }
</style>
```

上述示例可以控制整个网页中的<p>标签、<fieldset>标签以及<body>标签。

2. 内联样式

内联样式直接编写在 HTML 标签中,在标签中用 style 标识,具体示例如下:

```
<p style = "color: blue;margin-left: auto">北京千锋教育</p>
```

3. 外部样式

外部样式是使用链接的形式将外部的 CSS 样式脚本加载到 HTML 文件中,达到 HTML 文件与样式文件分离的目的,利于提高网站页面的复用性与可维护性,调用方式如下:

```
<link rel = "stylesheet" type = "text/css" href = "test.css">
```

其中 CSS 文件可以放在项目的任意位置,然后将链接准确地赋给 href 即可。

2.2.2 CSS 语法规则

CSS 使用语法具体示例如下:

```
selector {property: value}
```

上述示例中,selector 是选择器,CSS 中有 4 种选择器,分别是 ID 选择器、类选择器、标签选择器、通配选择器,并且不同的选择器可以相互组合。选择器的具体内容如表 2.2 所示。

表 2.2 CSS 基本选择器以及组合

名称	符号	使用方式	含义
id 选择器	#	#name	选择 id 为 name 的所有元素
类选择器	.	.name	选择类名为 name 的所有元素
标签选择器	S(标签名称)	p	选择所有<p>元素
通配选择器	*	*	选择页面所有元素
多选择器	S1,S2	div,p	选择所有<div>元素和所有<p>元素

名称	符号	使用方式	含义
子元素选择器	S1 > S2	div > p	选择父元素为<div>元素的所有<p>元素
包含选择器	S1 S2	div p	选择<div>元素内部的所有<p>元素
相邻选择器	S1+S2	div+p	选择紧接在<div>元素之后的所有<p>元素

具体示例如下：

```
#para1 {                                /* id选择器,id为para1元素都生效 */
    text-align:center;
    color:red;
}
.center {text-align:center;}            /* 类选择器,类名为center元素生效 */
p{                                      /* 标签选择器,所有<p>元素生效 */
    color:red;
    font-style:italic;
}
.child > li{                            /* 子选择器,只会对第一代子元素生效 */
    border:1px solid darkgreen;
}
.include li{                            /* 包含选择器,对所有子元素生效 */
    border:3px solid yellow;
}
#id1 + .closer{
    border:5px solid chartreuse;        /* 相邻选择器,相邻才生效 */
}
```

将上述示例保存为 test.css 文件，将文件以外部样式链接到 HTML 文件中，如例 2-6 所示。

【例 2-6】 外部样式链入 css 文件

```
1   <!DOCTYPE html>
2   <html lang = "en">
3   <head>
4       <meta charset = "UTF-8">
5       <title>CSS 样式</title>
6       <link rel = "stylesheet" type = "text/css" href = "test.css">
7   </head>
8   <body>
9       <p>CSS 样式演示</p>
10      <br>
11      <div>
12          <span class = "center">类选择器</span>
13      </div>
14      <br>
15      <div>
16          <ul class = "child">
```

```
17              <li>子选择器</li>
18              <li>子选择器</li>
19              <li>子选择器</li>
20          </ul>
21      </div>
22      <br>
23      <div>
24          <ul class = "include">
25              <li>包含选择器</li>
26              <li>包含选择器</li>
27              <li>包含选择器</li>
28          </ul>
29      </div>
30      <br>
31      <div id = "id1">
32          <span id = "para1">id选择器</span>
33      </div>
34      <span class = "closer">相邻选择器</span>
35  </body>
36  </html>
```

例 2-6 运行结果如图 2.8 所示。

图 2.8　例 2-6 运行结果

2.2.3　CSS 与 DIV 实现 Web 布局

通过 CSS 和 DIV 可以实现对网页的布局,如例 2-7 所示。

【例 2-7】 CSS 与 DIV 布局

```
1   <!DOCTYPE html>
2   <html lang="en">
3   <head>
4       <meta charset="utf-8">
5       <title>CSS+div实现网页混合布局</title>
6       <style>
7           * {
8               margin: 0;
9               padding: 0;
10              font-size: 40px;
11              color: white;
12          }
13          #main {
14              width: 800px;
15              margin: 0 auto;
16          }
17          #videoLeft, #videoCenter, #videoRight {
18              width: 260px;
19              float: left;
20          }
21          #videoCenter, #videoRight {
22              margin-left: 10px;
23          }
24          .video_1 {
25              height: 210px;
26              background: red;
27          }
28          .video_2 {
29              margin-top: 10px;
30              overflow: hidden;
31              width: 270px;
32          }
33          .video_2 div {
34              float: left;
35              width: 125px;
36              height: 100px;
37              background: red;
38              margin-right: 10px;
39          }
40          .video_3 {
41              overflow: hidden;
42              width: 270px;
43          }
44          .video_3 div {
45              float: left;
46              width: 125px;
47              height: 100px;
48              background: red;
```

```
49              margin - right: 10px;
50              margin - bottom: 10px;
51          }
52          .video_4 {
53              height: 100px;
54              background: red;
55              margin - bottom: 10px;
56          }
57          .video_5 {
58              float: left;
59              width: 125px;
60          }
61          .video_5 div {
62              height: 100px;
63              background: red;
64              margin - bottom: 10px;
65          }
66          .video_6 {
67              float: left;
68              width: 125px;
69              height: 210px;
70              background: red;
71              margin - left: 10px;
72          }
73      </style>
74  </head>
75  <body>
76      <div id = "main">
77          <div id = "videoLeft">
78              <div class = "video_1"></div>
79              <div class = "video_2">
80                  <div></div>
81                  <div></div>
82              </div>
83          </div>
84          <div id = "videoCenter">
85              <div class = "video_3">
86                  <div></div>
87                  <div></div>
88                  <div></div>
89                  <div></div>
90                  <div></div>
91                  <div></div>
92              </div>
93          </div>
94          <div id = "videoRight">
95              <div class = "video_4"></div>
96              <div class = "video_5">
97                  <div></div>
98                  <div></div>
```

```
99              </div>
100             <div class = "video_6"></div>
101         </div>
102     </div>
103 </body>
104 </html>
```

例 2-7 运行结果如图 2.9 所示。

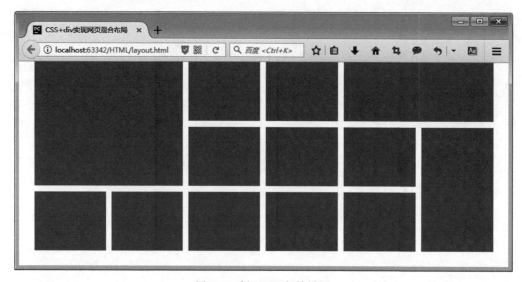

图 2.9　例 2-7 运行结果图

例 2-7 代码是通过 CSS+DIV 实现网页的混合布局。

2.3　JavaScript 基础

经过前两节的学习,大家可以使用 HTML 与 CSS 制作出比较简单的静态网页,但是静态网页所能完成的功能有限,使用 JavaScript 可以制作内容更加丰富的动态网页,本章将详细讲解 JavaScript 的用法。

2.3.1　JavaScript 简介与基本使用

JavaScript 是一种可以直接被浏览器解析的直译式脚本语言,同样也是一种动态类型、弱类型、基于原型的语言。JavaScript 可以直接嵌入 HTML 文件中也可以通过外部链接链入,二者的使用方法如例 2-8 所示。

【例 2-8】　JavaScript 的链入

```
1   <!DOCTYPE html>
2   <html lang = "en">
3   <head>
4       <meta charset = "UTF-8">
```

```
5       <title>JavaScript 脚本引入方式</title>
6       <!-- 内部嵌入 -->
7       <script>
8           function myFunction() {
9               document.getElementById("test").innerHTML = "JS 引入";
10          }
11      </script>
12  </head>
13  <body>
14      <h1>初识 JS</h1>
15      <p id="test">隐藏的一句话</p>
16      <button type="button" onclick="myFunction()">单击一下</button>
17  </body>
18  <!-- 外部链入 -->
19  <script src="test.js"></script>
20  </html>
```

例2-8运行结果如图2.10~图2.11所示。

图 2.10　例 2-8 运行结果

单击【单击一下】按钮,运行结果如图 2.11 所示。

图 2.11　单击【单击一下】运行结果

2.3.2　JavaScript 基本语法

JavaScript 是一种脚本语言,其语法与其他脚本语言有很多相同之处,如例 2-9 所示。

【例 2-9】 JavaScript 实现简单抽奖

```
1   <!DOCTYPE html>
2   <html lang="en">
3   <head>
4       <meta charset="UTF-8">
5       <title>简单抽奖</title>
6       <script type="text/javascript">
7           //变量的定义
8           var alldata = "a,b,c,d,e,f,g,h,i,j,k,l,m,n,o,p,q,r,s,t,u,v,w,x,y,z"
9           //将字符串以','分割为数组
10          var alldataarr = alldata.split(",");
11          //计算数组长度
12          var num = alldataarr.length - 1;
13          var timer;
14          function start() {
15              //取消定时器
16              clearInterval(timer);
17              //设置定时器,10 毫秒调用一次 change()函数
18              timer = setInterval('change()', 10);
19          }
20          function change() {
21              //将随机到的字符赋值给 HTML 页面
22              document.getElementById("oknum").innerHTML =
23                  alldataarr[GetRnd(0, num)];
24          }
25          //返回随机数作为数组 alldataarr 索引
26          function GetRnd(min, max) {
27              return parseInt(Math.random() * (max - min + 1));
28          }
29          //获得最终获得的字符,并判断获奖情况
30          function ok() {
31              clearInterval(timer);
32              var value = document.getElementById("oknum").innerText;
33              var one = "a,d,g,h,l";
34              var two = "b,e,i,o,m";
35              var three = "c,f,j,k,n,p,z,u";
36              //将最终结果赋值显示在 id 为 showresult 的标签中
37              document.getElementById("showresult").value = value;
38              //判断获奖情况
39              setTimeout(function(){
40                  if (one.toString().indexOf(value) > -1) {
41                      alert('恭喜您获得一等奖');
42                  }
43                  else if (two.toString().indexOf(value) > -1) {
44                      alert('恭喜您获得二等奖');
45                  }
46                  else if (three.toString().indexOf(value) > -1) {
47                      alert('恭喜您获得三等奖');
48                  }
```

```
49              else {
50                  alert('谢谢惠顾');
51              }
52          },100)
53      }
54    </script>
55  </head>
56  <body>
57  <div id = "oknum" name = "oknum">请单击开始</div>
58  <!-- 单击开始按钮调用 star()函数 -->
59  <button onclick = "start()" accesskey = "s">开始</button>
60  <!-- 单击停止按钮调用 ok()函数 -->
61  <button onclick = "ok()" accesskey = "o">停止</button>
62  您的选择是：
63  <input type = "text" id = "showresult" value = ""/>
64  </body>
65  </html>
```

例 2-9 运行结果如图 2.12～图 2.18 所示。

图 2.12　例 2-9 运行结果

图 2.13　单击【开始】运行结果

图 2.14　单击【停止】并获得一等奖结果

图 2.15 单击【停止】并获得二等奖结果

图 2.16 单击【停止】并获得三等奖结果

图 2.17 单击【停止】没有获奖结果

图 2.18 单击【确定】结果

例 2-9 代码通过 JavaScript 脚本实现一个简单的抽奖小页面,其中包含了大部分 JavaScript 的语法,其他未包含的内容与其他脚本语言大致类似,如循环语句。

2.3.3 DOM 模型与 Window 对象

JavaScript 中两个重要的内容就是文档对象模型（Document Object Model，DOM）和 Window 对象，通过例 2-9 相信大家也对 DOM 模型有了初步了解，接下来具体讲解 DOM 模型和 Window 对象。

DOM 模型是 W3C 组织推荐的处理可扩展标志语言的标准编程接口，DOM 可以以一种独立于平台和语言的方式访问和修改一个文档的内容和结构，即处理 HTML 或 XML 文档的常用方法。其中 JavaScript 就是通过操作 DOM 树来获取并操作 HTML 中数据的，DOM 树如图 2.19 所示。

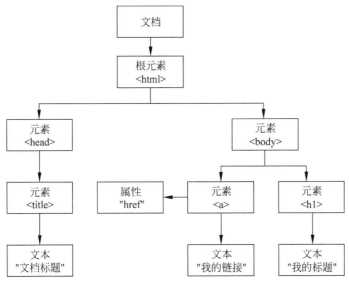

图 2.19　DOM 树

JavaScript 操作 DOM 非常便利，因为 DOM 提供了一系列支持 JavaScript 遍历和修改 DOM 的方法，具体示例如下：

```
//添加新节点
var para = document.createElement("p");
var node = document.createTextNode("这是新段落。");
para.appendChild(node);
var element = document.getElementById("div1");
element.appendChild(para);
//删除节点
var parent = document.getElementById("div1");
var child = document.getElementById("p1");
parent.removeChild(child);
//查询节点(直接查和间接查)
var id = document.getElementById("id");
var idnext = id.nextElementSibling;
var name = document.getElementsByName("qianfeng");
var nameparent = name.parentNode;
```

```
var namepchild = nameparent.childNodes;
var tagname = document.getElementsByTagName("span");
//修改属性节点
var para1 = id.childNodes[0];
var attribute = para1.getAttribute("class");
var att = para1.class;
para1.setAttribute("class","classname");
para1.class = "classname";
```

上述示例对 DOM 节点实现了增删改查的操作,当然还有很多其他操作方法,还需要大家勤加学习。

JavaScript 还可以通过 Window 对象以及其他子对象的一些固有属性和方法来对 HTML 页面进行操作,具体如表 2.3~表 2.7 所示。

表 2.3 Window 对象常用属性和方法

属性与方法	作用
closed	返回窗口是否已被关闭
defaultStatus	设置或返回窗口状态栏中的默认文本
document	对 Document 对象的只读引用,请参阅 Document 对象(表 2.4)
history	对 History 对象的只读引用,请参阅 History 对象(表 2.5)
length	设置或返回窗口中的框架数量
location	用于窗口或框架的 Location 对象,请参阅 Location 对象(表 2.6)
name	设置或返回窗口的名称
Navigator	对 Navigator 对象的只读引用,请参数 Navigator 对象(表 2.7)
opener	返回对创建此窗口的引用
outerheight	返回窗口的外部高度
outerwidth	返回窗口的外部宽度
parent	返回父窗口
self	返回对当前窗口的引用。等价于 window 属性
status	设置窗口状态栏的文本
top	返回最顶层的先辈窗口
window	window 属性等价于 self 属性,它包含了对窗口自身的引用
alert(message)	显示带有一段消息和一个确认按钮的警告框
close()	关闭浏览器窗口
confirm(message)	显示带有一段消息以及确认按钮和取消按钮的对话框
focus()	把键盘焦点给予一个窗口
moveBy()	可相对窗口的当前坐标把它移动指定的像素
moveTo()	把窗口的左上角移动到一个指定的坐标
open()	打开一个新的浏览器窗口或查找一个已命名的窗口

表 2.4 Document 对象常用属性和方法

属性与方法	作用
body	提供对< body >元素的直接访问 对于定义了框架集的文档,该属性引用最外层的< framese >

续表

属性与方法	作用
cookie	设置或返回与当前文档有关的所有 cookie
title	返回当前文档的标题
URL	返回当前文档的 URL
close()	关闭用 document.open() 方法打开的输出流,并显示选定的数据
getElementById()	返回对拥有指定 id 的第一个对象的引用
getElementsByName()	返回带有指定名称的对象集合
getElementsByTagName()	返回带有指定标签名的对象集合
open()	打开一个流,以收集来自任何 document.write() 或 document.writeln() 方法的输出
write()	向文档写 HTML 表达式或 JavaScript 代码

表 2.5 History 对象常用属性和方法

属性与方法	作用
length	返回浏览器历史列表中的 URL 数量
back()	加载 history 列表中的前一个 URL
forward()	加载 history 列表中的下一个 URL
go()	加载 history 列表中的某个具体页面

表 2.6 Location 对象常用属性和方法

属性与方法	作用
hash	设置或返回从井号(#)开始的 URL(锚)
host	设置或返回主机名和当前 URL 的端口号
hostname	设置或返回当前 URL 的主机名
href	设置或返回完整的 URL
pathname	设置或返回当前 URL 的路径部分
port	设置或返回当前 URL 的端口号
protocol	设置或返回当前 URL 的协议
search	设置或返回从问号(?)开始的 URL(查询部分)
assign()	加载新的文档
reload()	重新加载当前文档
replace()	用新的文档替换当前文档

表 2.7 Navigator 对象常用属性和方法

属性与方法	作用
appCodeName	返回浏览器的代码名
appMinorVersion	返回浏览器的次级版本
appName	返回浏览器的名称
appVersion	返回浏览器的平台和版本信息
browserLanguage	返回当前浏览器的语言
cookieEnabled	返回指明浏览器中是否启用 cookie 的布尔值
cpuClass	返回浏览器系统的 CPU 等级

续表

属性与方法	作用
onLine	返回指明系统是否处于脱机模式的布尔值
platform	返回运行浏览器的操作系统平台
systemLanguage	返回 OS 使用的默认语言
userAgent	返回由客户机发送服务器的 user-agent 头部的值
userLanguage	返回 OS 的自然语言设置
javaEnabled()	规定浏览器是否启用 Java
taintEnabled()	规定浏览器是否启用数据污点(data tainting)

上述表格是 Window 对象所包含的相关内容介绍,接下来以 self 和 top 为例简单讲解 Window 对象的使用,如例 2-10 所示。

【例 2-10】 Window 对象的使用

```
1   <!DOCTYPE html>
2   <html lang = "en">
3   <head>
4       <meta charset = "UTF-8">
5       <script type = "text/javascript">
6           function breakout() {
7               if (window.top == window.self) {
8                   window.top.location = "./ex_2-11.html"
9               }
10          }
11      </script>
12  </head>
13  <body>
14  <input type = "button" onclick = "breakout()" value = "跳出本页面!">
15  </body>
16  </html>
```

例 2-10 运行结果如图 2.20 所示。

图 2.20 例 2-10 运行结果

单击【跳出本页面】按钮运行结果如图 2.21 所示。

例 2-10 实现了当顶层页面与当前页面相同时发生跳转功能。第 6~10 行是实现跳转功能,其中第 7 行是判断顶层页面是否与当前页面相同,若相同则执行第 8 行代码,第 8 行是将顶层页面跳转到 ex_2-11.html 页面。第 14 行是设置触发按钮,将 breakout() 函数绑定到"跳出本页面"按钮中。

图 2.21　单击"跳出本页面"按钮运行结果

2.3.4　Web 中 HTML 事件处理

使用 JavaScript 可以对 HTML 进行事件处理，从而使网页内容更加丰富，具体事件处理如表 2.8 所示。

表 2.8　常用的 HTML 事件

事件类型	应用的标签	事件	触发条件
鼠标事件	所有可见的元素	onclick	对象被单击
		oncontextmenu	单击鼠标右键打开菜单
		ondblclick	双击对象
		onmousedown	鼠标按钮被按下
		onmouseleave	鼠标指针移出元素
		onmousemove	鼠标移动
		onmouseover	鼠标指针移动到对象上
		onmouseout	鼠标指针移出对象
		onmouseup	鼠标按键松开
		onwheel	鼠标滚轮在对象上滚动
		onmouseenter	鼠标指针移到元素上
键盘事件	所有可见元素	onkeydown	键盘按键被按下
		onkeypress	键盘按键被按下并松开
		onkeyup	键盘按键被松开
对象事件	\<img\>,\<object\>,\<script\>,\<style\>,\<input type="image"\>	onerror	加载图像或文档时发生错误
	\<img\>,\<body\>等	onabort	加载被中断
	\<body\>,\<link\>,\<script\>,\<style\>,\<input type="image"\>等	onload	一个页面或图像加载完成
	所有可见元素	onresize	窗口或框架大小调整
	\<body\>,\<frameset\>	onunload	用户退出
表单事件	\<form\>	onchange	表单元素内容改变
		onfocus	获取焦点
		oninput	元素获取用户输入
		onreset	表单重置
		onselect	用户选取文本
		onsubmit	表单提交

续表

事件类型	应用的标签	事 件	触发条件
剪切板事件	所有 HTML 元素	oncopy	用户复制元素内容
		oncut	用户剪切元素内容
		onpaste	用户粘贴元素内容
多媒体音频/视频事件	\<audio\>,\<video\>	oncanplay	可以开始播放视频、音频
		onpause	音/视频暂停
		onplay	音/视频开始播放
		onprogress	浏览器下载指定音/视频
		onseeked	用户重新定位播放位置
		onsuspend	浏览器读取媒体数据中止
		onvolumechange	播放音量发生变化
		onended	播放完成

表 2.8 是常用的 HTML 事件,接下来以鼠标单击事件为例简单讲解 Web 中 HTML 事件处理,如例 2-11 所示。

【例 2-11】 HTML 事件

```
1   <!DOCTYPE html>
2   <html lang = "en">
3   <head>
4       <meta charset = "UTF-8">
5       <title>鼠标单击事件</title>
6       <script>
7           //鼠标单击事件
8           function change(id) {
9               id.innerHTML = "用良心做教育";
10          }
11          //鼠标双击事件
12          function changetext(id) {
13              id.innerHTML = "中国 IT 职业教育领先品牌";
14          }
15          //鼠标右击事件
16          function show(id) {
17              id.innerHTML = "扣丁学堂、好程序员";
18          }
19      </script>
20  </head>
21  <body>
22      <h1 onclick = "change(this)" ondblclick = "changetext(this)"
23          oncontextmenu = "show(this)">请单击:千锋教育</h1>
24  </body>
25  </html>
```

例 2-11 运行结果如图 2.22 所示。

鼠标单击运行结果如图 2.23 所示。

鼠标双击运行结果如图 2.24 所示。

图 2.22　例 2-11 运行结果

图 2.23　单击运行结果

图 2.24　双击运行结果

鼠标右击运行结果如图 2.25 所示。

图 2.25　右击运行结果

例 2-11 实现了鼠标的单击、双击和右击事件。第 8～10 行是实现鼠标单击时显示"用良心做教育"事件。第 12～14 行是实现鼠标双击时显示"中国 IT 职业教育领先品牌"事件。第 16～18 行是实现鼠标右击时显示"扣丁学堂、好程序员"事件。第 22～23 行是将<h1>标签绑定不同的鼠标单击事件。

2.4　本章小结

本章主要讲解了 Web 开发所需的客户端的基础知识，包括 HTML、CSS、JavaScript。Web 开发最终展现给用户的是客户端的内容，因此客户端是否美观直接影响到用户体验的好坏。通过本章的学习,大家能够设计并编写出一个美观的动态网页。

2.5 习 题

1. 填空题

(1) HTML 标签中有序列表标签是_____,无序列表标签是_____。

(2) 网页使用_____实现动态效果。

(3) CSS 总共有_____种选择器,分别是_____、_____、_____、_____。

(4) CSS 的三种引入样式分别是_____、_____、_____。

(5) JavaScript 作用于 HTML 文件的两种方式分别是_____和_____。

2. 选择题

(1) 以下不属于CSS 选择器符号的是( )。

    A. ♯   B. .   C. 。   D. *

(2) 下列选项中,属于 JavaScript 内容标志的是( )。

    A. <script type="text/javascript">   B. <! DOCTYPE html>

    C. <style type="text/css">   D. <head>

(3) 以下选项中,不属于 CSS 的引入样式的是( )。

    A. 内联样式   B. 外部样式   C. 内部样式   D. 悬浮样式

(4) JavaScript 操作 DOM 时,使用( )方法来获取 DOM 的 id。

    A. getElementById()   B. getElementsByName()

    C. getElementsByTagName()   D. getAttribute()

(5) 以下不属于鼠标事件的是( )。

    A. onclick   B. onselect   C. onblclick   D. onmouseleave

3. 思考题

(1) 前端页面由哪三层构成,分别是什么?

(2) Web 中 HTML 事件都有哪些?

4. 编程题

编写一个表单页面,title 为"千锋教育",包括用户名、密码、性别、电话、邮箱、爱好及上传图片等内容。

第 3 章　Web 客户端进阶

本章学习目标
- 了解 jQuery
- 了解 Bootstrap

通过 HTML、CSS、JavaScript 原生代码编写 Web 客户端会出现代码量大、杂乱等缺点,因此 Web 客户端还可以通过 jQuery 和 Bootstrap 两个框架来简化开发,从而提高开发效率。本章主要讲解 jQuery 和 Bootstrap 的内容。

3.1　jQuery

在 Web 客户端开发中直接使用 JavaScript 进行开发,虽然工作都能完成,但效率明显不高。jQuery 将一些常用的 JavaScript 内容进行了封装,因此使用 jQuery 可以轻松、高效地对 Web 客户端进行开发。

3.1.1　jQuery 简介与使用

jQuery 提供一种简便的 JavaScript 设计模式来实现 HTML 文档操作、事件处理、动画设计和 Ajax 交互的优化。jQuery 的设计宗旨是"Write Less;Do More",即"用最少的代码,完成更多的事情"。

jQuery 的使用步骤如下:
(1) 下载 jQuery,并放在项目的 static 文件夹中。
(2) 在文件中引入 jquery-3.2.1.min.js 文件。
(3) 使用其中封装的函数,直接编写代码。

接下来演示 jQuery 的使用,如例 3-1 所示。

【例 3-1】　jQuery 的使用

```
1    <!DOCTYPE html>
2    <html lang = "en">
3    <head>
4        <meta charset = "UTF-8">
5        <title>jquery 使用</title>
6        <script src = "static/js/jquery-3.2.1.min.js"></script>
7        <script type = "text/JavaScript">
8            $(document).ready(function () {
```

```
 9                $("p").click(function () {
10                    $(this).hide();
11                });
12            });
13        </script>
14    </head>
15    <body>
16    <div>
17        <span>单击千锋或1000phone,立即隐藏,单击好程序员不隐藏</span>
18    </div>
19    <div>
20        <p>千锋</p>
21        <p>1000phone</p>
22    </div>
23    <div>
24        <span>好程序员</span>
25    </div>
26    </body>
27    </html>
```

例3-1运行结果如图3.1所示。

图3.1 例3-1运行结果图

单击【千锋】,运行结果如图3.2所示。

图3.2 单击【千锋】运行结果

再单击【1000phone】,运行结果如图3.3所示。

单击【好程序员】则没有变化。

图 3.3 单击【1000phone】运行结果

例 3-1 代码是 jQuery 的简单使用,使<p>标签内的内容单击以后隐藏,其他内容不作任何处理。

3.1.2 jQuery 选择器

jQuery 中的选择器与 CSS 中类似,只是 jQuery 中使用更丰富,具体如表 3.1 所示。

表 3.1 jQuery 选择器

选 择 器	举 例	作 用
*	$("*")	所有元素
#id	$("#lastname")	id="lastname"的元素
.class	$(".intro")	所有 class="intro"的元素
element	$("p")	所有<p>元素
.class.class	$(".intro.demo")	所有 class="intro"且 class="demo"的元素
:first	$("p:first")	第一个<p>元素
:last	$("p:last")	最后一个<p>元素
:even	$("tr:even")	所有偶数<tr>元素
:odd	$("tr:odd")	所有奇数<tr>元素
:eq(index)	$("ul li:eq(3)")	列表中的第四个元素(index 从 0 开始)
:gt(no)	$("ul li:gt(3)")	列出 index 大于 3 的元素
:lt(no)	$("ul li:lt(3)")	列出 index 小于 3 的元素
:not(selector)	$("input:not(:empty)")	所有不为空的 input 元素
:header	$(":header")	所有标题元素<h1>-<h6>
:contains(text)	$(":contains('W3School')")	包含指定字符串的所有元素
:empty	$(":empty")	无子(元素)节点的所有元素
:hidden	$("p:hidden")	所有隐藏的<p>元素
:visible	$("table:visible")	所有可见的表格
s1,s2,s3	$("th,td,.intro")	所有带有匹配选择的元素
[attribute]	$("[href]")	所有带有 href 属性的元素

3.1.3 jQuery action

jQuery action 实质上指的是 jQuery 的行为,即通过某些方法使整个网站实现动态效果,增加美感,最终达到开发要求。

1. jQuery 效果

jQuery 封装了实现网页动态效果的一些方法,具体如表 3.2 所示。

表 3.2　jQuery 效果方法

方　　法	描　　述	举　　例
hide(speed,callback)	隐藏 id 为 hide 的<p>元素内的内容	$("#hide").click(function(){ $("p").hide();});
show(speed,callback)	显示 id 为 show 的<p>元素内的内容	$("#show").click(function(){ $("p").show();});
toggle(speed,callback)	显示被隐藏的元素,并隐藏已显示的元素	$("button").click(function(){ $("p").toggle();});
fadeIn(speed,callback)	淡入已隐藏的元素	$("button").click(function(){ $("#div1").fadeIn(); $("#div2").fadeIn(1000);});
fadeOut(speed,callback)	淡出可见元素	$("button").click(function(){ $("#div1").fadeOut(); $("#div2").fadeOut(1000);});
fadeToggle(speed,callback)	元素已淡出,则 fadeToggle()会向元素添加淡入效果;元素已淡入,则 fadeToggle()会向元素添加淡出效果	$("button").click(function(){ $("#div1").fadeToggle(); $("#div2").fadeToggle("slow"); $("#div3").fadeToggle(3000);});
fadeTo(speed,opacity,callback)	允许渐变为给定的不透明度(值介于 0 与 1 之间)	$("button").click(function(){ $("#div1").fadeTo("slow",0.15);});
slideDown(speed,callback)	向下滑动元素	$("#flip").click(function(){ $("#panel").slideDown();});
slideUp(speed,callback)	向上滑动元素	$("#flip").click(function(){ $("#panel").slideUp();});
slideToggle(speed,callback)	元素向下滑动,则可向上滑动它们, 元素向上滑动,则可向下滑动它们	$("#flip").click(function(){ $("#panel").slideToggle();});

jQuery 中还有很多实现动画的方法,可以极大地丰富网页内容。

接下来以 hide()与 show()方法为例来演示 jQuery 的效果实现,如例 3-2 所示。

【例 3-2】　jQuery 的效果实现

```
1    <!DOCTYPE html>
2    <html>
3    <head>
4    <meta charset="utf-8">
5    <script src="static/js/jquery-3.2.1.min.js"></script>
6    <script>
7    $(document).ready(function(){
8      $("#hide").click(function(){
9        $("p").hide();
10     });
11     $("#show").click(function(){
12       $("p").show();
```

```
13      });
14    });
15  </script>
16  </head>
17  <body>
18  <p>如果单击"隐藏"按钮,内容将会被隐藏。</p>
19  <button id = "hide">隐藏</button>
20  <button id = "show">显示</button>
21  </body>
22  </html>
```

例 3-2 运行结果如图 3.4 所示。

图 3.4　例 3-2 运行结果

单击【隐藏】按钮之后运行结果如图 3.5 所示。

图 3.5　单击【隐藏】按钮运行结果

再单击【显示】按钮显示结果如图 3.6 所示。

图 3.6　再单击【显示】按钮运行结果

例 3-2 是实现单击不同的按钮显示不同效果的功能。第 5 行是引入 jQuery。第 8～10 行是当 id 为 hide 的按钮单击以后将<p>标签内容进行隐藏。第 11～13 行是当 id 为 show 的按钮单击以后将<p>标签中隐藏的内容显示出来。

同理,大家可以自己动手尝试编写实现其他效果。

2. jQuery 操作 DOM

上一节 JavaScript 内容中讲解了对 DOM 对象的操作方法,而 jQuery 对这些操作方法都进行了封装,从而使得操作也更丰富,常用的操作方法如表 3.3 所示。

表 3.3 jQuery 操作 DOM 常用方法

方法	描述
.addClass(元素)	为每个匹配的元素添加指定的样式类名
.after(元素)	在匹配元素集合中的每个元素后面插入参数所指定的内容,作为其兄弟节点
.append(元素)	在每个匹配元素里面的末尾处插入参数内容
.attr(元素)	获取匹配的元素集合中的第一个元素的属性的值。设置每一个匹配元素的一个或多个属性
.appendTo(元素)	将匹配的元素插入到目标元素的最后面(内部插入)
.css(元素)	获取匹配元素集合中的第一个元素的样式属性的值。设置每个匹配元素的一个或多个 CSS 属性
.empty(元素)	从 DOM 中移除集合中匹配元素的所有子节点
.html()	获取集合中第一个匹配元素的 HTML 内容。设置每一个匹配元素的 html 内容
.position()	获取匹配元素中第一个元素的当前坐标,相对于 offset parent 的坐标
.remove(元素)	将匹配元素集合从 DOM 中删除
.text(元素)	得到匹配元素集合中每个元素的合并文本,包括他们的后代设置匹配元素集合中每个元素的文本内容为指定的文本内容

接下来以 append()方法为例来演示 jQuery 操作 DOM,如例 3-3 所示。

【例 3-3】 jQuery 操作 DOM

```
1  <!DOCTYPE html>
2  <html lang="en">
3  <head>
4      <meta charset="UTF-8">
5      <script src="static/js/jquery-3.2.1.min.js"></script>
6      <script>
7          $(document).ready(function(){
8              $("p").append("<b>用良心做教育</b>");
9          });
10     </script>
11 </head>
12 <body>
13     <p>千锋教育:</p>
14 </body>
15 </html>
```

例 3-3 运行结果如图 3.7 所示。

图 3.7 例 3-3 运行结果

例 3-3 是实现在文档末尾添加内容的功能。第 5 行是引入 jQuery。第 7～9 行是在< p >标签的内容后添加字体加粗的"用良心做教育"。第 13 行是< body >中的< p >标签,内容是"千锋教育:"。

同理,大家可以自己动手尝试编写实现其他操作方法。

jQuery 框架可以很好地丰富网页,原因是它封装了许多操作网页的方法,大家可以通过 jQuery 官网对其进行深入的研究学习。

3.1.4 jQuery 事件

事件是页面对不同访问者的响应。事件处理程序指的是当 HTML 中发生某些事件时所调用的方法。接下来讲解 jQuery 事件方法,具体如表 3.4 所示。

表 3.4　jQuery 事件方法

方　　法	描　　述
blur([[data],fn])	触发或将函数绑定到指定元素的 blur 事件
ready(fn)	文档就绪事件(当 HTML 文档就绪可用时)
on(eve,[selector],[data],fn)	在选择元素上绑定一个或多个事件的事件处理函数
off(eve,[selector],[fn])	在选择元素上移除一个或多个事件的事件处理函数
one(type,[data],fn)	向匹配元素添加事件处理器。每个元素只能触发一次该处理器
trigger(type,[data])	所有匹配元素的指定事件
triggerHandler(type, [data])	第一个被匹配元素的指定事件
hover([over,]out)	模仿悬停事件(鼠标移动到一个对象上面及移出这个对象)的方法。这是一个自定义的方法,它为频繁使用的任务提供了一种"保持在其中"的状态
load()	触发或将函数绑定到指定元素的 load 事件
toggle([speed],[easing],[fn])	绑定两个或多个事件处理器函数,当发生轮流的 click 事件时执行
change([[data],fn])	触发或将函数绑定到指定元素的 change 事件
click([[data],fn])	触发或将函数绑定到指定元素的 click 事件
dblclick([[data],fn])	触发或将函数绑定到指定元素的 double click 事件
error([[data],fn])	触发或将函数绑定到指定元素的 error 事件
focus([[data],fn])	触发或将函数绑定到指定元素的 focus 事件
focusin([data],fn)	当元素获得焦点时,触发 focusin 事件
focusout([data],fn)	当元素失去焦点时触发 focusout 事件
keydown([[data],fn])	触发或将函数绑定到指定元素的 key down 事件
keypress([[data],fn])	触发或将函数绑定到指定元素的 key press 事件
keyup([[data],fn])	触发或将函数绑定到指定元素的 key up 事件
mousedown([[data],fn])	触发或将函数绑定到指定元素的 mouse down 事件
mouseenter([[data],fn])	触发或将函数绑定到指定元素的 mouse enter 事件
mouseleave([[data],fn])	触发或将函数绑定到指定元素的 mouse leave 事件
mousemove([[data],fn])	触发或将函数绑定到指定元素的 mouse move 事件
mouseout([[data],fn])	触发或将函数绑定到指定元素的 mouse out 事件
mouseover([[data],fn])	触发或将函数绑定到指定元素的 mouse over 事件
mouseup([[data],fn])	触发或将函数绑定到指定元素的 mouse up 事件
resize([[data],fn])	触发或将函数绑定到指定元素的 resize 事件

续表

方法	描述
scroll([[data],fn])	触发或将函数绑定到指定元素的 scroll 事件
select([[data],fn])	触发或将函数绑定到指定元素的 select 事件
submit([[data],fn])	触发或将函数绑定到指定元素的 submit 事件
unload([[data],fn])	触发或将函数绑定到指定元素的 unload 事件

接下来以 on()方法为例来演示 jQuery 事件操作,如例 3-4 所示。

【例 3-4】 jQuery 事件操作

```
1   <!DOCTYPE html>
2   <html lang="en">
3   <head>
4       <meta charset="UTF-8">
5       <script src="static/js/jquery-3.2.1.min.js"></script>
6       <script>
7           $(document).ready(function() {
8               $("p").on("click", function () {
9                   alert($(this).text());
10              });
11          });
12      </script>
13  </head>
14  <body>
15      <p>千锋教育</p>
16      <p>好程序员</p>
17      <p>扣丁学堂</p>
18  </body>
19  </html>
```

例 3-4 运行结果如图 3.8 所示。

图 3.8　例 3-4 运行结果

单击【千锋教育】,运行结果如图 3.9 所示。

单击"好程序员",运行结果如图 3.10 所示。

单击"扣丁学堂",运行结果如图 3.11 所示。

例 3-4 是使用 on()函数实现事件绑定的功能。第 5 行是引入 jQuery。第 7~11 行是使用 on()函数绑定<p>标签的 click 事件,单击<p>标签,则弹出标签<p>中的内容。

图 3.9　单击"千锋教育"运行结果

图 3.10　单击"好程序员"运行结果

图 3.11　单击"扣丁学堂"运行结果

第 15～17 行是< body >中的< p >标签。

同理，大家可以自己动手尝试编写实现其他事件绑定方法。

3.1.5　jQuery Ajax

异步的 JavaScript 和 XML(Asynchronous JavaScript and XML,Ajax)是用来实现异步传输数据的技术,即在网页不刷新的情况下进行数据传送。jQuery 中主要使用函数 $.ajax()来实现 Ajax 技术,$.ajax()函数包含很多参数。接下来讲解 $.ajax()函数中常用参数的作用及 jQuery 中 Ajax 技术的使用。

1. 回调函数

Web 中,Ajax 技术主要是进行数据的传送,若要处理 Ajax 得到的数据,需要使用以下几种回调函数:

- **beforeSend**：在发送请求之前调用，并且传入一个 XMLHttpRequest 作为参数。
- **error**：在请求出错时调用。传入 XMLHttpRequest 对象，描述错误类型的字符串以及一个异常对象（如果存在异常情况）。
- **dataFilter**：在请求成功之后调用。传入返回的数据以及 dataType 参数的值，并且必须返回新的数据（可能是处理后的）传递给 success 回调函数。
- **success**：在请求之后调用。传入返回后的数据，以及包含成功代码的字符串。
- **complete**：在请求完成之后调用，无论成功或失败。传入 XMLHttpRequest 对象，以及一个包含成功或错误代码的字符串。

2. 数据类型

参数 dataType 是指定服务器返回的数据类型，参数类型为 String。如果未指定类型，jQuery 将自动根据 http 包 mime 的信息返回 responseXML 或 responseText，并作为回调函数的参数进行传递。

其中可指定的类型有以下 6 种：

- **xml**：返回 XML 文档，可用 jQuery 处理。
- **html**：返回纯文本 HTML 信息；包含的 script 标签会在插入 DOM 时执行。
- **script**：返回纯文本 JavaScript 代码。不会自动缓存结果。除非设置了 cache 参数。注意：在远程请求时（不在同一个域下），所有 post 请求都将转为 get 请求。
- **json**：返回 JSON 数据。
- **jsonp**：JSONP 格式。使用 JSONP 形式调用函数时，例如 myurl?callback=?，jQuery 将自动替换后一个"?"为正确的函数名，以执行回调函数。
- **text**：返回纯文本字符串。

3. 其他常用参数

- **url**：发送请求的地址（默认为当前页地址），参数类型为 String。
- **type**：请求方式（post 或 get）默认为 get，参数类型为 String。其他 http 请求方法，如 put 和 delete 也可使用，但仅部分浏览器支持。
- **data**：发送到服务器的数据，参数类型为 Object 或 String。如果不是字符串，将自动转换为字符串。get 请求将 data 附加在 url 后。对象必须为 key/value 格式，如 {foo1:"bar1",foo2:"bar2"} 转换为 &foo1=bar1&foo2=bar2。如果是数组，jQuery 将自动将不同值对应同一个名称，如 {foo:["bar1","bar2"]} 转换为 &foo=bar1&foo=bar2。

4. 使用

$.ajax() 函数的使用示例如下：

```
$.ajax({
  type: "POST",
  url: "test.py",
  data: {name: "1000phone",location: "BeiJing" },
  success: function(msg){
    alert( "Data Saved: " + msg );
  }
});
```

上述示例是通过 $.ajax() 函数实现使用 POST 方式请求 test.py 文件并将 data 中的数据保存到服务器中,成功之后显示保存的数据的功能。

3.2 Bootstrap

3.2.1 Bootstrap 简介

Bootstrap 是 Twitter 设计师 Mark Otto 和 Jacob Thornton 合作开发的前端框架,也是目前最受欢迎的前端框架。Bootstrap 基于 HTML、CSS、JavaScript,它简洁灵活,使 Web 开发更加快捷。

Bootstrap 之所以如此受欢迎,是因为它有以下优点:
- 适配移动端和 PC 端,并以移动设备优先。
- 所有主流浏览器都支持 Bootstrap。
- 容易上手。
- 响应式设计。
- 为开发人员创建接口提供了一个简洁统一的解决方案。
- 包含了功能强大的内置组件,易于定制。
- 提供了基于 Web 的定制。
- 开源。

Bootstrap 的安装及使用都非常简单,接下来分步骤讲解 Bootstrap 的安装与使用。

1. 下载 Bootstrap

下载地址:http://www.bootcss.com/,即 Bootstrap 中文网首页,如图 3.12 所示。

图 3.12　Bootstrap 中文网首页

单击【Bootstrap3 中文文档(v3.3.7)】按钮,进入下载接入页如图 3.13 所示。

图 3.13　下载接入页

单击【下载 Bootstrap】进入下载页面,如图 3.14 所示。

图 3.14　Bootstrap 下载页

在图 3.14 中,有三种形式的 Bootstrap,本书选择第一种下载,即单击【下载 Bootstrap】即可下载。

2. 解压下载文件

解压后文件如图 3.15 所示。

```
bootstrap
├─css
│       bootstrap.css
│       bootstrap.css.map
│       bootstrap.min.css
│       bootstrap.min.css.map
│       bootstrap-theme.css
│       bootstrap-theme.css.map
│       bootstrap-theme.min.css
│       bootstrap-theme.min.css.map
│
├─fonts
│       glyphicons-halflings-regular.eot
│       glyphicons-halflings-regular.svg
│       glyphicons-halflings-regular.ttf
│       glyphicons-halflings-regular.woff
│       glyphicons-halflings-regular.woff2
│
└─js
        bootstrap.js
        bootstrap.min.js
```

图 3.15 解压后文件

其中 css 文件夹中常用的两个文件是 bootstrap.css 和 bootstrap.min.css;js 文件夹中常用的两个文件是 bootstrap.js 和 bootstrap.min.js。

3. 复制解压后的文件

将解压后的文件夹复制到项目中即可使用。

4. Bootstrap 使用

接下来以一个简单实例来讲解 Bootstrap 的使用,如例 3-5 所示。

【例 3-5】 Bootstrap 的使用

```
1    <!DOCTYPE html>
2    <html>
3      <head>
4        <meta charset = "utf-8">
5        <title>Bootstrap 测试</title>
6        <link rel = "stylesheet" href = "bootstrap/css/bootstrap.min.css">
7        <script src = "static/js/jquery.min.js"></script>
8        <script src = "bootstrap/js/bootstrap.min.js"></script>
9      </head>
```

```
10    <body>
11        <h1>Hello, world!</h1>
12    </body>
13 </html>
```

Bootstrap 和 jQuery 的相关文件需要导入项目,如图 3.16 所示。

图 3.16　导入 Bootstrap 和 jQuery

例 3-5 运行结果如图 3.17 所示。

图 3.17　例 3-5 运行结果

图 3.17 是例 3-5 的运行结果图。第 5 行是链入 Bootstrap 中 css 文件,第 6 行是引入 jQuery,第 7 行是引入 Bootstrap 中 js 文件,最终使<h1>标签中的内容更优美地显示在浏览器中。

Bootstrap 的功能强大,内容较多,因此本章将讲解 Bootstrap 中较为重要的两部分内容——全局 CSS 样式和组件。

3.2.2　Bootstrap 全局 CSS 样式

一个网站的搭建,首先要对整个网站进行布局,Bootstrap 提供了非常便利的响应式、移动设备优先的栅格系统来对网站进行布局,使网站不仅布局美观还可适配不同的屏幕大小。

栅格系统将整个网页分成最多 12 列,设计者可以根据内容来选择所占比例,其中栅格参数如表 3.5 所示。

表 3.5　栅格参数

	超小屏幕 (＜768px)	小屏幕 (≥768px)	中等屏幕 (≥992px)	大屏幕 (≥1200px)
栅格系统行为	总是水平排列	开始堆叠在一起,当大于这些阈值时将变为水平排列		
.container 容器最大宽度	None(自动)	750px	970px	1170px
类前缀	.col-xs-	.col-sm-	.col-md-	.col-lg-

续表

	超小屏幕（<768px）	小屏幕（≥768px）	中等屏幕（≥992px）	大屏幕（≥1200px）
列(column)数	12			
最大列(column)宽	自动	～62px	～82px	～97px
槽(gutter)宽	30px(每列左右均有15px)			
可嵌套	是			
偏移(Offsets)	是			
列排序	是			

接下来以一个简单的实例来讲解响应式栅格系统的使用,如例3-6所示。

【例3-6】 响应式栅格系统的使用

```
1   <!DOCTYPE html>
2   <html lang = "en">
3   <head>
4       <meta charset = "UTF-8">
5       <title>栅格系统测试</title>
6       <link rel = "stylesheet" href = "bootstrap/css/bootstrap.min.css">
7       <script src = "bootstrap/js/bootstrap.min.js"></script>
8   </head>
9   <body>
10      <div class = "row">
11          <div class = "col-xs-12 col-md-8">.col-xs-12 .col-md-8</div>
12          <div class = "col-xs-6 col-md-4">.col-xs-6 .col-md-4</div>
13      </div>
14  </body>
15  </html>
```

例3-6运行结果如图3.18所示。

图3.18 例3-6运行结果

当页面变为手机端时显示结果如图3.19所示。

例3-6是实现使用响应式的栅格系统来设计网页。第6行是链入Bootstrap中css文件;第7行是引入Bootstrap中js文件;第11行是当页面大于768px时<div>标签中内容占8列,当页面小于768px时<div>标签中内容占12列;第12行是当页面大于768px时<div>标签中内容占4列,当页面小于768px时<div>标签中内容占6列。

图 3.19 手机端显示

注意：Bootstrap 全局 CSS 样式中还有其他丰富的内容，可以借助官网进行学习。

3.2.3 Bootstrap 组件

1. 导航栏

导航栏是每个网站必备的内容，接下来以一个简单的实例来讲解 Bootstrap 中导航栏的实现，如例 3-7 所示。

【例 3-7】 Bootstrap 中导航栏的实现

```
1    <!DOCTYPE html>
2    <html lang="en">
3    <head>
4        <meta charset="UTF-8">
5        <title>导航栏</title>
6        <link rel="stylesheet" href="bootstrap/css/bootstrap.min.css">
7        <script src="static/js/jquery-3.2.1.min.js"></script>
8        <script src="bootstrap/js/bootstrap.min.js"></script>
9    </head>
10   <body>
11   <nav class="navbar navbar-expand-md bg-dark navbar-dark">
12       <!-- Brand -->
13       <a class="navbar-brand" href="#">千锋教育</a>
14       <!-- Toggler/collapsibe Button -->
15       <button class="navbar-toggler" type="button"
16               data-toggle="collapse" data-target="#collapsibleNavbar">
17           <span class="navbar-toggler-icon"></span>
18       </button>
19       <!-- Navbar links -->
20       <div class="collapse navbar-collapse" id="collapsibleNavbar">
21           <ul class="navbar-nav">
22               <li class="nav-item">
23                   <a class="nav-link" href="#">好程序员</a>
24               </li>
```

```
25        <li class = "nav-item">
26          <a class = "nav-link" href = "#">扣丁学堂</a>
27        </li>
28        <li class = "nav-item">
29          <a class = "nav-link" href = "#">IT培训</a>
30        </li>
31      </ul>
32    </div>
33  </nav>
34  </body>
35  </html>
```

例3-7运行结果如图3.20所示。

图3.20 例3-7运行结果

当页面小于768px时显示界面如图3.21所示。

图3.21 页面小于768px界面

单击右侧"三根横线"按钮显示结果如图3.22所示。

图3.22 单击右侧按钮显示结果

例3-7实现了使用Bootstrap编写网站导航栏。第11行是包含整个导航栏的<nav>标签；第13行一般是网站所特有的商标,此处以文字"千锋教育"代替；第15～18行是当页面小于768px时页面显示的如图3.21所示右侧的按钮；第20～32行是整个导航栏的主体内容,包括"好程序员""扣丁学堂""IT培训"。

2. 分页

当网站需要显示的数据量比较大时,需要进行分页展示,Bootstrap提供了样式更优美的分页功能。接下来以一个简单的实例讲解分页的实现,如例3-8所示。

【例3-8】 分页的实现

```
1    <!DOCTYPE html>
2    <html lang="en">
3    <head>
4        <meta charset="UTF-8">
5        <title>分页</title>
6        <link rel="stylesheet" href="bootstrap/css/bootstrap.min.css">
7        <script src="bootstrap/js/bootstrap.min.js"></script>
8        <script src="static/js/jquery-3.2.1.min.js"></script>
9    </head>
10   <body>
11   <nav aria-label="Page navigation">
12   <div class="container">
13       <h2>分页</h2>
14       <ul class="pagination">
15           <li class="page-item"><a class="page-link" href="#">&laquo;</a></li>
16           <li class="page-item"><a class="page-link" href="#">1</a></li>
17           <li class="page-item"><a class="page-link" href="#">2</a></li>
18           <li class="page-item"><a class="page-link" href="#">3</a></li>
19           <li class="page-item"><a class="page-link" href="#">&raquo;</a></li>
20       </ul>
21   </div>
22   </nav>
23   </body>
24   </html>
```

例3-8运行结果如图3.23所示。

图3.23 例3-8运行结果

例3-8是实现分页功能。第14行是整个分页的开始,标签<ul>中pagination类是标注分页的；第15～19行是分页的页数及链接内容。

注意：Bootstrap 中还有其他丰富的组件内容，可以借助官网进行学习测试，并最终运用到实际开发中。Bootstrap 可能在不同的浏览器中适配情况不太一致，本书选用的是火狐浏览器。

3.3 本章小结

本章主要是讲解 Web 客户端进阶的内容，包括 jQuery 和 Bootstrap 框架。在开发过程中合理运用以上两个框架可达到事半功倍的效果。jQuery 和 Bootstrap 框架还有很多丰富的内容，需要大家多掌握应用。

3.4 习　　题

1. 填空题

（1）Web 客户端常用的两个框架是_____和_____。

（2）jQuery action 实质上指的是_____。

（3）JavaScript 中最常用的框架是_____。

（4）_____是用来实现异步传输数据的技术，即在网页不刷新的情况下进行数据传送。

（5）栅格系统将整个网页分成最多_____列。

2. 选择题

（1）下列选项中，(　　)不属于 jQuery 选择器。
　　A．♯id　　　　　　B．.class　　　　　　C．。　　　　　　　D．*

（2）当屏幕小于 768px 时，栅格系统的(　　)类前缀起作用。
　　A．col-md-　　　　B．col-sm-　　　　　C．col-xs-　　　　　D．col-lg-

（3）下列回调函数中，(　　)是在请求出错时调用。
　　A．error　　　　　B．success　　　　　C．complete　　　　D．dataFilter

（4）jQuery 的设计宗旨是(　　)。
　　A．"Life is short，I use Python"　　　　B．"stay hungry stay foolish"
　　C．"Write Less,Do More"　　　　　　 D．"talk is cheap，show me your code"

（5）下列选项中，(　　)不属于 jQuery 事件。
　　A．on()　　　　　　B．trigger()　　　　C．click()　　　　　D．toggle()

3. 思考题

（1）简述 jQuery 的概念，并简要讲解 jQuery 的使用步骤？

（2）简述 Ajax 的概念？

4. 编程题

使用 jQuery 和 Bootstrap 编写一个动态网页，包括导航栏和 jQuery 的事件操作。

第 4 章　Web 编程之网络基础

本章学习目标
- 掌握 TCP/IP 协议
- 掌握 HTTP 协议
- 了解 Cookie 和 Session

日常生活中,上班族每天需乘坐地铁或公交去公司工作,此过程中交通工具作为载体负责将他们从家送到公司。与之对应,Web 是以 Internet(互联网)为载体负责完成数据的传输。值得注意的是,本书所讲的 Web 编程是指基于 Internet 网络的应用编程。

4.1　网络基础与 TCP/IP

4.1.1　网络基础概述

网络学习的核心就是网络协议(计算机网络中进行数据交换而建立的规则、标准或者约定的集合)的学习,不同用户的终端数据可能采取不同的字符集,两者要进行通信,就必须先统一标准,然后再进行通信,这些标准被称为网络协议。正如普通话的出现解决了全国各地人们交流困难的问题。

著名的 OSI/RM 模型(Open System Interconnection/Reference Model)将计算机网络体系结构的通信协议划分为七层,分别为物理层、数据链路层、网络层、传输层、会话层、表示层、应用层,如图 4.1 所示。

在图 4.1 中,七层结构主要分布在网络和主机上,其中每层都有不同的功能和协议,并且每层所使用设备也不尽相同,具体如表 4.1 所示。

表 4.1　各层次作用、协议及设备

分布	层级名称	作　　用	功能、协议或设备
主机	应用层	访问网络服务的接口	为操作系统或网络应用程序提供访问网络的接口,常见:Telnet、FTP、HTTP、SAMP、DNS 等
	表示层	提供数据格式转换服务	解密与加密、图片解码和编码、数据的压缩与解压缩,常见:URL 加密、口令加密、图片编解码
	会话层	建立端链接并提供访问验证和会话管理	使用校验点可使在通信失效时从校验恢复通信,常见:服务器验证用户信息、断点续传
	传输层	提供应用进程之间的逻辑通信	建立连接、处理数据包错误、数据包次序,常见:TCP、UDP、SPX、进程、端口(Socket)

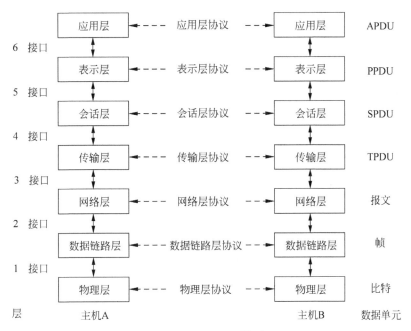

图 4.1 OSI/RM 模型

续表

分布	层级名称	作　用	功能、协议或设备
网络	网络层	微数据在结点之间传输附件逻辑链路，并分组转发数据	对子网间的数据包进行路由选择，常见：路由器、多层交换机、防火墙、IP、IPX、RIP、DSPF
	数据链路层	在通信的实体间建立数据链路连接	将数据分帧，并处理流控制、物理地址寻址、重发等，常见：网卡、网桥、二层交换机等
	物理层	为数据电设备提供原始比特流传输的通路	网络通信的数据传输介质，由电缆与设备共同构成，常见：中继器、集线器、网线、RJ-45 标准等

4.1.2　C/S 与 B/S 架构介绍

1. C/S 架构

客户端/服务器端(Client/Server，C/S)架构是一种比较早的软件架构，主要应用于局域网内，如图 4.2 所示。

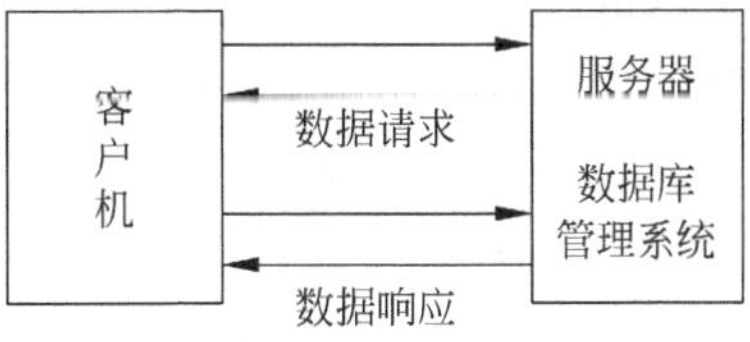

C/S 架构分为客户机和服务器两层：第一层是在客户机系统上结合用户表示和业务逻辑，第二层是通过网络结合数据库服务器。简单地说，第一层是用户表示层，第二层是数据库层。客户端和服务器直接相连，两部分的内容都非常重要，第一层的客户机不仅只

图 4.2　C/S 架构

有输入输出和运算能力，而且可以处理一些计算、数据存储等方面的业务逻辑事务；第二层的服务器主要承担事务逻辑的处理，相对来说事务很重，但是在客户机上可以完成部分逻辑事务，直接减轻服务器的负重，使网络流量增多。

C/S架构的优点有：
- 界面和操作可以很丰富。
- 安全性能易保证，可实现多层认证。
- 只有一层交互，因此响应速度较快。

2. B/S架构

随着Internet和WWW的流行，以往的C/S无法满足当前全球网络开放、互连和信息随处可见、共享的新要求，于是出现了B/S模式，即浏览器/服务器结构。它是C/S架构的一种改进，属于三层C/S架构，如图4.3所示。它主要是利用不断成熟的WWW浏览器技术，使用浏览器就可实现原来需要复杂的专用软件才能实现的强大功能，并节约了开发成本，B/S模式是一种全新的软件系统构造技术。

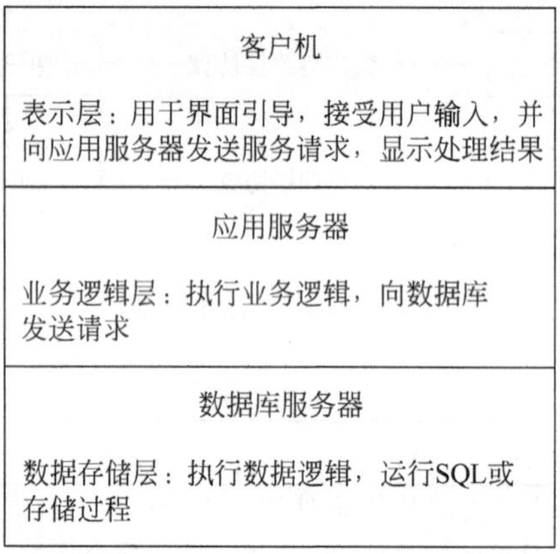

客户机
表示层：用于界面引导，接受用户输入，并向应用服务器发送服务请求，显示处理结果
应用服务器
业务逻辑层：执行业务逻辑，向数据库发送请求
数据库服务器
数据存储层：执行数据逻辑，运行SQL或存储过程

图4.3 三层C/S架构

第一层是浏览器，即客户端，处理极少部分的事务逻辑，如输入输出。由于客户不需要安装客户端，直接使用浏览器就能上网浏览，因此它面向的是大范围的用户，界面设计得比较简单。

第二层是Web服务器，实现信息传送。当用户想要访问数据库时，就会首先向Web服务器发送请求，Web服务器统一请求后向数据库服务器发送访问数据库的请求，这个请求是以SQL语句实现的。

第三层是数据库服务器，存放着大量的数据，十分重要。当数据库服务器收到Web服务器的请求后，会对SQL语句进行处理，并将返回的结果发送给Web服务器，Web服务器将收到的数据结果转换为HTML文本发送给浏览器，也就是用户打开浏览器所看到的界面。

B/S架构是应Web技术的飞速发展而从传统的C/S架构发展而来，并且一举成为当今主要的网络架构。

B/S架构的优点如下：
- 有浏览器即可。
- B/S架构可以直接放在广域网上，通过权限分配实现多用户访问，交互性比较强。
- B/S架构升级方式：升级服务器即可。

注意：本书之后的开发都是基于B/S架构。

B/S架构虽是C/S发展而来，但它们还是存在较大差异，具体如表4.2所示。

表 4.2 C/S 与 B/S 的比较

角 度	C/S	B/S
硬件环境	专用网络	广域网
安全要求	面向相对固定的用户群 信息安全的控制能力很强	面向不可知的用户群 对安全的控制能力相对弱
程序架构	注重流程 系统运行速度可较少考虑	对安全以及访问速度要多考虑 B/S 架构是发展趋势
软件重用	比较差	相对好
系统维护	升级复杂	开销小,易升级维护
处理问题	相对集中	相对分散
用户接口	更多的是与操作系统关系密切	跨平台,与浏览器相关
信息流	交互性能比较低	交互密集

4.1.3 TCP/IP 与 UDP

TCP 与 UDP 协议都是属于传输层协议,用于保证网络层数据传输。

1. TCP/IP 协议

TCP/IP 协议是 Internet 最基本的协议、互联网的基础,主要由网络层的 IP 协议和传输层的 TCP 等协议组成。TCP 控制传输,一旦遇到问题就要求重新传输,直到所有数据正确并安全地传送到目的地,IP 其实就是 Internet 分配给每一台互联网设备的唯一地址。

IP 协议接收由更低层(网络接口层,例如以太网设备驱动程序)发来的数据包,并把该数据包发送到更高层——TCP 或 UDP 层。相反,IP 协议也可以把从 TCP 或 UDP 层接收来的数据包传送到更低层。IP 数据包是不可靠的,因为 IP 并没有做任何事情来确认数据包是否按顺序发送或者有没有被破坏,IP 数据包中含有发送它的主机地址(源地址)和接收它的主机地址(目的地址)。

TCP 是面向连接的通信协议,通过三次握手建立连接,通信完成时通过四次挥手断开连接。TCP 是面向连接的,因此只能用于端到端的通信。TCP 提供的是一种可靠的数据流服务,采用"带重传的肯定确认"技术来实现传输的可靠性。TCP 还采用一种称为"滑动窗口"的方式进行流量控制,所谓窗口实际表示接收能力,用以限制发送方的发送速度。TCP 协议的三次握手和四次挥手,如图 4.4 所示。

注意:seq(sequance)表示序列号,ack(acknowledge)表示确认号;SYN(synchronize)表示请求同步标志;ACK(acknowledge)表示确认标志;FIN(Finally)表示结束标志。

接下来对图 4.4 中的三次握手和四次挥手进行详细解析。

第一次握手:Client 端发送连接请求报文;

第二次握手:Server 端接受连接后回复 ACK 报文,并为这次连接分配资源;

第三次握手:Client 端接收到 ACK 报文后也向 Server 端发送 ACK 报文,并分配资源;经过三次握手之后 TCP 连接就建立了。

第一次挥手:Client 端发起中断请求,即发送 FIN 报文;

第二次挥手:Server 端接收到 FIN 报文后,当 Server 端还有数据没有传送完成,先发送 ACK 报文给 Client 端,并继续传送数据,Client 端接收到 ACK 报文后进入 FIN_WAIT

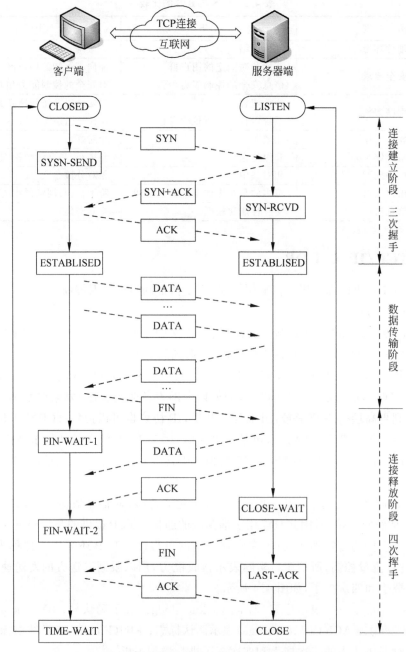

图 4.4　TCP 协议的三次握手和四次挥手

状态,等待 Server 端的 FIN 报文;

第三次挥手:当 Server 端确定数据已发送完成,则向 Client 端发送 FIN 报文;

第四次挥手:Client 端收到 FIN 报文后,发送 ACK 报文通知 Server 端开始关闭连接并进入 TIME_WAIT 状态,如果 Server 端没有收到 ACK 则可以重传;

经过四次挥手后 Server 端收到 ACK 后,断开连接。Client 端等待 2MSL 后没有收到回复,则证明 Server 端已正常关闭,Client 端也可以关闭连接了,这样 TCP 连接就关闭了。

2. UDP 协议

UDP 是面向无连接的通信协议，UDP 数据包括目的端口号和源端口号信息，由于通信不需要连接，因此可以实现广播发送。UDP 通信时不需要接收方确认，属于不可靠传输，可能会出现丢包现象，实际应用中要求开发者编程验证。

UDP 与 TCP 位于同一层，但它不管数据包的顺序、错误或重发。因此，UDP 不被应用于使用虚电路的面向连接的服务，UDP 主要用于面向查询、应答的服务，例如 NFS。相对于 FTP 或 Telnet，这些服务需要交换的信息量较小。

每个 UDP 报文分 UDP 报头和 UDP 数据区两部分。报头结构如下：

- 源端口号(16 位)。
- 目标端口号(16 位)。
- 数据报长度(16 位)。
- 校验值(16 位)。

使用 UDP 协议包括：TFTP(简单文件传输协议)、SNMP(简单网络管理协议)、DNS(域名解析协议)等。

在生活中，大家经常使用 ping 命令来测试两台主机之间 TCP/IP 通信是否正常，其实 ping 命令的原理就是向对方主机发送 UDP 数据包，然后对方主机确认收到数据包，如果数据包到达的消息能及时反馈回来，那么网络就是通的。

3. TCP 与 UDP 协议的区别

虽然 TCP 与 UDP 都是属于传输层协议，作用也相同，但是两者存在比较大的差异，具体如表 4.3 所示。

表 4.3　TCP 与 UDP 的区别

TCP	UDP
基于连接	基于无连接
对系统资源要求多	对系统资源要求少
程序结构较复杂	程序结构较简单
流模式	数据报模式
保证数据正确性	可能丢包
保证数据顺序	不保证数据顺序

4.2　HTTP 协议

4.2.1　初识 HTTP

超文本传输协议(HyperText Transfer Protocol，HTTP)是一个应用层的面向对象的协议，由于其简捷、快速的优点，适用于分布式超媒体信息系统。它于 1990 年提出，经过不断地使用和发展，逐渐趋于完善。HTTP 协议的主要特点如下：

- **支持客户/服务器模式。**
- **简单快速**：客户向服务器请求服务时，只需传送请求方法和路径，请求方法常用的有 GET、HEAD、POST，每种方法规定了客户与服务器联系的类型；由于 HTTP 协议简单,使得 HTTP 服务器的程序规模小,因而通信速度很快。
- **灵活**:HTTP 允许传输任意类型的数据对象,正在传输的类型由 Content-Type 加以标记。
- **无连接**:无连接的含义是限制每次连接只处理一个请求,服务器处理完客户的请求,并收到客户的应答后,即断开连接,采用这种方式可以节省传输时间。
- **无状态**:HTTP 协议是无状态协议,无状态是指协议对于事务处理没有记忆能力,缺少状态意味着如果后续处理需要前面的信息,则它必须重传,这样可能导致每次连接传送的数据量增大;在服务器不需要前面的信息时它的应答就更快。

HTTP 协议永远都是客户端发起请求,服务器回送响应,如图 4.5 所示。

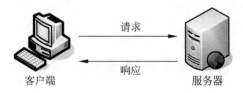

图 4.5　HTTP 协议

4.2.2　URL

HTTP URL(URL 是一种特殊类型的 URI,包含了用于查找某个资源足够的信息)的格式如下:

    http://host[":"port][abs_path]

http:表示要通过 HTTP 协议来定位网络资源。host:表示合法的 Internet 主机域名或者 IP 地址。port:指定一个端口号,为空则使用缺省端口 80。abs_path:指定请求资源的 URI,如果 URL 中未给出 abs_path,那么当它作为请求 URI 时,必须以"/"的形式给出,通常这个工作浏览器会自动完成。

URL 示例如下:

    1.输入:www.1000phone.com
    浏览器自动转换成:http://www.1000phone.com/
    2.http:127.0.0.1:8080/index.html

4.2.3　HTTP 请求与响应

HTTP 是一个基于请求与响应模式的、无状态的、应用层的协议,常基于 TCP 的连接方式,绝大多数的 Web 开发都是构建在 HTTP 协议之上的。

1. HTTP 请求

HTTP 请求由三部分组成,分别是请求行、消息报头和请求正文,其中请求行以一个方法符号开头,以空格分开,后面跟着请求的 URI 和协议的版本,具体示例如下:

    Method Request-URI HTTP-Version CRLF

Method 表示请求方法。Request-URI 是一个统一资源标识符。HTTP-Version 表示请求的 HTTP 协议版本。CRLF 表示回车和换行(除了作为结尾的 CRLF 外,不允许出现单独的 CR 或 LF 字符)。

其中常用的请求方法及解释如表 4.4 所示。

表 4.4 常用请求方法及解释

方 法	解 释
GET	请求获取 Request-URI 所标识的资源
POST	在 Request-URI 所标识的资源后附加新的数据
HEAD	请求获取由 Request-URI 所标识的资源的响应消息报头
PUT	请求服务器存储一个资源,并用 Request-URI 作为其标识
DELETE	请求服务器删除 Request-URI 所标识的资源
TRACE	请求服务器回送收到的请求信息,主要用于测试或诊断
CONNECT	保留将来使用
OPTIONS	请求查询服务器的性能,或者查询与资源相关的选项和需求

消息报头在下一节详细介绍,请求正文是客户向服务器请求的内容主体。

2. HTTP 响应

在接收和解析请求消息后,服务器返回一个 HTTP 响应消息。HTTP 响应也是由三个部分组成,分别是状态行、消息报头、响应正文,其中状态行格式具体示例如下:

HTTP - Version Status - Code Reason - Phrase CRLF

HTTP-Version 表示服务器 HTTP 协议的版本。Status-Code 表示服务器发回的响应状态代码。Reason-Phrase 表示状态代码的文本描述。

其中状态代码由三位数字组成,第一个数字定义了响应的类别,且有 5 种可能取值:
- 1xx: 指示信息——表示请求已接收,继续处理。
- 2xx: 成功——表示请求已被成功接收、理解、接受。
- 3xx: 重定向——要完成请求必须进行更进一步的操作。
- 4xx: 客户端错误——请求有语法错误或请求无法实现。
- 5xx: 服务器端错误——服务器未能实现合法的请求。

常见的状态代码、描述及其说明如表 4.5 所示。

表 4.5 常见的状态码、描述及说明

状 态 码	描 述	说 明
200	OK	客户端请求成功
400	Bad Request	客户端请求有语法错误,不能被服务器所理解
401	Unauthorized	请求未经授权,这个状态代码必须和 WWW- Authenticate 报头域一起使用
403	Forbidden	服务器收到请求,但是拒绝提供服务
404	Not Found	请求资源不存在
500	Internal Server Error	服务器发生不可预期的错误
503	Server Unavailable	服务器当前不能处理客户端的请求,一段时间后可能恢复正常

消息报头将在下一小节详细介绍,响应正文是服务器返回的资源内容。

4.2.4 HTTP 消息报头

HTTP 消息由客户端到服务器的请求和服务器到客户端的响应组成。请求消息和响应消息都是由开始行(请求消息:请求行;响应消息:状态行)、消息报头(可选)、空行(只有 CRLF 的行)、消息正文(可选)组成。

HTTP 消息报头包括普通报头、请求报头、响应报头、实体报头,每一个报头域都是由"名字+ :+空格+值"组成,消息报头域的名字是不区分大小写的。接下来详细讲解这四种报头。

1. 普通报头

在普通报头中,有少数报头域用于所有的请求和响应消息,但并不用于被传输的实体,只用于传输的消息。

Cache-Control 用于指定缓存指令,缓存指令是单向的(响应中出现的缓存指令在请求中未必会出现),且是独立的(一个消息的缓存指令不会影响另一个消息处理的缓存机制)。

请求时的缓存指令包括 no-cache(用于指示请求或响应消息不能缓存)、no-store、max-age、max-stale、min-fresh、only-if-cached;响应时的缓存指令包括 public、private、no-cache、no-store、no-transform、must-revalidate、proxy-revalidate、max-age、s-maxage。

Date 普通报头域表示消息产生的日期和时间。

Connection 普通报头域允许发送指定连接的选项,例如,指定连接是连续,或者指定 close 选项,通知服务器,在响应完成后,关闭连接。

2. 请求报头

请求报头允许客户端向服务器端传递请求的附加信息以及客户端自身的信息。常用的请求报头如表 4.6 所示。

表 4.6 常用的请求报头

请求报头	报头描述	举例	说明
Accept	指定客户端接受哪些类型的信息	Accept:image/gif Accept:text/html	客户端接受 GIF 图像格式的资源 客户端接受 html 文本
Accept-Charset	指定客户端接受的字符集	Accept-Charset:iso-8859-1,gb2312	如果在请求消息中没有设置这个域,缺省是任何字符集都可以接受
Accept-Encoding	类似于 Accept,但是它是指定可接受的内容编码	Accept-Encoding:gzip.deflate	如果请求消息中没有设置这个域服务器,即假定客户端对各种内容编码都可以接受
Accept-Language	类似于 Accept,但是它是指定一种自然语言	Accept-Language:zh-cn	如果请求消息中没有设置这个报头域,服务器假定客户端对各种语言都可以接受

续表

请求报头	报头描述	举 例	说 明
Authorization	证明客户端有权查看某个资源	当浏览器访问一个页面时,如果收到服务器的响应代码为401(未授权),可以发送一个包含 Authorization 请求报头域的请求,要求服务器对其进行验证	
Host(发送请求时,该报头域是必需的)	指定被请求资源的 Internet 主机和端口号,它通常从 HTTP URL 中提取出来的	Host:www.1000phone.com	此处使用缺省端口号 80,若指定了端口号
User-Agent	获取客户端的操作系统、浏览器等的信息	非必需,添加此报头域,服务器就可获取到相关信息,若不添加,服务器则获取不了相关信息	

请求报头具体示例如下:

```
GET /form.html HTTP/1.1 (CRLF)
Accept:image/gif,image/x - xbitmap,image/jpeg,
    application/x - shockwave - flash,application/vnd.ms - excel,
    application/vnd.ms - powerpoint,application/msword, */* (CRLF)
Accept - Language:zh - cn (CRLF)
Accept - Encoding:gzip,deflate (CRLF)
If - Modified - Since:Wed,05 Jan 2007 11:21:25 GMT (CRLF)
If - None - Match:W/"80b1a4c018f3c41:8317" (CRLF)
User - Agent:Mozilla/4.0(compatible;MSIE6.0;Windows NT 5.0) (CRLF)
Host:www.guet.edu.cn (CRLF)
Connection:Keep - Alive (CRLF)
(CRLF)
```

3. 响应报头

响应报头允许服务器传递不能放在状态行中的附加响应信息,以及关于服务器的信息和对 Request-URI 所标识的资源进行下一步访问的信息。

常用的响应报头如表 4.7 所示。

表 4.7 常用的响应报头

响 应 报 头	报 头 描 述
Location	用于重定向接受者到一个新的位置,常用在更换域名的时候
Server	包含了服务器用来处理请求的软件信息。与 User-Agent 请求报头域是相对应的,如:Server:Apache-Coyote/1.1
WWW-Authenticate	必须被包含在 401(未授权的)响应消息中,客户端收到 401 响应消息时候,并发送 Authorization 报头域请求服务器对其进行验证时,服务端响应报头就包含该报头域,如:WWW-Authenticate:Basic realm="Basic Auth Test!" //可以看出服务器对请求资源采用的是基本验证机制

4. 实体报头

请求和响应消息都可以传送一个实体,一个实体由实体报头域和实体正文组成,但并不是说实体报头域和实体正文要一起发送,可以只发送实体报头域。实体报头定义了关于实体正文和请求所标识的资源的元信息。

常用的实体报头如表 4.8 所示。

表 4.8 常用的实体报头

实体报头	报头描述
Content-Encoding	媒体类型的修饰符,它的值指示了已经被应用到实体正文的附加内容的编码,因而要采用相应的解码机制来获得 Content-Type 中所引用的媒体类型,例如,Content-Encoding:gzip
Content-Language	描述了资源所用的自然语言。没有设置该域则认为实体内容将提供给所有的语言阅读者。例如,Content-Language:da
Content-Length	指明实体正文的长度,以字节方式存储的十进制数字来表示
Content-Type	指明发送给接收者的实体正文的媒体类型。例如,Content-Type:text/html;charset=ISO-8859-1 Content-Type:text/html;charset=GB2312
Last-Modified	用于指示资源的最后修改日期和时间
Expires	给出响应过期的日期和时间,为了让代理服务器或浏览器在一段时间以后更新缓存中(再次访问曾访问过的页面时,直接从缓存中加载,缩短响应时间和降低服务器负载)的页面,例如,Expires:Tue,15 Nov 2017 16:23:12 GMT

4.3 Cookie 与 Session

4.3.1 会话

在 Web 开发领域,会话是指在一段时间内,客户端与 Web 应用的交互过程。例如,用户登录一个网上论坛并给网帖留言,这个过程所引发的一系列的请求响应过程就是一次会话。

会话过程中的每次请求和响应都会产生数据,而 HTTP 协议是无状态的协议,它不会为了下一次请求而保存本次请求传输的信息,这就给实现多次请求的业务逻辑带来一定困难。

例如,用户成功登录某网上论坛之后,当用户想回复相应的网帖时,需要重新向服务器发送一次请求,而此时,上一次请求传输的信息已经失效,用户在发帖之前还需再次登录,这就会降低用户体验。

为解决这个问题,会话跟踪被引入到 Web 开发的技术体系,它用于保存会话过程中产生的数据,使一次请求所传递的数据能够维持到后续的请求。

会话跟踪采用的方案包括 Cookie 和 Session,Cookie 工作在客户端,Session 工作在服务端,它们之间既有联系又有区别,接下来讲解 Cookie 和 Session。

4.3.2 Cookie

Cookie 是由 W3C 组织提出的一种在客户端保持会话跟踪的解决方案。具体来讲,它是服务器为了识别用户身份而存储在客户端上的文本信息。Cookie 功能需要客户端(主要是浏览器)的支持,目前 Cookie 已成为一项浏览器的标准,几乎主流的浏览器(如 IE、FireFox 等)都支持 Cookie。

为了便于理解,下面以一个生活实例解释 Cookie 机制。人们经常使用"一卡通"乘坐地铁,当乘客在地铁站首次充值时,地铁公司会发放一张"一卡通","一卡通"存储有卡号、金额、乘坐次数等信息,此后,乘客使用该卡乘坐地铁,地铁公司就能根据卡里的信息计算消费金额。在会话中,Cookie 的功能与此类似,当客户端第一次访问 Web 应用时,服务器会给客户端发送 Cookie,Cookie 里存有相关信息,当客户端再次访问 Web 应用时,会在请求头中同时发送 Cookie,服务器根据 Cookie 中的信息作出对应的处理。

关于 Cookie 机制的实现过程,如图 4.6 所示。

图 4.6 Cookie 机制的实现过程

在图 4.6 中,当客户端第一次访问 Web 应用时,服务器以响应头的形式将 Cookie 发送给客户端,客户端会把 Cookie 保存到本地。当浏览器再次请求该 Web 应用时,客户端会把请求的网址和 Cookie 一起提交给服务器,服务器会检查该 Cookie 并读取其中的信息。

通过 Cookie,服务器能够得到客户端特有的信息,从而动态生成与该客户端对应的内容。例如,在很多登录页面中,有"记住我""自动登录"之类的选项,如果选中后,当再次访问该 Web 应用时,客户端就会自动完成相关的操作。另外,一些网站根据用户的使用需要,进行个性化的风格设置、广告投放等,这些功能都能够基于 Cookie 机制实现。

4.3.3 Session

Session 是一种将会话数据保存到服务器的技术。当客户端访问服务器时,服务器通过 Session 机制记录客户端信息。

为了便于理解,下面以一个生活实例解释 Session 机制。当大学新生入学时,学校会为每位新生建立学籍档案并分配一个学号,当学生需要查询学籍信息时,只需提交学号,教务老师就能根据学号查询出学生的所有信息。在会话中,Session 的功能与此类似,当客户端第一次访问 Web 应用时,服务器会创建一个 Session,并给客户端响应 Session 的 ID,其中,Session 相当于学籍档案,ID 相当于学号。当客户端再次访问 Web 应用时,只需提交 ID,服务器就能找到对应的 Session 并作出处理。

Session 机制要借助 Cookie 机制实现功能,其实现过程如图 4.7 所示。

图 4.7 Session 机制的实现过程

在图 4.7 中,当客户端第一次访问 Web 应用时,服务器为该客户端创建一个 Session,同时,服务器以 Cookie 的形式把该 Session 的 ID 返回给客户端。当客户端再次访问该 Web 应用时,会把带有 Session ID 的 Cookie 提交给服务器,服务器通过获取到的 Session ID 找到 Session,然后进行相应的业务处理。

4.4 本章小结

本章主要介绍 Web 开发中所需要的网络基础知识,分为网络基础与 TCP/IP 协议、HTTP 协议、Cookie 与 Session 这三个部分,通过本章的学习,大家需加深对网络基础知识的理解。

4.5 习 题

1. 填空题

(1) 网络学习的核心是_____。

(2) _____、_____、_____、_____、_____、_____、_____称之为 OSI/RM 模型的七层结构。

(3) 常用的传输层协议是_____、_____。

(4) TCP/IP 协议通过_____建立连接,通过_____断开连接。

(5) URL 包含_____部分内容。

2. 选择题

(1) 以下选项中,(　　)不属于 OSI/RM 模型。

　　A. 物理层　　　　B. 网络接入层　　C. 应用层　　　　D. 网络层

(2) 下列选项中,(　　)属于 UDP 协议的特点。

　　A. 基于连接　　　B. 程序结构较复杂　C. 使用流模式　　D. 可能丢包

(3) 出现"请求资源不存在"的提示说明,对应 HTTP 的响应状态码是(　　)。

　　A. 404　　　　　B. 200　　　　　C. 500　　　　　D. 403

(4) 下列选项中,(　　)不属于 HTTP 请求方法。

　　A. GET　　　　　B. TRACE　　　　C. POST　　　　D. ACCEPT

(5) 下列选项中,(　　)属于 B/S 架构的优点。

　　A. 界面和操作可以很丰富　　　　　B. 安全性能易保证,可实现多层认证

　　C. 有浏览器即可　　　　　　　　　D. 只有一层交互,响应速度较快

3. 思考题

(1) 简述 HTTP 的主要特点。

(2) 简述 TCP/IP 协议。

(3) 思考为什么存在 TCP 协议,还要使用不安全的 UDP 协议。

第 5 章　数据库基础

本章学习目标
- 掌握数据库的概念
- 掌握关系型数据库建模
- 掌握 SQL 语句
- 了解 Redis 数据库

随着网络逐渐融入人们的生活，Web 数据库也逐渐显示出它的重要性，数据库在网站的建设中已经成为必不可少的重要部分。例如，客户资料、产品资料、交易记录、访问流量、财务分析等都离不开数据库系统的支持，数据库技术已经成为网络的核心技术，因此，本章主要讲解数据库的相关知识。

5.1　数据库基础

5.1.1　数据库基本概念

数据库(Database,DB)是建立在计算机存储设备上，按照数据结构来组织、存储和管理数据的仓库，可将其视为电子化的文件柜——存储电子文件的处所。用户可以对文件中的数据进行增加、删除、修改、查找等操作，此处所说的数据不仅包含数字，还包含文字、视频、声音等。数据库的主要特点如下。

1. 实现数据共享

数据共享包括所有用户同时存取数据库中的数据，也包括用户使用各种方式通过接口使用数据库，并提供数据共享。

2. 减少数据的冗余度

同文件系统相比，数据库由于实现了数据共享，从而避免了用户单独建立应用文件，减少了数据冗余，维护了数据的一致性。

3. 数据的独立性

数据的独立性包括逻辑独立性(数据库的逻辑结构和应用程序相互独立)和物理独立性(数据物理结构的变化不影响数据的逻辑结构)。

4. 数据实现集中控制

文件管理方式中，数据处于一种分散的状态，不同的用户或同一用户在不同的处理中其文件之间毫无关系。利用数据库可对数据进行集中控制和管理，并通过数据模型表示各种数据的组织以及数据间的联系。

5. 数据一致性和可维护性

主要体现在安全性控制(以防止数据丢失、错误更新和越权使用)、完整性控制(保证数据的正确性、有效性和相容性)和并发控制(在同一时间周期内,允许对数据实现多路存取,又能防止用户之间的不正常交互)上。

6. 故障恢复

由数据库管理系统提供一套方法可及时发现故障并修复,从而防止数据被破坏。数据库系统能尽快解决运行时出现的故障,这些故障可能是物理上或是逻辑上的错误。

另外,数据库不是数据库系统,数据库系统的范围比数据库大很多。数据库系统是由硬件和软件组成,其中硬件主要用于存储数据库中的数据,软件主要包括操作系统以及应用程序等,数据库系统如图5.1所示。

在图5.1中,展示了数据库系统几个重要部分的关系,具体如下:

数据库管理系统(DataBase Management System,DBMS):指一种操作和管理数据库的大型软件,用于建立、使用和维护数据库,对数据库进行统一管理和控制,以保证数据库的安全性和完整性。用户通过数据库管理系统访问数据库中的数据。

数据库应用程序(DataBase Application System,DBAS):用户在对数据库进行复杂管理时,DBMS可能无法满足用户需求,这时就需要使用数据库应用程序访问和管理DBMS中存储的数据。

数据库(DataBase,DB):指长期保存在计算机的存储设备上,按照一定规则组织起来,可以被各种用户或应用共享的数据集合。

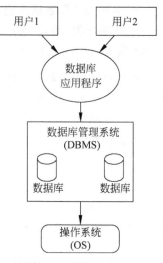

图5.1 数据库系统

通常情况下,用数据库来表示所使用的数据库软件会引起混淆,确切地说,数据库软件应该是数据库管理系统,数据库是通过数据库管理系统创建和操作的。

5.1.2 常用数据库简介

随着数据库技术的不断发展,数据库产品越来越多。2017年8月,DB-Engines发布了最新的数据库排行,如图5.2所示。

在图5.2中,Oracle居首位,其他数据库也不同程度地受关注,接下来介绍一些常见的数据库产品,具体如下所示。

1. Oracle数据库

Oracle Database(又名Oracle RDBMS,或简称Oracle)是甲骨文公司的一款关系数据库管理系统。它在数据库领域一直处于领先地位,是目前世界上最流行的关系数据库管理系统之一,其系统可移植性好、使用方便、功能强,适用于各类大、中、小、微机环境。它是一种高效率、可靠性好的、适应高吞吐量的数据库。

2. MySQL数据库

MySQL是一种开放源代码的关系型数据库管理系统(RDBMS),使用最常用的数据库

	Rank		DBMS	Database Model	Score		
Aug 2017	Jul 2017	Aug 2016			Aug 2017	Jul 2017	Aug 2016
1.	1.	1.	Oracle	Relational DBMS	1367.88	-7.00	-59.85
2.	2.	2.	MySQL	Relational DBMS	1340.30	-8.81	-16.73
3.	3.	3.	Microsoft SQL Server	Relational DBMS	1225.47	-0.52	+20.43
4.	4.	↑5.	PostgreSQL	Relational DBMS	369.76	+0.32	+54.51
5.	5.	↓4.	MongoDB	Document store	330.50	-2.27	+12.01
6.	6.	6.	DB2	Relational DBMS	197.47	+6.22	+11.58
7.	7.	↓8.	Microsoft Access	Relational DBMS	127.03	+0.90	+2.98
8.	8.	↓7.	Cassandra	Wide column store	126.72	+2.60	-3.52
9.	9.	↑10.	Redis	Key-value store	121.90	+0.38	+14.57
10.	10.	↑11.	Elasticsearch	Search engine	117.65	+1.67	+25.16
11.	11.	↓9.	SQLite	Relational DBMS	110.85	-3.02	+0.99
12.	12.	12.	Teradata	Relational DBMS	79.23	+0.86	+5.59
13.	↑14.	↑14.	Solr	Search engine	66.96	+0.93	+1.18
14.	↓13.	↓13.	SAP Adaptive Server	Relational DBMS	66.92	+0.00	-4.13
15.	15.	15.	HBase	Wide column store	63.52	-0.10	+8.01
16.	16.	↑17.	Splunk	Search engine	61.46	+1.17	+12.56
17.	17.	↓16.	FileMaker	Relational DBMS	59.65	+1.00	+4.64
18.	18.	↑20.	MariaDB	Relational DBMS	54.70	+0.33	+17.82
19.	19.	19.	SAP HANA	Relational DBMS	47.97	+0.03	+5.24
20.	20.	↓18.	Hive	Relational DBMS	47.30	+1.10	-0.51

330 systems in ranking, August 2017

图 5.2 数据库排行

管理语言——结构化查询语言(SQL)进行数据库管理。MySQL 是开放源代码的,因此任何人都可以在 General Public License 的许可下下载并根据个性化的需要对其进行修改。MySQL 因为其速度、可靠性和适应性而备受关注,大多数人都认为在不需要事务化处理的情况下,MySQL 是管理数据最好的选择。

3. SQL Server 数据库

SQL Server 是美国 Microsoft 公司推出的一种关系型数据库管理系统,它是一个可扩展的、高性能的、为分布式客户机/服务器计算所设计的数据库管理系统,实现了与 Windows NT 的有机结合,提供了基于事务的企业级信息管理系统方案。

4. MongoDB 数据库

MongoDB 是一个介于关系数据库和非关系数据库之间的产品,是非关系数据库当中功能最丰富,最像关系数据库的数据库。它支持的数据结构非常松散,是类似 json 的 bjson 格式,因此可以存储比较复杂的数据类型。MongoDB 最大的特点是支持的查询语言非常强大,其语法有点类似于面向对象的查询语言,几乎可以实现类似关系数据库单表查询的绝大部分功能,而且还支持对数据建立索引。

5. DB2 数据库

DB2 是 IBM 公司开发的关系数据库管理系统,有多种不同的版本,如 DB2 工作组版(DB2 Workgroup Edition)、DB2 企业版(DB2 Enterprise Edition)、DB2 个人版(DB2 Personal Edition)和 DB2 企业扩展版(DB2 Enterprise-Exended Edition)等,这些产品基本的数据管理功能是一样的,区别在于是否支持远程客户能力和分布式处理能力。

6. Redis 数据库

Redis 是一个高性能的 key-value 数据库,在部分场合可以对关系数据库起到很好的补充作用。它提供了 Java、C/C++、C♯、PHP、JavaScript、Perl、Object-C、Python、Ruby 等客户端,使用很方便。

数据库通常分为层次型数据库、网络型数据库和关系型数据库三种,而在 Web 开发过程中常用的数据库为关系型数据库,因此本章第5.2节将对关系型数据库进行详细讲解。

5.2 关系数据库

5.2.1 关系数据库简介

关系型数据库是建立在关系模型基础上的数据库,借助于集合代数等数学概念和方法来处理数据库中的数据。

现实世界中各种实体以及实体之间的联系均用关系模型来表示,关系模型是指二维表格模型,因而一个关系型数据库是由二维表及其之间的联系组成的一个数据组织。当前主流的关系型数据库有 Oracle、MySQL、DB2、Microsoft SQL Server、PostgreSQL、Microsoft Access 等。

5.2.2 关系数据库建模

数据库建模指的是在设计数据库时,对现实世界进行分析、抽象,并从中找出内在联系,进而确定数据库结构的过程。

数据库的建模过程主要有三个阶段:

(1) 概念模型:在了解用户的需求、用户的业务领域及工作情况以后,经过分析和总结,提炼出用以描述用户业务需求的一些概念性内容。

(2) 逻辑模型:将概念模型具体化,实现概念模型所描述的内容,分析具体的功能和处理具体的信息,主要分析方式:E-R 模型(Entity-Relationship Model)图。

(3) 物理模型:针对逻辑模型中的内容,在具体的物理介质上实现出来(即在数据库中设计最终的数据表)。

其中上述三个步骤中逻辑模型和物理模型在开发中尤为重要,其中建立逻辑模型其实就是设计 E-R 图。E-R 图也称实体-联系图(Entity Relationship Diagram),提供了表示实体类型、属性和联系的方法,用来描述现实世界的概念模型。E-R 图中包括四种符号:矩形、菱形、椭圆、连线,各种符号描述着不同的信息结构,具体如表 5.1 所示。

表 5.1 E-R 符号

符 号	描 述
□	实体:客观存在的事物,一般是名词
○	属性:用于描述实体的特性,每个实体可以有很多属性,一般是名词
◇	关系:反映两个实体之间客观存在的关系,一般是动词
—	连接线:连接实体与属性以及实体与关系等

接下来以一个旅馆管理系统的 E-R 图来对表 5.1 进行较为详细的展示,如图 5.3 所示。

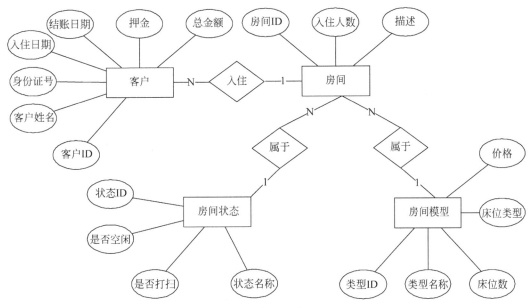

图 5.3 旅馆管理系统 E-R 图

在图 5.3 中,一共包含客户、房间、房间状态、房间类型 4 个实体,有联系的实体与实体之间的关系均是 1∶N。实体与实体之间存在三种对应关系,分别是一对一、一对多、多对多,具体如下:

- 一对一关系:实体 X 的任意一个实例至多有一个实体 Y 的实例与之对应,且实体 Y 的任意一个实例也至多有一个实体 X 的实例与之对应,例如,一个人只能有一张身份证。一对一关系在 E-R 图中被标记为 1∶1。
- 一对多关系:实体 X 的任意一个实例都可以对应任意数量实体 Y 的实例,而实体 Y 一个实例至多与实体 X 的一个实例对应,例如,一个班级有多名学生。一对多关系在 E-R 图中被标记为 1∶N。
- 多对多关系:实体 X 的任意一个实例都可以对应任意数量实体 Y 的实例,反之亦然,例如,学生和课程之间的关系,一个学生可以选多门课程,一门课程可以对应多名学生。多对多关系在 E-R 图中被标记为 N∶N。

在设计完 E-R 图之后,最终要将表设计编排到数据库中,这一步是物理模型的实现,即关系表设计。

将 E-R 图转换成关系表时需要以下步骤:

(1) 选定数据库,如 MySQL、Oracle、SQL Server 等,由于每种数据库所支持的数据类型可能略有差别,因此需要在设计表之前选定好数据库,本书使用 MySQL 进行设计。

(2) 将每一个实体转换成一个数据表,属性为数据表的列信息,并赋予对应的数据类型。

(3) 实体与实体之间关系为 1∶1 时,为两个表设置相同的主键。

(4) 实体与实体之间关系为 1∶N 时,在 N 对应的表中添加一个外键,并与 1 对应的表的主键相关联。

(5) 实体与实体之间的关系为 N∶N 时,需要生成一个单独描述关系的数据表,该关系表的列包含两个实体表的主键。

(6) 最终审核所有表，添加相应的索引或约束。

按照上述步骤，图5.3中的旅馆管理系统可以转换为相应的数据表，上述图5.3中E-R图一共有4个实体，并且实体与实体之间关系均为1∶N关系，因此生成4个表，分别为Customer表、Room表、Status表、Style表，具体如表5.2～表5.5所示。

表5.2 Customer 表

列 名	类 型	长 度	描 述	索引、约束
cid	Int	20	客户id，主键，自动增长	PK Auto_increment
cname	Varchar	60	客户姓名	Not NULL
IDcard	Varchar	20	身份证号	Not NULL
indate	Datetime		入住时间	
outdate	Datetime		结账日期	
deposit	Float	20	押金	Not NULL
total_amount	Float	20	总金额	
rid	Int	20	房间id，外键，对应Room表	FK

表5.3 Room 表

列 名	类 型	长 度	描 述	索引、约束
rid	Int	20	房间id，主键	PK
inperson	Int	10	入住人数	
description	Varchar	60	描述	
statusid	Int	20	状态id，外键，对应Status表	FK
styleid	Int	20	类型id，外键，对应Style表	FK

表5.4 Status 表

列 名	类 型	长 度	描 述	索引、约束
statusid	Int	20	房间状态id，主键	PK
statusname	Varchar	60	状态名称	
isempty	Int	4	是否空闲	
isclear	Int	4	是否打扫	

表5.5 Style 表

列 名	类 型	长 度	描 述	索引、约束
styleid	Int	20	房间类型id，主键，自动增长	PK Auto_increment
stylename	Varchar	60	类型名称	
bedstyle	Varchar	20	床的类型	
bedamount	Int	10	床位数	
price	Float	10	价格	

表5.2(Customer表)通过rid(房间id)这个外键来实现表5.2与表5.3(Room表)之间的联系(N∶1)，表5.3通过statusid(状态id)和styleid(类型id)这两个外键实现了与表5.4(Status表)、表5.5(Style表)之间的联系(N∶1)。

通过上述数据表的转换,旅店管理系统的数据库设计部分基本完成,接下来将相关数据录入到相关数据表中。

5.2.3 SQL 简介

SQL(Structure Query Language,结构化查询语言)是专为数据库而建立的操作命令集,是一种功能齐全的数据库语言。在使用它时,只需要发出"做什么"的命令,"怎么做"是不用使用者考虑的。SQL 功能强大、简单易学、使用方便,已经成了数据库操作的基础,并且现在几乎所有的数据库都支持 SQL。

SQL 被美国国家标准局(ANSI)确定为关系型数据库语言的美国标准,后来被国际化标准组织(ISO)采纳为关系数据库语言的国际标准,各数据库厂商都支持 ISO 的 SQL 标准,并在标准的基础上做了不同的扩展。

从以上介绍可以看出,SQL 有以下几项优点:

(1) 不是某个特定数据库供应商专有的语言,几乎所有重要的数据库管理系统都支持 SQL。

(2) 简单易学,该语言的语句都是由描述性很强的英语单词组成,且这些单词的数目不多。

(3) 高度非过程化,即用 SQL 操作数据库,只需指出"做什么",无须指明"怎么做",存取路径的选择和操作的执行由数据库自动完成。

SQL 包含了所有对数据库的操作,它主要由四个部分组成,具体如下:

(1) 数据库定义语言(DDL):用于定义数据库、数据表等,其中包括 CREATE 语句、ALTER 语句和 DROP 语句,CREATE 语句用于创建数据库、数据表等,ALTER 语句用于修改表的定义等,DROP 语句用于删除数据库、删除表等。

(2) 数据库操作语言(DML):用于对数据库进行添加、修改和删除操作,其中包括 INSERT 语句、UPDATE 语句和 DELETE 语句,INSERT 语句用于插入数据,UPDATE 语句用于修改数据,DELETE 语句用于删除数据。

(3) 数据库查询语言(DQL):用于查询,也就是 SELECT 语句,SELECT 语句可以查询数据库中的一条或多条数据。

(4) 数据控制语言(DCL):用于控制用户的访问权限,包括 GRANT 语句、REVOKE 语句、COMMIT 语句和 ROLLBACK 语句,GRANT 语句用于给用户添加权限,REVOKE 语句用于收回用户的权限,COMMIT 语句用于提交事务,ROLLBACK 语句用于回滚事务。

通过 SQL 可以直接操作数据库,很多应用程序中也经常使用 SQL 语句,例如 Python 程序中可以嵌入 SQL 语句,实现 Python 程序调用 SQL 语句操作数据库,此外,PHP、Java 等语言也可以嵌套 SQL。

5.2.4 SQL 实战

上节主要内容是讲解 SQL,本节带领大家学习 SQL 语句的不同功能实现。

1. Create 语句

Create 语句可以创建数据库和数据表,其中创建数据库的语法格式如下:

```
CREATE DATABASE database_name;
```

上述示例中，database_name 是数据库名称，其中旅馆管理系统所创建的数据库名称为"hotel"。

create table 语句是新建数据表语句，主要实现创建新的数据表，其语法格式如下：

```
CREATE TABLE table_name
(
column_name1 data_type(size),
column_name2 data_type(size),
column_name3 data_type(size),
....
);
```

上述示例中，table_name 是表名，column_name1 是列名，data_type 是数据类型，size 是数据的长度。接下来以上述旅馆管理系统中 Status 表和 Style 表的创建为示例讲解 create table 语句，具体示例如下：

```
/*创建 Status 表*/
CREATE TABLE Status
(
 statusid int(11) ,
 statusname VARCHAR(60),
 isempty INT(11),
 isclear INT(11),
 PRIMARY KEY (statusid)
);
/*创建 Style 表*/
CREATE TABLE Style
(
 styleid int(11) AUTO_INCREMENT,
 stylename VARCHAR(60),
 bedstyle VARCHAR(20),
 bedamount INT(10),
 price     FLOAT(10),
 PRIMARY KEY (styleid)
);
```

上述示例中，实现了创建表 Status 和表 Style，并对表中各字段进行设置约束。

2. Insert 语句

Insert 语句是插入语句，作用是向数据表中插入相关数据，其语法结构如下：

```
INSERT INTO table_name(列名 1,列名 2,列名 3,...)
VALUES(值 1,值 2,值 3,...)
```

上述结构是向数据表中按列按值插入数据，当没指明列名时，默认是按表中列的排列顺序进行数值插入，具体示例如下：

```
/*默认插入方式*/
INSERT INTO Room
VALUES(1,2,'豪华间,一张双人床',1,1)
/*按标准方式插入*/
INSERT INTO Room(rid,inperson,decription,statusid,styleid)
VALUES(2,2,'标准间,两张单人床',1,2)
/*按指定列顺序插入*/
INSERT INTO Room(rid,statusid,styleid,inperson,decription)
VALUES(3,1,3,1,'单人间,一张单人床')
```

上述示例的三种方式都能实现向 Room 表中插入相关数据,第一种是默认方式插入;第二种是标准方式插入;第三种是按指定顺序插入;在执行 Insert 操作时,当对应列的数据未指定时,会将该字段的数据设置成默认值。

注意：SQL 中关键字不区分大小写,如 INSERT 与 insert 作用相同。

3. Delete 语句

Delete 语句是删除语句,作用是将数据表中的数据删除,其语法结构如下：

```
DELETE FROM table_name
WHERE 条件
```

上述代码是将 table_name 表中满足 where 条件的数据删除,具体示例如下：

```
/*删除类型 id 为 8 的房间类型*/
DELETE FROM Style
WHERE styleid = 8
/*删除价格小于 200 或大于 10 000 的房间类型*/
DELETE FROM Style
WHERE price > 10 000 OR price < 200
/*删除类型名字以单人开头的房间类型*/
DELETE FROM Style
WHERE stylename LIKE '单人%'
```

上述示例列举了三个示例,第一个是将 Style 表中类型 id 为 8 的房间类型删除,第二个是将 Style 表中价格小于 200 或大于 10 000 的房间类型删除,第三个是将 Style 表中以"单人"开头的房间类型删除。

4. Update 语句

Update 语句是更新语句,作用是更新数据表中数据,其语法结构如下：

```
UPDATE table_name
SET 列名 1 = 新值,列名 2 = 新值,列名 3 = 新值…
WHERE 条件
```

上述代码是通过 Update 语句将 table_name 表中将满足 where 条件的列名 1、列名 2、列名 3 等的值修改为新值,具体示例如下：

```
UPDATE Status
SET isempty = 2, isclear = 2
WHERE statusid = 2
```

上述示例是将 Status 表中 statusid 等于 2 的 isempty 和 isclear 字段的值更新为 2。

5. Select 语句

select 语句是查询语句，主要实现从数据库中提取相关数据，语法结构如下：

```
SELECT [distinct|top] 列名 1,列名 2… FROM table_name
[WHERE 条件]
[GROUP BY 列名 [HAVING 分组筛选条件] ]
[ORDER BY 列名 1 [ASC|DESC],列名 2[ASC|DESC]…]
```

上述结构"[ ]"中的内容为可选项，WHERE 语句是条件控制，GROUP BY 语句是以某列进行分组，HAVING 对分组进行条件筛选，ORDER BY 语句则是对查询之后的数据按照某一列或多列进行排序，具体示例如下：

```
/*查询 Customer 表中所有记录*/
SELECT * FROM Customer
/*查询 Customer 表中所有客户姓名,并排除相同名字*/
SELECT DISTINCT cname FROM Customer
/*查询 Customer 表中消费总金额大于 10 000 的前 5 条记录*/
SELECT top 5 * FROM Customer WHERE total_amount > 10000
/*查询 Customer 表中以 rid 分组并返回超过 10 个客户的客户人数*/
SELECT COUNT(cname) FROM Customer
GROUP BY rid HAVING COUNT(cname)> 10
```

上述示例使用了 SQL 中的聚集函数 COUNT()，其他常用的 SQL 聚集函数如表 5.6 所示。

表 5.6　SQL 中常用的聚集函数

聚 集 函 数	描　　述
AVG(col)	返回某列的平均值
COUNT(col)	返回某列的行数
MAX(col)	返回某列的最大值
MIN(col)	返回某列的最小值
SUM(col)	返回某列值之和
FIRST(col)	返回某列的第一个值
LAST(col)	返回某列的最后一个值

在 where 语句和 having 语句中还使用了 SQL 中常用的条件操作符">"，其他常用的 SQL 条件操作符如表 5.7 所示。

表 5.7　SQL 中常用的条件操作符

操作符	描　　述	举　　例
>	大于	'total_amount' > 10000
<	小于	'price' < 1000
=	等于	'cname' = '千锋'
<>	不等于	'cname' <> '1000phone'
>=	大于等于	'price' >= 500
<=	小于等于	'price' <= 500
Between	在两个数之间	'price' Between 500 and 1000
In	是否在集合中	'cname' in ('千锋','好程序员','1000phone','扣丁学堂')
Like	模糊匹配	'cname' like '千锋%' //匹配以'千锋'为开头客户姓名
IS NULL	判断是否为空	'IDcard' IS NULL
AND	并,用于连接多个条件表达式	'price' <= 1000 AND 'deposit' <= 500
OR	或,用于连接多个条件表达式	'price' = 1000 OR 'price' = 500

注意：当 AND 与 OR 同时出现时,AND 的优先级高于 OR,但是可以通过小括号"()"来改变优先级。

上述 select 语句都是单表查询,在实际开发过程中会涉及多表查询,实现多表查询的方式有很多种,本节主要讲解关键字 join 在多表查询中的使用,其语法格式如下:

```
SELECT 列名 1,列名 2,…
FROM table_name1 JOIN table_name2 ON 连接表达式
WHERE …(条件表达式)
```

上述语法结构是通过 join…on 关键字将 table_name1 与 table_name2 连接起来,并从连接之后的表中按 where 条件查询出列名 1,列名 2…等内容。join 关键字还有很多种类型,如表 5.8 所示。

表 5.8　JOIN 关键字的类型表

类　　型	含　　义
INNER JOIN	内连接,获取两个表中满足条件的不重复的数据记录
LEFT [OUTER] JOIN	左外连接,返回左表的所有行,不仅仅是连接列所匹配的行,右表中无匹配的数据记录则显示空值
RIGHT [OUTER] JOIN	右外连接,返回右表的所有行,不仅仅是连接列所匹配的行,左表中无匹配的数据记录则显示空值
FULL [OUTER] JOIN	完整外部连接,返回左表和右表中的所有行,即左外连接与右外连接以及内连接的结果合集

具体示例如下:

```
/*查询押金不为零的客户信息以及所入住房间信息*/
SELECT c.*,r.rid,r.inperson
FROM Customer c LEFT JOIN Room r ON c.rid = r.rid
WHERE c.deposit <> 0
```

上述示例是通过左外连接实现查询押金不为 0 的客户信息以及入住房间信息。

6. Python 中 SQL 的实战使用

SQL 标准统一了数据库语言,对于不同数据库都可以实现操作,但在一些高级语言(如:Python、Java、C++等)当中使用时,还需要连接每个数据库的引擎,才能使用 SQL 语言对数据库进行操作。在 Python 中通过引入不同的数据包来实现不同的数据库,常用数据库的 Python 包如表 5.9 所示。

表 5.9 常用数据库引擎的 Python 包

数 据 库	对应 Python 包
MySQL	MySQLdb
SQLite	SQLite3
Oracle	cx_Oracle
PostgreSQL	PsyCopg2 或 PyPgSQL 或 PyGreSQL
MS SQL Server	pymssql
Excel	pyExcelerator

接下来以 MySQL 数据库为例演示 SQL 语言在 Python 中应用,在讲解实例之前,需要先在 PyCharm 中安装 MySQL 对应的 Python 包——PyMySQL,具体步骤如下:

(1)单击 File 并找到 Settings,如图 5.4 所示。

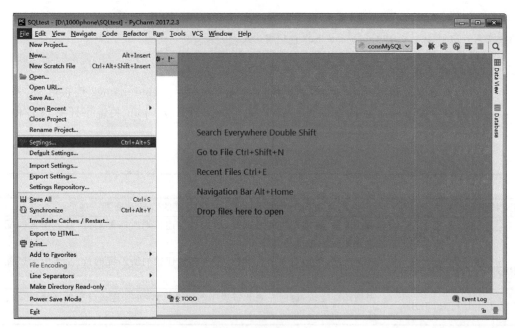

图 5.4 【File】界面

(2)单击 Settings,进入如图 5.5 所示界面。

(3)找到【Project:项目名】,并单击 Project Interpreter,然后再单击右上角绿色的【+】号进入如图 5.6 所示界面。

(4)在搜索栏中输入 PyMySQL,并找到 PyMySQL,并单击左下角 Install Package,安

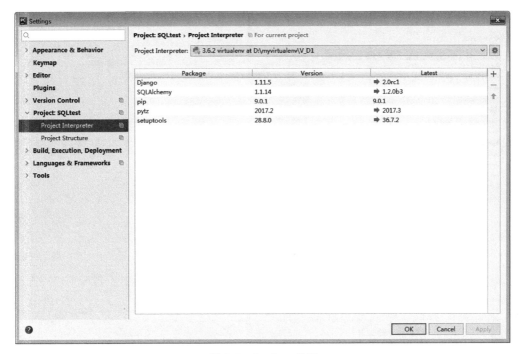

图 5.5　Settings 界面

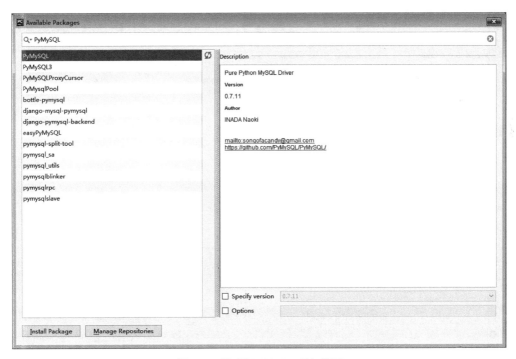

图 5.6　搜索【PyMySQL】包界面

装成功后如图 5.7 所示。

(5) 返回到前一个界面就可以看到 PyMySQL 已经安装成功,如图 5.8 所示。

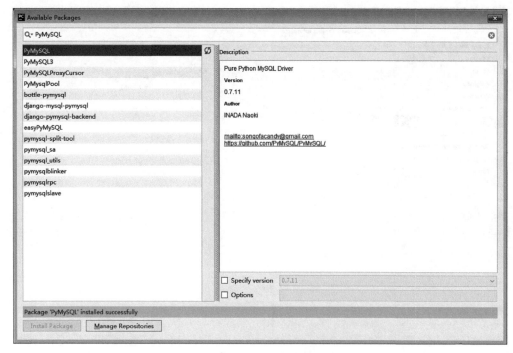

图 5.7 【PyMySQL】安装成功界面

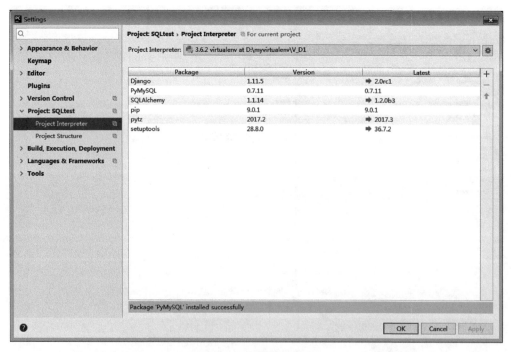

图 5.8 安装成功界面

安装好 PyMySQL 之后开始进行案例的实现,如例 5-1～例 5-4 所示。

【例 5-1】 MySQL 数据库为例演示 SQL 语言在 Python 中应用(1)

```
1   import pymysql
2   #建立数据库连接
3   conn = pymysql.Connect(
4       host = 'localhost',
5       port = 3306,
6       user = '1000phone',
7       passwd = '1000phone',
8       db = 'hotel',
9       charset = 'utf8'
10  )
11  #获取游标
12  cursor = conn.cursor()
13  #数据库中插入数据
14  sql_insert = "INSERT INTO Style(stylename,bedstyle,bedamount,price) " \
15              "values('单人间','单人高级套房','1','1000')," \
16              "('单人间','单人高级套房','1','1000')," \
17              "('普通单人间','普通单人床','1','200')," \
18              "('普通双人间','普通双人床','1','1000')," \
19              "('豪华双人间','豪华双人床','1','2000')," \
20              "('一般双人间','普通单人床','2','800')," \
21              "('总统套房双人间','总统套餐双人床','1','5000')"
22  #执行语句
23  cursor.execute(sql_insert)
24  #事务提交,否则数据库得不到更新
25  conn.commit()
26  #数据库连接和游标的关闭
27  conn.close()
28  cursor.close()
```

运行之后通过 Navicat(MySQL 数据库的一个第三方可视化软件,有需要请自行安装)查看 Style 表,如图 5.9 所示。

styleid	stylename	bedstyle	bedamount	price
1	单人间	单人高级套房	1	1000
2	单人间	单人高级套房	1	1000
3	普通单人间	普通单人床	1	200
4	普通双人间	普通双人床	1	1000
5	豪华双人间	豪华双人床	1	2000
6	一般双人间	普通单人床	2	800
7	总统套房双人间	总统套餐双人床	1	5000

图 5.9 运行之后的 Style 表

【例 5-2】 MySQL 数据库为例演示 SQL 语言在 Python 中应用(2)

```
1   import pymysql
2   #建立数据库连接
3   conn = pymysql.Connect(
4       host = 'localhost',
5       port = 3306,
6       user = '1000phone',
```

```
7        passwd = '1000phone',
8        db = 'hotel',
9        charset = 'utf8'
10   )
11   # 获取游标
12   cursor = conn.cursor()
13   # 修改数据库中的内容
14   sql_update = "UPDATE Style SET stylename = '豪华单人间'," \
15                "bedstyle = '豪华单人床',price = 500 " \
16                "WHERE styleid = 1"
17   cursor.execute(sql_update)
18   conn.commit()
19   # 数据库连接和游标的关闭
20   conn.close()
21   cursor.close()
```

运行之后通过 Navicat 查看 Style 表,如图 5.10 所示。

styleid	stylename	bedstyle	bedamount	price
1	豪华单人间	豪华单人床	1	500
2	单人间	单人高级套房	1	1000
3	普通单人间	普通单人床	1	200
4	普通双人间	普通双人床	1	1000
5	豪华双人间	豪华双人床	1	2000
6	一般双人间	普通单人床	2	800
7	总统套房双人间	总统套餐双人床	1	5000

图 5.10　运行之后的 Style 表

【例 5-3】 MySQL 数据库为例演示 SQL 语言在 Python 中应用(3)

```
1    import pymysql
2    # 建立数据库连接
3    conn = pymysql.Connect(
4        host = 'localhost',
5        port = 3306,
6        user = '1000phone',
7        passwd = '1000phone',
8        db = 'hotel',
9        charset = 'utf8'
10   )
11   # 获取游标
12   cursor = conn.cursor()
13   # 删除数据库中的内容,并利用 try catch 语句进行事务回滚
14   try:
```

```
15      sql_delete = "DELETE FROM Style WHERE styleid = 2"
16      cursor.execute(sql_delete)
17      conn.commit()
18  except Exception as e:
19      print(e)
20      #事务回滚,即出现错误后,不会继续执行,
21      #而是回到程序未执行的状态,原先执行的也不算了
22      conn.rollback()
23  #数据库连接和游标的关闭
24  conn.close()
25  cursor.close()
```

运行之后通过 Navicat 查看 Style 表,如图 5.11 所示。

styleid	stylename	bedstyle	bedamount	price
1	豪华单人间	豪华单人床	1	500
3	普通单人间	普通单人床	1	200
4	普通双人间	普通双人床	1	1000
5	豪华双人间	豪华双人床	1	2000
6	一般双人间	普通单人床	2	800
7	总统套房双人间	总统套餐双人床	1	5000

图 5.11 运行之后的 Style 表

【例 5-4】 MySQL 数据库为例演示 SQL 语言在 Python 中应用(4)

```
1   import pymysql
2   #建立数据库连接
3   conn = pymysql.Connect(
4       host = 'localhost',
5       port = 3306,
6       user = '1000phone',
7       passwd = '1000phone',
8       db = 'hotel',
9       charset = 'utf8'
10  )
11  #获取游标
12  cursor = conn.cursor()
13  #从数据库中查询
14  sql = "SELECT * FROM Style"
15  #cursor 执行 sql 语句
16  cursor.execute(sql)
17  #打印执行结果的条数
18  print(cursor.rowcount)
19  #使用 fetch 方法进行遍历结果
20  rr = cursor.fetchall()    #将所有的结果放入 rr 中
21  #对结果进行处理
22  for row in rr:
23      print("房间 id 是: %d, 类型名称是: %s,"
24            " 床的类型是: %s,床的数量是: %d, "
25            "价格是: %.2f" % row)
```

```
26    # 数据库连接和游标的关闭
27    conn.close()
28    cursor.close()
```

例 5-4 运行结果如图 5.12 所示。

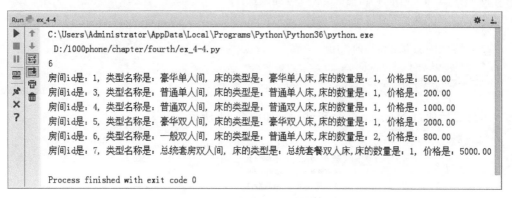

图 5.12　例 5-4 运行结果

5.3　Redis 安装

上述内容的操作都是在 MySQL(关系型数据库)下进行,在实际开发过程中还会常用到非关系型数据库,如 Redis,因此本节主要讲解 Redis 数据库的安装,对 Redis 数据的操作在后续章节有相应介绍。

Redis 的具体安装步骤如下:

(1) 下载 Redis,地址为 https://github.com/MSOpenTech/redis/releases,下载 Redis-x64-3.2.100.zip,如图 5.13 所示。

图 5.13　Redis 下载

(2) 直接解压到存储目录,本书存储在 D:\software\redis 中。

(3) 打开命令提示符(Win 键+R,输入 cmd),进入 Redis 的存储目录。

(4) 输入 redis-server.exe redis.windows.conf 命令启动 Redis 服务器端,如图 5.14 所示。

在图 5.14 中,Redis 成功启动,说明 Redis 数据库安装成功。

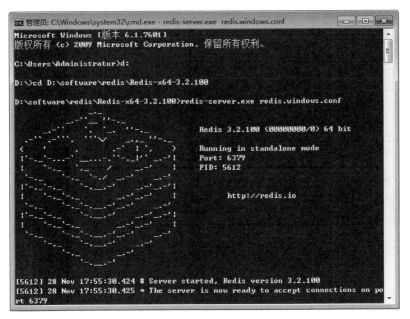

图 5.14 启动 Redis

5.4 本章小结

本章主要对 Web 开发中的核心内容——数据库进行讲解,其中包括数据库基本概念、关系型数据库、Redis 安装三部分内容,本章重点讲解了数据库的基本设计、SQL 基础与实战以及 Redis 数据库的安装。数据库是 Web 开发中数据的提供方,没有数据,Web 网站就没有实际意义,因此大家一定要将数据库的内容反复学习,最终熟练运用。

5.5 习 题

1. 填空题

(1) 数据库系统包含_____、_____、_____三部分内容。

(2) E-R 图中"实体"指的是_____。

(3) 实体之间存在三种联系,分别是_____、_____、_____。

(4) SQL 语句中进行查询的关键字是_____。

(5) SQL 语句中关键字_____大小写。

2. 选择题

(1) SQL 中,( )操作符是用来进行模糊匹配。

    A. In   B. Between   C. OR   D. Like

(2) 下列可以用来对查询结果排序的是( )。

    A. order by   B. Having   C. group by   D. where

(3) 在 E-R 图中,(　　)符号表示实体。

　　A. 连线　　　　　B. 矩形　　　　　C. 菱形　　　　　D. 椭圆

(4) 下列聚集函数中返回某列平均数的函数是(　　)。

　　A. COUNT(col)　　B. MAX(col)　　C. SUM(col)　　D. AVG(col)

(5) 以下不属于关系型数据库的是(　　)。

　　A. Oracle　　　　B. MongoDB　　　C. MySQL　　　　D. DB2

3. 思考题

(1) 简述数据库的主要特点。

(2) 常见的数据库有哪些?

4. 编程题

创建一个学生表,并实现学生信息的增删改查。

第 6 章 Django——企业级开发框架

本章学习目标
- 掌握 Django 的安装及使用
- 掌握 MTV 模式
- 了解请求与响应
- 了解 Django 表单的使用

在前面章节的学习中,大家已经了解了 Python Web 的基础知识,接下来讲解一款能够节约开发时间并且能让开发过程妙趣横生的 Web 开发框架——Django。通过减少重复的代码,Django 能够使大家专注于 Web 应用上有趣的关键性内容。

6.1 Django 概述、安装及使用

本节的主要内容是讲解 Django 框架中的一些基本概念、安装及入门使用。值得注意的是本书使用的 Django 版本为 2.0。

6.1.1 Django 简介

Django 起源于劳伦斯出版集团旗下在线新闻站点的管理,即内容管理系统(Content Management System,CMS)软件。Django 是 Python Web 的应用框架之一,是使用 Python 编写的。Django 框架是以比利时的吉普赛爵士吉他手 Django Reinhardt 来命名的,并于 2005 年 7 月在 BSD 许可证下以开源形式发布。

Django 是一个基于 MVC 架构的框架,其中控制器接收用户输入的部分由框架自行处理,因此在 Django 中更关注的是模型(Model)、模板(Template)和视图(View),称为 MTV 模式。它们各自的关系如表 6.1 所示。

表 6.1 MTV 模式

层次	职责
模型(Model),即数据存取层	处理与数据相关的所有事务:如何存取、如何验证有效性、包含哪些行为以及数据之间的关系等
视图(View),即表现层	处理与表现相关的决定:如何在页面或其他类型文档中进行显示。视图是模型与模板的桥梁
模板(Template),即业务逻辑层	存取模型及调取恰当模板的相关逻辑

除了以上内容,Django 还包含以下几部分内容:
- 管理工具(Management):内置一整套的创建站点、迁移数据、维护静态文件的命令工具。
- 表单(Form):通过内置数据类型和控件生成 HTML 表单。
- 管理站(Admin):通过声明需要管理的 Model,快速生成后台数据管理网站。

6.1.2　Django 安装

本书使用 PyCharm 进行开发,因此本节将针对 PyCharm 下使用 Django 开发 Web 项目为例进行安装讲解。

首先打开 PyCharm,如图 6.1 所示。

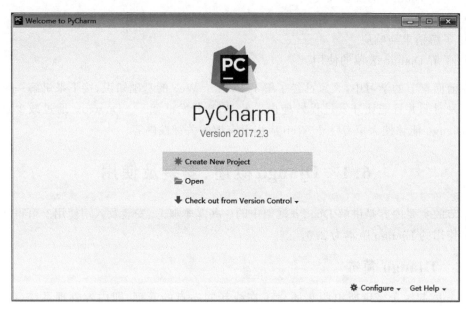

图 6.1　打开 PyCharm

单击 Create New Project,单击 Django,并新建 Django 项目,如图 6.2 所示。
- Location:项目路径以及名称。
- Interpreter:运行环境,可以是下载的 Python.exe,也可以是建立的虚拟环境,建议使用虚拟环境,防止多个项目运行冲突。
- More Settings:更多设置。
- Template language:模板语言(Django)。
- Templates folder:模板所在文件夹(一般默认 templates)。
- Application name:应用名称。

配置好之后单击 Create,PyCharm 会自动为项目安装 Django 环境,随后即可创建一个 Django 项目。创建完成后,打开项目,如图 6.3 所示。

其中应用 App1 中包含以下文件:
- __init__.py:其中暂无内容,含有此文件使 App1 可以成为 Python 的一个包。
- admin.py:默认为空,是管理站点的模型声明文件。

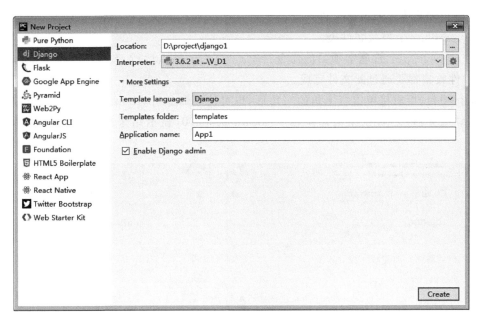

图 6.2 新建 Django 项目

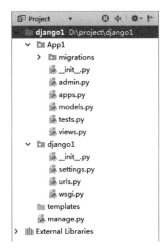

图 6.3 django1 项目

- apps.py：应用信息文件。
- models.py：模型层数据类文件。
- tests.py：用来测试的文件。
- views.py：视图层文件,用来定义 URL 响应函数。

其中 django1 中包含以下文件：

- __init__.py：初始化文件,暂无内容。
- settings.py：配置文件,包括系统的数据库配置、应用配置和其他配置。
- urls.py：定义 Web 工程 URL 映射的配置。
- wsgi.py：定义 WSGI 接口,方便与其他 Web 服务器进行集成,一般不动。

在整个项目中还有两个文件:
- templates:模板文件夹。
- manage.py:管理本项目的命令行工具,之后的站点运行、数据库自动生成、静态文件收集都要通过此文件完成。

运行项目(可直接单击右上角的三角形,也可使用命令"python manage.py runserver"进行启动服务器)之后在浏览器中输入 localhost:8000,显示结果如图 6.4 所示,即创建成功。

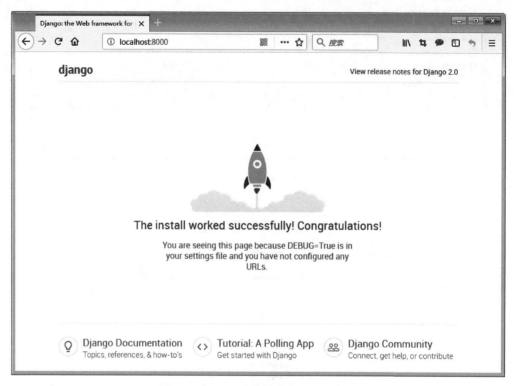

图 6.4　Django 项目创建成功显示结果

创建成功后,接下来开始使用 Django 开发小型项目。

6.1.3　Hello World 实现

上一节创建了 Django 项目,在此基础上开始 Hello World 的编写。

首先在 django1/App1/views.py 中写入以下代码:

```
def helloWorld(request):
    s = 'Hello World!'
    current_time = datetime.datetime.now()
    #格式化 current_time
    current_time = current_time.strftime('%Y-%m-%d %H:%M:%S')
    html = '<html><head></head><body><h1>%s</h1><p>%s</p></body>' \
           '</html>' % (s, current_time)
    return HttpResponse(html)
```

然后导入以下两个包：

```
import datetime
from django.http import HttpResponse
```

之后在 django1/django1 中 urls.py 的"urlpatterns"中加入以下代码：

```
path('App1/',App1.views.helloWorld),
```

接着导入以下文件：

```
import App1.views
```

完成运行后，在浏览器中输入 localhost:8000/App1，如图 6.5 所示，即成功完成 Hello World 的编写。

图 6.5　Hello World 编写

Hello World 的完成主要内容点如下：
- 首先在视图层建立一个路由响应函数 helloWorld( )，只是简单地将一条被 HttpResponse()封装的 Hello World 信息返回。
- 通过 URL 将 HTTP 访问与路由响应函数对应绑定起来。

这样才能将 Hello World 以及时间返回到相应的 HTML 页面中去。

注意：Web 项目正常运行需要搭载相应的 Web 服务器，Django 中自带服务器，因此小型项目可以直接使用其自带的服务器，但实际环境部署使用的是 Nginx 服务器。

6.2　模　型　层

Django 基于 MTV 模式，以下几个章节主要是对 MTV 分别进行介绍。本小节主要内容是 Model 层(模型层)内容的讲解。

6.2.1　ORM

Django 使用模型操作关系型数据库时需要使用到 ORM 技术，因此接下来讲解 ORM 技术的相关内容。

1. ORM 简介

对象关系映射(Object Relational Mapping，或简称 O/RM，或 O/R mapping，ORM)是

一种程序技术,用于实现面向对象编程语言里不同类型系统数据之间的转换。从效果上说,它其实是创建了一个可在编程语言里使用的"虚拟对象数据库"。

ORM 方法论基于三个核心原则:
- 简单:以最基本的形式建模数据。
- 传达性:数据库结构被任何人都能理解的语言文档化。
- 精确性:基于数据模型来创建正确标准化的结构。

ORM 技术的原理图如图 6.6 所示。

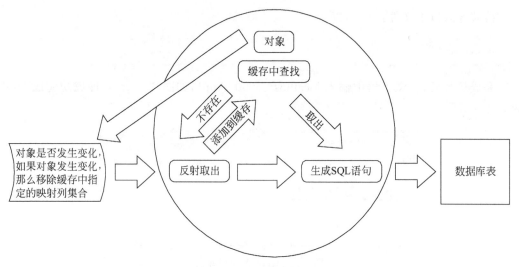

图 6.6　ORM 技术原理图

在图 6.6 中,通过判断对象是否发生变化来执行缓存中的内容,从而生成相应的 SQL 语句进行操作数据库,封装了数据库的操作,方便开发者对数据库进行操作。

2. Python 中 ORM 库介绍

从上一节的内容可以看出,ORM 是在开发者与数据库之间建立了一个中间层,将数据库中的数据转换成 Python 中的对象,这样既可以规避不同数据库的差异性,又可以使开发者简化数据库的操作,使开发更加方便快捷,而且可以对数据库的数据使用面向对象的高级特性。

Python 提供了很多 ORM 支持的组件,每个组件都有各自的特性,但是在数据库操作的原理上是一致的;接下来对 Python 中常用的 ORM 插件进行讲解。

- **SQLObject**:一个介于 SQL 数据库和 Python 之间映射对象的 Python ORM。它的特点是采用了 ActiveRecord 模式,代码相对少,很轻便。
- **Storm**:一个介于单个或多个数据库与 Python 之间映射对象的 Python ORM。为了支持动态存储和取回对象信息,它允许开发者构建跨数据表的复杂查询。
- **Django's ORM**:是 Django 框架中特定的 ORM 技术,由于 Django 发展历史长,内部结构十分强大完整,导致其灵活性下降。致使其他的 ORM 技术在 Django 中无法正常使用。
- **Peewee**:是一款轻量级、丰富的对象关系映射(Object Relation Mapping,ORM),支持 Postgresql、MySQL 和 SQLite。

- **SQLAlchemy**：是 Python 编程语言下的一款开源软件，是 Python 中最有名 ORM 框架；主要是为高效和高性能的数据库访问设计，实现了完整的企业级持久模型，其理念是：SQL 数据库的量级和性能重要于对象集合；而对象集合的抽象又重要于表和行。

Django 框架中主要是使用自带的 ORM 技术来操作数据库，即使用 Django's ORM。

6.2.2 模型层设计的步骤

1. 新建 App 并注册

新建一个 App，在项目下（Terminal 模式）输入命令 "python manage.py startapp App2"。单击 Enter 键即可在项目下创建一个名为 App2 的 app，如图 6.7 所示。

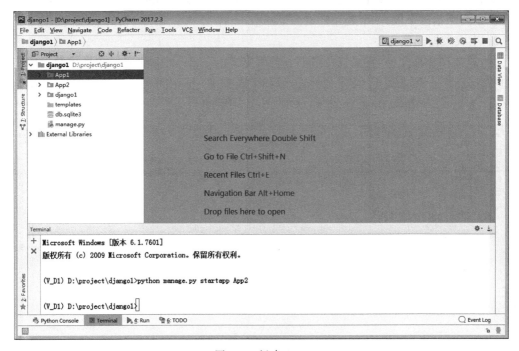

图 6.7 新建 App2

创建好应用后，在项目的 settings.py 文件中找到 INSTALLED_APPS 列表，在其中添加注册应用的 Config 类。

```
INSTALLED_APPS = [
    'django.contrib.admin',
    'django.contrib.auth',
    'django.contrib.contenttypes',
    'django.contrib.sessions',
    'django.contrib.messages',
    'django.contrib.staticfiles',
    'App1.apps.App1Config',
    'App2.apps.App2Config',          #添加此行
]
```

2. 定义模型

打开应用中的 models.py 文件，即 App2/models.py，新建模型类 User 用来定义用户信息，具体示例如下：

```python
from django.db import models
# 在这创建模型
class User(models.Model):
    user_name = models.CharField(max_length = 20)
    password = models.CharField(max_length = 16)
```

第一行是导入 models，models.Model 类是所有 Django 模型类必须继承的父类。这一行代码在创建应用文件时自动生成。从 class 开始就是定义 models.Model 的子类 User，其中定义了两个信息字段，一个是用户姓名 user_name；另一个是用户密码 password。

3. 生成数据迁移文件

"生成数据迁移文件"其实就是将上一节所定义的 User 类中的数据转换成数据库脚本的过程。这个过程主要是依赖命令实现，因此在 Python 的命令行窗口输入 "python manage.py makemigrations App2" 命令，如图 6.8 所示。

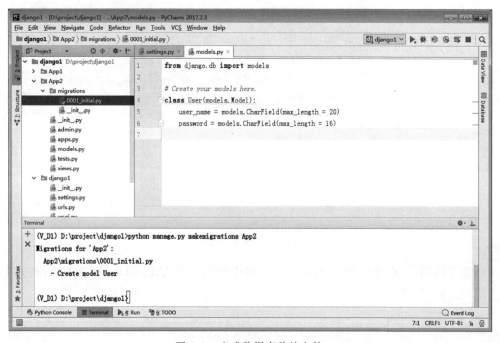

图 6.8　生成数据库移植文件

生成的 0001_initisl.py 文件为数据库生成的中间文件，该文件之后的所有 migration 文件都存储在目录 App2/migrations/文件夹中。再次执行上述命令时，Django 会比对模型与已有的数据库之间的差异，若无差异则不会执行任何的工作，不做任何改变的情况下再一次执行上述命令，如图 6.9 所示。

将 User 中的信息进行修改，将 user_name 的 max_length 修改为 50，再执行命令，如图 6.10 所示。

图 6.9 再次执行上述命令结果

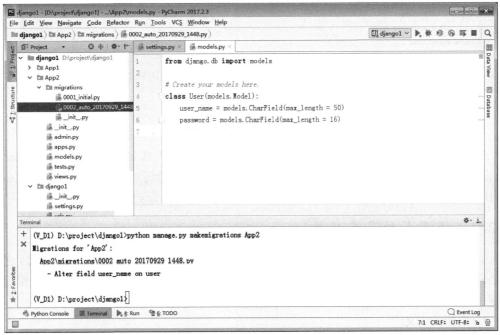

图 6.10 修改后执行命令结果

注意：对于生成的文件，开发者不要手动去修改。

4. 执行迁移

在命令窗口内依次执行以下两条命令即可。命令"python manage.py migrate auth"执行成功的结果如图 6.11 所示。

```
Terminal
(V_D1) D:\project\django1>python manage.py migrate auth
Operations to perform:
  Apply all migrations: auth
Running migrations:
  Applying contenttypes.0001_initial... OK
  Applying auth.0001_initial... OK
  Applying contenttypes.0002_remove_content_type_name... OK
  Applying auth.0002_alter_permission_name_max_length... OK
  Applying auth.0003_alter_user_email_max_length... OK
  Applying auth.0004_alter_user_username_opts... OK
  Applying auth.0005_alter_user_last_login_null... OK
  Applying auth.0006_require_contenttypes_0002... OK
  Applying auth.0007_alter_validators_add_error_messages... OK
  Applying auth.0008_alter_user_username_max_length... OK

(V_D1) D:\project\django1>
```

图 6.11　命令执行成功的结果

命令"python manage. py migrate App2"执行成功的结果如图 6.12 所示。至此模型设计就完成了。

```
Terminal
(V_D1) D:\project\django1>python manage.py migrate App2
Operations to perform:
  Apply all migrations: App2
Running migrations:
  Applying App2.0001_initial... OK
  Applying App2.0002_auto_20170929_1448... OK

(V_D1) D:\project\django1>
```

图 6.12　命令执行成功的结果

注意：命令"python manage. py makemigrations App2"和命令"python manage. py migrate App2"中"App2"是指定应用 App2，若只有一个自动创建的应用时直接使用命令"python manage. py makemigrations"和命令"python manage. py migrate"即可。

6.2.3　模型层的基本操作

上一节主要讲解了模型设计的步骤，但大家对于模型的操作并不是很清楚，比如 CharField 的含义、其他的定义或者操作等等。本小节主要是针对模型层的一些操作进行讲解。

1. 模型的定义

```
from django.db import models                  # 导入 models
class ModelName(models.Model):                # 所有 Django 模型都继承自 Model
    f1 = models.XXField(…)                    # 字段定义，必须为 models.XXField 类型
    f2 = models.XXField(…)
        …
```

```
class Meta:                    #Meta 类定义模型元数据
    db_table = ...             #数据库表名
    other_metas = ...          #其他元数据
```

Meta 类中的属性都是预定义好的,常用的属性如表 6.2 所示。

表 6.2 Meta 类常用属性

属 性	作 用
abstract	定义本类是否为抽象类 True or False
app_label	当模型不在默认的 models.py 中时,进行指定模型的所属应用。app_label = 'myapp_name'
db_table	定义数据库表名。db_tanle = 'table_name'
db_tablespace	定义 model 所使用的数据库表空间
get_latest_by	定义按指定字段排序,一般指向 DateFiled 或 DateTimeFiled
managed	默认为 True,定义 Django 可以使用 syncdb 和 reset 命令来创建或移除对应的数据库,若不想这么做,可以将值设置为 False
order_with_respect_to	定义此模型可以按照某外键引用的关系排序,一般用于多对多的关系中

ordering	定义模型对象返回记录按照那些字段进行排序,默认为升序。
	ordering = ['user_name'] #按姓名升序排列
	ordering = ['- user_name'] #按姓名降序排列,-表示降序
	ordering = ['? user_name'] #随机排序,? 表示随机
	ordering = ['- user_name','re_date'] #以 user_name 为降序,再以 re_date 升序排列

permissions	设置创建对象时权限表中额外的权限。增加、删除和修改权限会自动为每个模型创建。permissions = (('can_deliver_pizzas','Can deliver pizzas'))
default_permissions	模型操作权限,默认为('add', 'change', 'delete'),你可以自定义这个列表,比如,如果你的应用不需要默认权限中的任何一项,可以把它设置成空列表。在模型被 migrate 命令创建之前,这个属性必须被指定,以防一些遗漏的属性被创建
proxy	实现代理模型使用的。True or False,proxy = True,表示 model 是其父的代理 model
unique_together	设置两个或多个不重复字段组合,必须唯一。unique_together = (("first_name", "last_name"),)
verbose_name	为模型取一个更可读的名字
verbose_name_plural	指定模型的复数形式。如果不指定则直接在模型后加 s

2. 常用的字段参数

每一个字段都可以设置一些公共参数,常用的公共参数如表 6.3 所示。

表 6.3 常用的字段参数

参 数	作 用
null	定义字段是否可为空。如果设置为 True,Django 存放一个 NULL 到数据库字段。默认为 False
blank	定义字段是否可为空白,如果设置为 True,此 field 允许为 blank(空白),默认为 False

续表

参数	作用
choices	定义字段的可选值,本字段应为一个包含二维元素的元组或者列表,其中第一元素是存入数据库的,界面显示的是第二个元素。如果执行 choices,Django 的 admin 就会使用选择框而不是标准的 text 框填写这个 field
default	设置字段的默认值
help_text	页面输入控件的帮助字符串
primary_key	定义主键。True or False
unique	定义唯一约束
verbose_name	定义字段的详细名称

3. 常用字段类型

在设计数据库时,通常是要设计字段的类型,如整型(INTEGER)、字符型(VARCHAR)等。在 Django 模型层中,数据字段的类型属性也有预定义的字段类型,具体如表 6.4 所示。

表 6.4 Django 常用的 Field Types

字 段 名	含 义
AutoField	自动增长的整型字段。若模型中未指定主键,则自动添加一个自增的主键
BigIntegerField	64 位整型字段
BinaryField	二进制数据字段,仅支持 bytes 分配
BooleanField	布尔字段
CharField	字符串字段
TextField	文本字段
CommaSeparatedIntegerField	逗号分割的整数字段
DateField	时间日期字段
DateTimeField	同 DateTimeField,但支持时间的输入
EmailField	含有合法 Email 的字符串字段
FileField	文件上传字段
FloatField	浮点型字段
ImageField	含有合法的图片信息的文件字段
IntegerField	保存整型的字段
IPAddressField	点分十进制 IP 地址
GenericIPAddressField	IP v4 和 IP v6 地址表示,IPv6 遵循 RFC 4291section 2.2
NullBooleanField	可以包含空值的布尔类型,相当于是设置了 null=True 的 BooleanField
PositiveIntegerField	0 或正整数类型字段
SmallIntegerField	短整型字段
TimeField	时间字段
SlugField	只能包含字母、数字、下画线和连字符的字符串,通常被用于 URL 表示
URLField	存储 URL 的字符串字段
FilePathField	按照目录限制规则选择文件。path 参数必填,用来限制目录

4. 数据的基本操作(增、删、改、查)

在 Django 中保存数据有统一的方法——save(),主要是针对模型的增(Insert)和改

(Update)操作。save()有一个强大之处,就是可以自动判断应该执行插入还是更新,因为在执行 save()函数时,Django 会直接去判断该记录的主键是否已经存在,存在则执行 Update 操作,否则执行 Insert 操作,具体示例如下:(在 Pycharm 中的 Python Console 窗口下进行)

```
>>> from App2.models import User
>>> u = User(user_name = 'liu', password = '12345')
>>> u.save()
#打印新增对象 u 的 user_name 值
>>> print(u.user_name)
liu
#进行修改
>>> u.password = '123456'
>>> u.save()
#再次打印对象 u 的 id 值,与之前相同
>>> print(u.password)
123456
```

对于数据的删除,Django 同样提供了统一的函数 delete(),具体示例如下:

```
>>> User.objects.get(id = 12).delete()
```

对于数据的查询,Django 中同样的含有很多实用的函数,如查询 User 模型中所有数据具体示例如下:

```
>>> User.objects.all()
```

其中 Django 还有两种过滤器用来筛选合适的数据记录。
- filter(**kwargs):返回符合筛选条件的数据集。
- exclude(**kwargs):与上面相反,返回不符合条件的数据集。

例如:查询所有名字为'liu'的 User。

```
>>> User.objects.filter(user_name = 'liu')
```

两者可以结合起来做联合查询,即满足其中一个,不满足另外一个条件的数据查询。
上述过滤器是返回数据集的函数,除此之外,Django 还提供了查询单条数据记录的函数——get()函数,比如:查询 id 为 12 的记录。

```
>>> User.objects.get(id = 12)
```

Django 查询的时候会有很多字段查询谓词,具体示例如下:

字段名称_谓词

完整的 Django 谓词列表如表 6.5 所示。

表 6.5　Django 字段查询谓词表

谓　　词	含　　义
exact	精确等于
iexact	大小写不敏感的等于
contains	模糊匹配
in	包含
gt	大于
gte	大于等于
lt	小于
lte	小于等于
startswith	以…开头
endswith	以…结尾
range	在…范围内
year	年
month	月
day	日
week_day	星期几
isnull	是否为空

6.3　模　　板

6.3.1　模板的基础

网页设计的修改相对于 Python 代码频繁,而且 Python 代码编写和 HTML 设计是两项不同的工作,网页设计者不应要求更改 Python 代码来达到前端显示要求,就好比现实生活中建房子和装修两个工作,房子已经建好,装修时觉得墙角不适合现在的装修风格,装修人员不能要求建房人员将房子拆了重建;网页设计与 Python 代码同时编写才能效率更高,否则会降低工作效率;基于上述原因,将页面的设计和 Python 的代码分离开会更干净简洁并且更容易维护。Django 的模板系统(Template System)就能很好地实现这种模式。

模板是一个用于分离文档表现形式和内容的文本。模板定义了占位符以及各种用于规范文档如何显示的各部分基本逻辑(模板标签)。模板通常用于产生 HTML,但 Django 的模板也能产生任何基于文本格式的文档。

接下来以一个简单的示例来对模板的基础知识进行讲解,具体示例如下:

```
< html >
< head >
    < meta charset = "UTF - 8" >
    < title >面试反馈信</title ></head >
< body >
< h1 >面试反馈信</h1 >
< p >亲爱的 {{ person_name }},</p >
```

```html
<p>非常感谢您参加{{ company }}的面试.经过面试我们觉得你非常符合
我们的要求,您的offer会在{{ offer_date }}发给您,请注意查收.</p>
<p>以下是你需要注意的事项</p>
<ul>
    {% for item in item_list %}
        <li>{{ item }}</li>
    {% endfor %}
</ul>
{% if yes %}
    <p>请于{{ join_date }}到公司办理入职.</p>
{% else %}
    <p>请电话告知,电话为{{ tel }}.</p>
{% endif %}
<p>谢谢<br/>{{ company }}期待你的加入</p>
</body>
</html>
```

用两个大括号括起来的内容称为变量(例如{{person_name}}),这意味着可以在此处插入指定变量的值;被大括号和百分号包围的内容(例如{% if yes %})是模板标签(template tag);标签(tag)定义比较明确,即仅通知模板系统完成某些工作的标签。

上述示例中的模板包含一个for标签({% for item in item_list %})和一个if标签({% if yes %})。

for标签类似Python的for语句,可循环访问序列里的每一个内容。if标签,是用来执行逻辑判断的。此处,if标签检查yes值是否为True,如果是,模板系统将显示{% if yes %}和{% else %}之间的内容,否则将显示{% else %}和{% endif %}之间的内容。{% else %}是可选的。

6.3.2 模板的使用

通过上一节模板基础的学习,大家已经对模板的概念有所了解,接下来讲解模板的使用。

在Python代码中使用Django模板的基本方式如下:

(1)用原始的模板代码字符串创建一个Template对象,Django同样支持用指定模板文件路径的方式来创建Template对象。

(2)调用模板对象的render方法,并且传入一套变量context。它将返回一个基于模板的展现字符串,模板中的变量和标签会被context值替换。

具体示例如下:

```
>>> from django import template
>>> t = template.Template('My name is {{ name }}.')
>>> c = template.Context({'name': 'Ray'})
>>> print (t.render(c))
My name is Ray.
>>> c = template.Context({'name': 'Liu'})
>>> print (t.render(c))
My name is Liu.
```

接下来逐步分析模板的使用过程。

1. 编写模板

模板编写的基础知识如上示例所示。

2. 创建模板对象

创建模板对象最简单的办法就是直接实例化 Template 类，Template 类在 django.template 中，而代码首行已经导入了 Template 类，在 Template 类的构造方法中需要接收一个参数，因此直接 t = template.Template('My name is {{ name }}.')就创建了一个模板对象 t。

3. 创建 Context

当创建好 Template 对象之后，就可以通过 Context 将数据传递给它，Context 类同样是放在 django.template 中，它的构造函数带有一个可选的参数：一个字典映射变量和它们的值。因此可以直接 c = template.Context({'name': 'Ray'})。

4. 模板的渲染

模板、模板对象、Context 数据都有了，接下来将这些数据填充渲染到模板中去，即通过调用 Template 中的 render()方法并传递 Context 数据来填充渲染模板，如上述示例中 print t.render(c)所示。

在有模板对象之后，可以通过它来渲染多个 Context。

注意：若要使程序运行直接能调用模板文件需要配置模板文件的地址，在 settings.py 文件的 TEMPLATES 列表中修改以下代码：

```
'DIRS': [os.path.join(BASE_DIR, 'templates')],
```

6.3.3 基本模板标签和过滤器

Django 的模板系统带有内置的标签和过滤器，本节内容则是对基本的标签和过滤器进行简要说明。

1. 标签

1) if/else 标签

{% if %}标签检查(evaluate)一个变量，如果这个变量为真(即变量存在，非空，且不为 False)，系统显示{% if %}和{% else %}之间的内容，而{% else %}标签是可选的，当{% if %}标签中的条件不满足时则执行{% else %}和{% endif %}之间的内容，具体示例如下：

```
{% if today_is_wednesday %}
    <p>Wednesday is coming!</p>
{% else %}
    <p>Today is not Wednesday!.</p>
{% endif %}
```

在 Python 和 Django 模板系统中，以下对象相当于布尔值的 False：

- 空列表([])
- 空元组(())

- 空字典({})
- 空字符串('')
- 零值(0)
- 特殊对象 None
- 对象 False

除以上几点以外的所有对象都视为 True。

注意：{% if %}标签还可与 and、or、not 相结合来对多个变量进行判断，但不允许 and、or、not 结合使用（例如：and 和 or 不能结合使用），结合使用会报错。

2) for 标签

{% for %}允许在一个序列上迭代，语法是 for X in Y，Y 是要迭代的序列而 X 是在每一个特定的循环中使用的变量名称。每一次循环中，模板系统会渲染{% for %}和{% endfor %}之间的所有内容，具体示例如下：

```
<ul>
{% for user in user_list %}
    <li>{{ user.name }}</li>
{% endfor %}
</ul>
```

{% for %}与 Python 中 for 用法大致相同，可以支持嵌套以及与 if/else 标签结合使用。但需要注意，Django 模板不支持退出循环，即不支持 break 语句及 continue 语句，如果需要退出，只能改变正在迭代的变量来终止循环。

3) ifequal/ifnotequal 标签

{% ifequal %}标签比较两个值，当它们相等时，执行{% ifequal %}和{% endifequal %}之间的内容，在{% ifequal %}和{% endifequal %}之间也同样支持{%else%}标签（与 if…else…功能相同），具体示例如下：

```
{% ifequal section 'qianfeng' %}
    <h1>千锋</h1>
{% else %}
    <h1>教育</h1>
{% endifequal %}
```

{% ifnotequal %}标签也是比较两个值，但不同的是{% ifnotequal %}标签是当两个值不等时，才执行{% ifnotequal %}和{% endifnotequal %}之间的内容。

注意：只有模板变量、字符串、整数和小数可以作为{% ifequal %}/{% ifnotequal %}标签的参数，其他类型均不可作为{% ifequal %}/{% ifnotequal %}的参数。

4) 注释标签

Django 模板语言使用{# #}标签来进行注释，注释的内容不会在模板渲染时输出，具体示例如下：

```
This is a {# this is not a comment #}test.
```

如果需要多行注释则使用{% comment %}模板标签,具体示例如下:

```
{% comment %}
This is a
multi-line comment.
{% endcomment %}
```

2. 过滤器

过滤器,顾名思义就是过滤掉一些不想要的数据,显示需要的数据。

(1) addslashes。添加反斜杠到任何反斜杠、单引号或者双引号前面。在处理包含 JavaScript 的文本时非常实用。

(2) date。按指定格式的字符串参数格式化日期对象,例如,{{ pub_date|date:"F j, Y" }}

(3) length。返回变量的长度。对于列表,这个参数将返回列表元素的个数;对于字符串,这个参数将返回字符串中字符的个数。

(4) upper。将字符串全部转换为大写格式。

(5) lower。将字符串全部转换成小写格式。

(6) random。返回列表中随机一项。

(7) add。给内部数值加上一个数值,例如,{{100|add:"100"}}返回 200。

(8) default。如果值不存在,则使用默认值代替。

(9) cut。删除指定字符串,例如,{{" life is short,I use python!"|cut:"short"}}返回 "life is ,I use python!"。

(10) capfirst。第一个字母大写,例如,{{"qianfeng"|capfirst}}返回 Qianfeng。

以上 Django 模板标签以及过滤器只是其中常用且重要的一部分,Django 中还有很多模板标签和过滤器,了解越多对于以后的开发就越方便快捷。

6.3.4 模板的继承

Django 对模板还提供了继承机制。如果大家有过面向对象编程语言的学习,如 C++、Java、PHP 等,就可以很轻松地理解继承这个概念。所谓继承,就是子模板可以沿用父模板的内容并且还可以添加新的内容来丰富现有模板。

对于 Web 开发来说,父模板一般只包含公共部分的内容,包括页头、导航栏、页脚、ICP 声明等;子模板一般是用来扩充或丰富父模板的,正如浏览网站时,只要是同一个网站,它的头部、导航栏以及页脚基本都是一样的,不一样的就是不同页面的主体内容。

模板的继承方式具体示例如下:

```
<!DOCTYPE html>
<html lang="en">
<head>
    <meta charset="UTF-8">
    <link rel="stylesheet" type="text/css" href="/static/css/css1.css">
```

```
    <title>{% block title %}Django 父模板{% endblock %}</title>
</head>
<body>
<div class = "main-content">
    {% block content %}父模板的内容{% endblock %}
</div>
<div>
    {% block foot %}页脚{% endblock %}
</div>
</body>
</html>
```

上述示例是父模板文件并保存为 base.html，子模板文件名为 s_tem.html，具体示例如下：

```
{% extends "base.html" %}
{% block title %}Django 子模板{% endblock %}
{% block content %}
<p>子模板的内容</p>
{% endblock %}
```

子模板通过{% extends %}标签来继承父模板文件，重写{% block title %}以及{% block content %}之间的内容来覆盖父模板中的内容，子模板渲染之后的结果如下：

```
<!DOCTYPE html>
<html lang = "en">
<head>
    <meta charset = "UTF-8">
    <link rel = "stylesheet" type = "text/css" href = "/static/css/css1.css">
    <title>Django 子模板</title>
</head>
<body>
<div class = "main-content">
    子模板的内容
</div>
<div>
    父模板页脚
</div>
</body>
</html>
```

对于{% block title %}以及{% block content %}之间的内容已经被子模板内的内容覆盖，而{% block foot %}中的内容由于子模板中并没有重写，因此还是沿用父模板的内容。

注意：在本章开始提到子类模板中可以添加新内容来丰富父模板，前提是父模板中需要定义这一部分的内容，即使内容为空也可以；若没定义则不能被渲染。

6.4 视图层

在本章的第一节,大家通过 Hello World 这个程序的实现对 Django 的 View 层以及其中的 URL 有了初步的理解,接下来进一步讲解其中的一些配置机制以及视图的具体使用。

6.4.1 Django 中 URL 映射配置

Django 视图层衔接了 HTTP 请求、后台程序以及前端 HTML 模板等内容,URL dispatcher(URL 分发)映射配置又是 Django 整体项目的入口配置,即 URL dispatcher 是用来指定用户访问后台 Python 处理函数的控制器。

1. 正则表达式(Django 1.11 版本)

在 URL 映射的配置中,对于 HTTP 路径的匹配就要使用到正则表达式。正则表达式一般是用来匹配一段符合要求的字符串或 url,常用的正则表达式如表 6.6 所示。

表 6.6 正则表达式

符 号	作 用	示 例
^	输入字符串的开始位置	"^www",以 www 开头
\	将下一个字符标记为特殊字符	"\\",匹配"\" "\n",匹配一个换行符
$	字符串结束位置	"www$",以 www 结尾
*	前一个字符或表达式可以重复零次或多次	"w*",匹配"","w","ww"…
+	前一个字符或表达式可以重复一次或多次	"w+",匹配"w","ww"…
?	前一个字符或表达式出现零次或一次	"q?",匹配""或"q"
{n}	匹配 n 次,n 为非负整数	"e{2}",匹配"seem"中的两个"e"
{n,}	至少匹配 n 次,n 为非负整数	"e{2,}",匹配 2 个以上的"e"
{n,m}	匹配至少 n 次最多 m 次,n,m 均为非负数,且 n<m	"e{2,4}",匹配 2 到 4 个"e"
.	匹配任意单个字符(除'\n'外)	".q",匹配字符"q"
x|y	匹配 x 或 y	"qian|feng",匹配"qian"或"feng"
[xyz]	匹配所包含的任意一个字符	"[abc]",匹配"a""b""c"
[^xyz]	匹配未包含的任意字符	"[^ab]",匹配除"a","b"以外的字符
[-]	字符的范围	"[a-z]",匹配"a"到"z"范围内的所有小写字母
[^-]	匹配不在字符范围内的任意字符	"[^a-c]",匹配在"a"到"c"范围外的所有小写字母

在使用正则表达式的时候还有一些等价的正则表达,可以更加快捷地使用正则表达式,如表 6.7 所示。

表 6.7 快捷正则表达式

符 号	作 用	等 价
\n	换行符	\x0a 和 \cJ
\D	一个非数字字符	[^0-9]

续表

符号	作用	等价
\d	一个数字字符	[0-9]
\b	一个单词的边界	空格、TAB、换行等
\f	换页符	\x0c 和 \cL
\r	回车符	\x0d 和 \cM
\s	任意的空白字符	[\n\r\t\v\f]
\S	任意的非空白字符	[^\n\r\t\v\f]
\t	制表符	\0x9 和 \cI
\v	垂直制表符	\x0b 和 \cK
\w	包含下画线的任意单词字符	[A-Za-z0-9_]
\W	任意的非单词字符	[^A-Za-z0-9_]

使用正则表达式可以快速正确的匹配上符合要求的 URL,避免 URL 映射失败或错误。

注意:Django2.0 以后可以不使用正则来匹配 URL,但是在之前的版本是需要使用正则来匹配 URL 的,并且目前 2.0 还没有弃用之前的 URL 配置方式。接下来的内容均以 Django2.0 为准。

2. 一般 URL 映射

在第一节中就已经对 URL 映射设置进行简单讲解,具体示例如下:

```
from django.urls import path
import App1.views
urlpatterns = [
    path('App1/',App1.views.helloWorld),
]
```

上述示例是在 Django 项目中的 urls.py 文件中的,此文件主要就是来维护 URL 分发的,映射的实现就是在 urlpatterns 列表中完成的,其中 path() 第一个参数就是 HTTP 路径,第二个参数就是映射的后台 Python 函数名。

上述 path('App1/',App1.views.helloWorld)的 url 映射就是一般的 URL 映射,直接指定以 App1 开始的 URL 都指向 App1.views.helloWorld 函数。

Django 对于一般的 URL 映射还有一种方式,即对 URL 中的参数进行命名设置,再以不同映射,这样对于开发者来说,可以对参数的实际意义清晰明了,具体示例如下:

```
import App1.views
urlpatterns = [
    path('year/2018/', App1.views.today_2018),
    path('year/<int:year>/', App1.views.year_today),
    path('month/<int:year>/<int:month>/', App1.views.month_today),
]
```

上述示例中后两个 path() 对参数进行了命名设置,在 views.py 中函数的编写形式就应该是 year_today(request,year = xxxx)和 month_today(request,year = xxxx,month = xx)。

注意:当有一个 URL 映射到多个函数时,Django 会按顺序匹配,即第一个匹配的为最终的映射函数。上述示例中当 URL 为 year/2018 时可以匹配第 3 和第 4 行两个映射,但 Django 最终判定的是第 3 行的映射,即调用 today_2018()函数。

3. 分布式 URL 映射

在 Django 的学习及应用中,会遇到一些大型项目,一个项目含有多个 App,若所有映射都定义在项目的 urls.py 中的话,一方面整体映射会很乱,另一方面不利于网站的维护。因此 Django 还提供了分布式的 URL 映射,即映射可以编写在不同的 urls.py 中,然后通过 include()函数进行分布式映射,项目下的 urls.py 如下:

```python
from django.urls import path,include
urlpatterns = [
    path('App1/',include('App1.urls')),
    path('App2/',include('App2.urls')),
]
```

其他应用下的 urls.py 如下:

```python
from django.urls import path,include
from . views import *
urlpatterns = [
    path('hello/', helloWorld),
    path('App2/', include('App2.urls')),
    path('year/< int:year >/', year_today),
    path( 'month/< int:year >/< int:month >/',month_today),
]
```

上述示例中,在不同的 urls.py 中可以映射本身 App 的函数,当然也可以包含其他 App 的映射。上述示例中第 6 行若 URL 为 https://xx.xx.xx.xx/year/2018 会定位到 App1/views.py 中的 year_today()函数;而对于 URL 为 https://xx.xx.xx.xx/App2 则会转到 App2/urls.py 中去进行解析。

4. 反向解析

Django 中 URL 映射到后台视图函数的功能及方法非常丰富多变,但除此之外 Django 还提供了反向解析功能,即从视图函数解析出对应的 URL。这项功能让开发者无须纠结于 URL 的绝对路径,直接使用映射名即可,大大提高了代码的可维护性。

反向解析包括普通反向解析和带参数的反向解析。

1) 普通反向解析

URL 映射规则定义具体示例如下:

```python
from django.conf.urls import path
import App1.views
urlpatterns = [
    path('year/2018/', App1.views.today_2018,name = "today_2018"),
]
```

在模板文件中调用{%url%}标签来调用反向解析,通过上述示例中 name 参数将映射命名为"today_2018",然后在模板文件中先进行声明。

```
<a href = "{% url 'today_2018' %}">显示 2018 年的情况</a>
```

其中在 Python 中的反向解析是通过 reverse()函数(views.py 中)实现的。

```
from django.core.urlresolvers import reverse
from django.http import HttpResponseRedirect
def redirect_to_year(request):
    return HttpResponseRedirect(reverse('today_2018'))
```

上述模板反向解析的结果如下。

```
<a href = "/year/2018"></a>
```

2) 带参数的反向解析

同样是先定义 URL 映射规则。

```
from django.urls import path,include
import App1.views
urlpatterns = [
    path('year/<int:year>/', App1.views.year_today,name = "year_today"),
]
```

模板文件中参数的传递方式。

```
<a href = "{% url 'year_today' 2019 %}">显示 2019 年的情况</a>
```

Python 中反向解析实现方式如下(views.py 中)。

```
from django.core.urlresolvers import reverse
from django.http import HttpResponseRedirect
def redirect_to_year(request)
    return HttpResponseRedirect(reverse('year_today',args = (2019,)))
```

其中 reverse()函数中的 args 是用于设置 URL 中的参数。

带参数的模板反向解析后的结果如下。

```
<a href = "/year/2019"></a>
```

6.4.2 视图函数

视图函数是 HTTP 请求的 Python 后台函数。视图函数的作用一般是将模型层处理的数据返回(HTTP Response),返回的方式有以下三种。

1. 直接返回构造的 HTML

顾名思义,就是直接在视图函数中构造 HTML 页面,然后直接使用 HttpResponse()函数进行返回,最终显示在页面中的方式。第一节的 HelloWorld 就是利用此种方式返回的。

2. 调用模板文件

这种方式是本书推荐的方式,同样也是学习和开发过程中最常使用的一种方式,这种方式可以使前后端分离,易于维护;而且可以提高开发效率。

这种方式是将模板需要的数据传递给模板然后将最终的模板渲染出来。

```
from django.shortcuts import render
    def index(request):
    return render(request, 'index.html')
```

上述示例是不需要传递数据的。

```
from django.shortcuts import render
from App2.models import User
def user_detail(request,user_id):
    user = User.objects.get(id = user_id)
    return render(request,'template/user.html',{'user':user.user_name})
```

上述示例是将 id = user_id 的用户名传递给了模板 user.html,然后在模板页面使用 render() 函数渲染出来。

3. 错误状态

在 HTTP 的报头中有一个参数 status,用来表示 HTTP 错误或状态;使用方法是直接 return HttpResponse(status = 500),代表服务器内部错误。对于 HTTP 错误状态,Django 还定义了若干的 HttpResponse 子类来返回相应的 HTTP 错误,如表 6.8 所示。

表 6.8 HttpResponse 子类

子类名称	作 用
HttpResponseRedirect	返回状态码 302,URL 暂时重定向
HttpResponsePermanentRedirect	返回状态码 301,URL 永久重定向
HttpResponseNotModified	返回状态码 304,指示浏览器上次请求缓存结果
HttpResponseBadRequest	返回状态码 400,请求内容错误
HttpResponseForbidden	返回状态码 403,禁止访问错误
HttpResponseNotFound	返回状态码 404,找不到页面
HttpResponseNotAllowed	返回状态码 405,使用不允许的方法访问本页面
HttpResponseServerError	返回状态码 500,服务器内部错误

6.5 请求与响应

Django 中请求与响应,是通过 WSGI 实现的,当用户发送一个 request 进行 response,响应前发送 request_started 信号,经过中间件的 process_request,响应完成后会调用中间件的 process_response,最终完成请求与响应。后续章节将会对中间件进行详细讲解。

6.5.1 WSGI

Web 服务器网关接口(Web Server Gateway Interface,WSGI)开始于 2003 年,是 Python 语言中所定义的 Web 服务器和 Web 应用程序或框架之间的通用接口标准。

WSGI 的作用是在协议之间进行转化。WSGI 将 Web 组件分成了三类:Web 服务器 (WSGI Server)、Web 中间件(WSGI Middleware)与 Web 应用程序(WSGI Application),即 WSGI 是一个桥梁,用来连接 Web 服务器和 Web 应用程序。

WSGI 接口定义非常简单,只需 Web 开发者实现一个函数,即可响应 HTTP 请求。以下是一个服务器端的简单示例,保存为 hello.py:

```python
def application(environ, start_response):
    start_response('200 OK', [('Content-Type', 'text/html')])
    return ['<h1>Hello, World!</h1>'.encode('utf-8'),]
```

上面的 application()函数是符合 WSGI 标准的一个 HTTP 处理函数,它接收两个参数:
- environ:一个包含所有 HTTP 请求信息的 dict 对象。
- start_response:一个发送 HTTP 响应的函数。

在 application()函数中,调用 start_response 返回状态码,并返回一个固定的 HTTP 的消息体,没有做其他复杂的处理。

然后再编写与服务器端程序相对应的 WSGI 程序,保存为 server.py:

```python
# server.py
# 从 wsgiref 模块导入 make_server
from wsgiref.simple_server import make_server
# 引入服务器端代码
from hello import application
# 实例化一个服务器,IP 为空,监听端口为 8080
httpd = make_server('', 8080, application)
print("Serving HTTP on port 8080...")
# 开始监听 HTTP 请求
httpd.serve_forever()
```

通过如图 6.13 所示命令启动 Web 服务器,该服务器对所有请求都返回给 Hello World 页面。

图 6.13 启动 Web 服务器

然后在浏览器的地址栏中输入 http://localhost:8080，显示结果如图 6.14 所示。

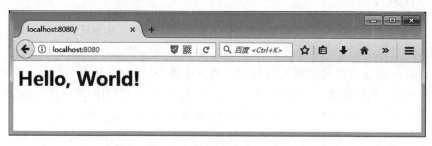

图 6.14　浏览器 8080 端口显示结果

WSGI 虽然是用来连接标准的 Web 服务器与服务器应用程序的，但它也可以作为 Web 服务器运行，由于性能不高，因此一般只做测试使用，不能用于正式运行。

6.5.2　请求

视图函数的第一个参数都是 request，request 是一个 HttpRequest 对象，即当页面被请求时，Django 创建的一个包含请求元数据的请求对象，然后 Django 将参数 request 传递给相应的视图函数，再由视图函数返回一个 HttpResponse 对象。

request 对象的实例属性中包含了每次请求的大量重要信息，并且大多数都是只读的，具体如表 6.9 所示。

表 6.9　HttpRequest 实例属性和方法

属性和方法	描　　述
path	表示提交请求页面完整地址的字符串，不包括域名，如 " / beijing/1000phone /"
method	表示提交请求使用的 HTTP 方法。它总是大写的
GET	一个类字典对象，包含所有的 HTTP 的 GET 参数的信息
POST	一个类字典对象，包含所有的 HTTP 的 POST 参数的信息 通过 POST 提交的请求有可能包含一个空的 POST 字典，也就是说，一个通过 POST 方法提交的表单可能不包含数据。因此，应该使用 if request.method == "POST" 来判断 POST 方法的使用，(见表中的 method) 注意：POST 并不包含文件上传信息。见 FILES
REQUEST	为了方便而创建，这是一个类字典对象，先搜索 POST，再搜索 GET 注意：建议使用 GET 和 POST，而不是 REQUEST。这是为了向前兼容和更清楚的表示
COOKIES	一个标准的 Python 字典，包含所有 cookie。键和值都是字符串
FILES	类字典对象，包含所有上传的文件。FILES 的键来自 < input type="file" name="" /> 中的 name。FILES 的值是一个标准的 Python 字典，包含以下三个键： filename：字符串，表示上传文件的文件名 content-type：上传文件的内容类型 content：上传文件的原始内容 注意：FILES 只在请求的方法是 POST，并且提交的 < form > 包含 enctype = "multipart/form-data" 时才包含数据。否则，FILES 只是一个空的类字典对象

续表

属性和方法	描　　述
META	一个标准的 Python 字典,包含所有有效的 HTTP 头信息。有效的头信息与客户端和服务器有关。这里有几个例子: CONTENT_LENGTH:内容的长度 CONTENT_TYPE:内容的类型 QUERY_STRING:未解析的原始请求字符串 REMOTE_ADDR:客户端 IP 地址 REMOTE_HOST:客户端主机名 SERVER_NAME:服务器主机名 SERVER_PORT:服务器端口号 在 META 中有效的任一 HTTP 头信息都是带有 HTTP_前缀的键,例如: HTTP_ACCEPT_ENCODING HTTP_ACCEPT_LANGUAGE HTTP_HOST:客户端发送的 Host 头信息 HTTP_REFERER:被指向的页面,如果存在 HTTP_USER_AGENT:客户端的 user-agent 字符串 HTTP_X_BENDER:X-Bender 头信息的值,如果已设的话
user	一个 django.contrib.auth.models.User 对象表示当前登录用户。若当前用户尚未登录,user 会设为 django.contrib.auth.models.AnonymousUser 的一个实例
session	一个可读写的类字典对象,表示当前 session。仅当 Django 已激活 session 支持时有效
raw_post_data	POST 的原始数据。用于对数据的复杂处理
__getitem__(key)	请求所给键的 GET/POST 值,先查找 POST,然后是 GET。若键不存在,则引发异常 KeyError。该方法使用户可以以访问字典的方式来访问一个 HttpRequest 实例。例如,request["foo"]和先检查 request.POST["foo"]再检查 request.GET["foo"]一样
has_key()	返回 True 或 False,标识 request.GET 或 request.POST 是否包含所给的键
get_full_path()	返回 path,若请求字符串有效,则附加于其后。例如,"/beijing / 1000phone/? age =7"
is_secure()	如果请求是安全的,则返回 True。即请求采用的是 HTTPS 协议

6.5.3　响应

在浏览器发起请求之后,需要服务器将请求的信息响应给浏览器,Django 中的响应内容是由开发者编写完成,系统不直接返回响应信息。

响应最重要的是编写 HttpResponse 对象,主要有以下两种方式:

(1) 不使用模板,直接使用 HttpResponse(),将所需响应内容编写在 HttpResponse()中。

(2) 调用模板进行渲染,使用这种方式编写也有两种方式实现:

① 先加载模板,然后再进行渲染。

② 直接使用 render()实现模板加载与渲染。

render()函数的语法格式如下:

```
render(request,template_name[,context])
```

上述代码中,request 是请求体对象,template_name 是模板路径,context 是字典参数。

HttpResponse 实例对象中同样包含着很多带有重要信息的属性和方法,具体如表 6.10 所示。

表 6.10　HttpResponse 实例属性和方法

属性和方法	描　　述
content	返回的内容
charset	编码格式
status_code	响应状态码(200,3xx,4xx,5xx)
content-type	MIME 类型
init()	初始化内容
write(…)	直接写出文本
set_cookie(key,value='…',max_age=None,exprise=None)	设置 cookie
delete_cookie(key)	删除 cookie

6.6　Django 表单详解

6.6.1　一个简单的表单

当进行 Web 开发时,经常会遇到前端给后台提交一些数据的情形,如常用到的登录注册、信息填写提交等等,无论提交方式是 GET 还是 POST,都要使用到表单。下面以一个简单的示例来讲解表单(本示例在 App2 下编写完成)。

(1) 通过 HTML 编写一个表单页面:

```html
<!DOCTYPE html>
<html>
<body>
<p>请输入两个数字</p>
<form action="./add/" method="get">
    a:<input type="text" name="a"><br>
    b:<input type="text" name="b"><br>
    <input type="submit" value="提交">
</form>
</body>
</html>
```

(2) 将以上代码放入项目的 templates 中,命名为 h1.html。
(3) 在 views.py 中添加函数 index()、add()。

```python
def index(request):
    return render(request, 'h1.html')
def add(request):    #加法运算
    a = request.GET['a']
    b = request.GET['b']
```

```
    a = int(a)
    b = int(b)
    return HttpResponse(str(a + b))
```

（4）在 view.py 中导入以下包：

```
from django.http import HttpResponse
```

（5）采取分布式 url 配置，项目中 urls.py 文件中示例代码如下：

```
from django.contrib import admin
from django.urls import path, include
urlpatterns = [
    path('admin/', admin.site.urls),
    path('App2/', include('App2.urls')),
]
```

（6）在应用中的 urls.py 中将相应的 url 对应绑定即可。在 urlpatterns 内添加如下代码：

```
path('', index),
path('add/', add),
```

（7）并在应用中的 urls.py 中导入如下文件：

```
from django.urls import path
from .views import *
```

在浏览器中输入 http://localhost:8000/App2/，表单渲染结果如图 6.15 所示。

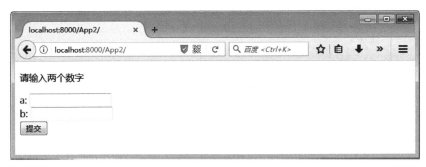

图 6.15　表单渲染结果

在"a"输入框中输入"4"，在"b"输入框中输入"7"，输出结果如图 6.16 所示。

图 6.16　输出结果

6.6.2 表单绑定

此处表单绑定指的是表单绑定状态,即 Django 框架为继承自 Form 类的子类表单都制定了一个绑定(bound)状态。当表单的对象实例化后被赋予过数据内容,则称此表单处于绑定状态。只有绑定状态下的表单才有表单验证功能,即只有处于 unbound 状态下的表单才能被赋值,使表单变为 bound 状态。

处于绑定状态的表单只能通过网页来修改数据,不能通过 Python 代码进行修改。表单状态可以通过 Form 的 is_bound 属性来检查。

6.6.3 表单数据验证

本节拟以用户信息填写表单来进行讲解。

(1) 编写 HTML 代码,保存为 login.html,如例 6-1 所示。

【例 6-1】 login.html

```
1   <!DOCTYPE html>
2   <html lang="en">
3   <head>
4       <meta charset="UTF-8">
5       <title></title>
6       <style>
7           .error-msg{
8               color: red;
9           }
10      </style>
11  </head>
12  <body>
13      <form action="/login/" method="POST" novalidate>
14          {% csrf_token %}
15          <div>
16              <div>
17                  用户名:{{ obj1.user }}
18                  {% if obj1.errors.user %}
19                      <span class="error-msg">{{ obj1.errors.user.0 }}</span>
20                  {% endif %}
21              </div>
22              <div>
23                  密码:{{ obj1.pwd }}
24                  <span class="error-msg">{{ obj1.errors.pwd.0 }}</span>
25              </div>
26              <div>
27                  年龄:{{ obj1.num }}
28                  <span class="error-msg">{{ obj1.errors.num.0 }}</span>
29              </div>
30              <div>
31                  电话:{{ obj1.phone }}
32                  <span class="error-msg">{{ obj1.errors.phone.0 }}</span>
```

```
33              </div>
34              <div>
35                  背景：{{ obj1.test }}
36                  <span class="error-msg">{{ obj1.errors.test.0 }}</span>
37              </div>
38              <input type="submit" value="提交" />
39          </div>
40      </form>
41  </body>
42  </html>
```

例 6-1 中 13 行的 novalidate 作用是屏蔽浏览器默认的错误提示。

注意：将模板文件放在 Template 文件夹中需要在 settings.py 文件中的 TEMPLATES 列表中配置 Template 的 dirs，具体示例如下：

```
'DIRS': [os.path.join(BASE_DIR, 'templates'),],
```

（2）编写 views.py，代码如下所示。

views.py

```
1   from django.shortcuts import render, redirect
2   from django.http import HttpResponse
3   from django import forms
4   from django.core.exceptions import ValidationError
5   import re
6   def mobile_validate(value):
7       # 使用正则对手机号码进行验证
8       mobile_re = re.compile(
9           r'^(13[0-9]|15[012356789]|17[678]|18[0-9]|14[57])[0-9]{8}$'
10      )
11      # 若不满足则提示"手机号码格式错误"
12      if not mobile_re.match(value):
13          raise ValidationError('手机号码格式错误')
14  class LoginForm(forms.Form):
15      # 此处是对用户名的验证，只判断是否为空，为空输出提示信息
16      user = forms.CharField(required=True, error_messages={
17          'required': '用户名不能为空.'
18      })
19      # 密码验证为空提示"密码不能为空",<6位提示"至少6位"
20      pwd = forms.CharField(required=True,
21                            min_length=6,
22                            max_length=10,
23                            error_messages={
24                                'required': '密码不能为空.',
25                                'min_length': "至少6位"
26                            })
27      # 年龄验证,只能输入整型数字,为空以及不为数字均提示
28      num = forms.IntegerField(error_messages={
```

```
29          'required': '数字不能空.','invalid': '必须输入数字'
30     })
31     #电话号码验证,为空提示,不为空调用mobile_validate方法
32     phone = forms.CharField(required = True, error_messages = {
33          'required': '电话号码不能为空.'
34     },validators = [mobile_validate, ],)
35     test_choices = (
36          (0, '北京'),
37          (1, '千锋'),
38     )
39     test = forms.IntegerField(
40          widget = forms.Select(choices = test_choices)
41     )
42 def login(request):
43     if request.POST:
44          objPost = LoginForm(request.POST)
45          ret = objPost.is_valid()
46          if ret:
47               print(objPost.clean())
48          else:
49               from django.forms.utils import ErrorDict
50               pass
51          return render(request, 'login.html',{'obj1': objPost})
52     else:
53          objGet = LoginForm()
54          return render(request, 'login.html',{'obj1': objGet})
```

(3) 在项目中的 urls.py 中导入以下文件,并添加 url 映射:

```
from App3 import views
path('login/', views.login),
```

初始运行结果如图 6.17 所示。

图 6.17 初始运行结果

均为空值时提交后结果显示如图 6.18 所示。

填入不满足要求的值结果如图 6.19 所示。

以上为表单的验证。

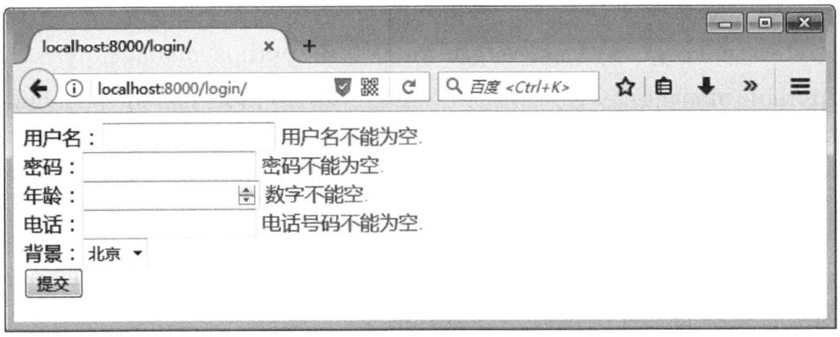

图 6.18 初值均为空运行结果

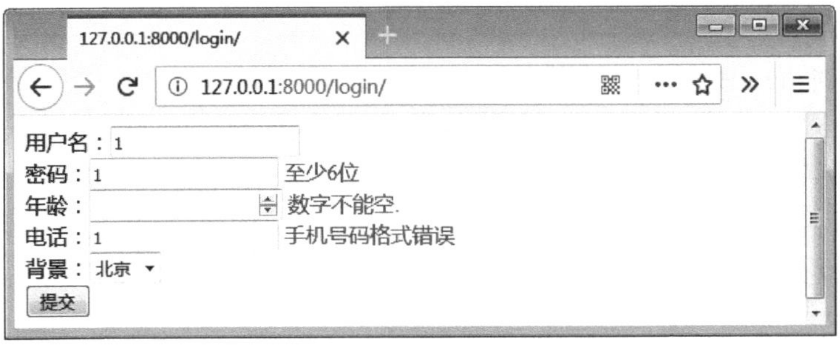

图 6.19 填入不满足值运行结果

6.7 本章小结

本章首先讲解了 Django 框架的基本内容及 Django 第一行代码 Hello World 的实现；然后讲解 Django 的开发模式 MTV，接下来讲解请求与响应，最后讲解 Django 中另一大特色"表单"。本章内容都是在讲解 Django 的使用，因此大家在读完本章之后需要多动手操作 Django，这样才能更快地了解 Django 的强大。

6.8 习　　题

1. 填空题

（1）MTV 模式中 M 指代的是＿＿＿＿，T 指代的是＿＿＿＿，V 指代的是＿＿＿＿。

（2）＿＿＿＿被称之为模型与模板之间的桥梁。

（3）在 Django2.0 中配置 URL 的关键函数是＿＿＿＿。

（4）注册 APP2 代码是＿＿＿＿。

（5）模板及其使用的步骤是＿＿＿＿、＿＿＿＿、＿＿＿＿、＿＿＿＿。

2. 选择题

（1）下列属于 Django 的开发模式的是（　　）。

　　A. MVC　　　　　B. MTV　　　　　C. BFM　　　　　D. RPM

（2）下列不属于数据库迁移文件生成命令的是（　　）。
　　　A. python manage.py makemigrations　　B. python manage.py migrate auth
　　　C. python manage.py runserver　　　　 D. python manage.py migrate App
（3）下列值为 True 的是（　　）。
　　　A. 空列表　　　B. None　　　C. 1　　　D. 空字典
（4）下列选项中可以返回列表中随机一项的过滤器是（　　）。
　　　A. date　　　B. length　　　C. default　　　D. random
（5）下列选项中不属于视图函数返回方式的是（　　）。
　　　A. 返回构造 HTML　　　　　　B. 调用模型
　　　C. 调用模板文件　　　　　　　D. 错误状态

3. 思考题
（1）简述 Django 概念。
（2）Django 定义了若干的 HttpResponse 子类来返回相应的 HTTP 错误，请写出常见的几个子类和返回的状态码及作用。

4. 编程题
编写一个注册表单，包含用户名、密码、电话并添加简单的数据验证。

第 7 章　Django 框架进阶

本章学习目标
- 了解 Django Admin 站点管理
- 了解 Django 的高级扩展

Django 作为 Python Web 开发过程中使用年限最长的框架之一，发展至今已是非常完整，内容丰富且功能强大，因此想要真正掌握 Django 还得深入学习。上一章主要介绍了 Django 框架的基础内容，本章将讲解 Django 框架中更深层次的内容。

7.1　Django Admin 站点管理

Django 最为人所称道的是可以自动生成 Admin 站点管理界面，它通过读取模型中的元数据来提供一个强大的、生产环境就绪的界面，使内容提供者可以使用它向站点添加内容。本节将讲解如何激活、使用和定制 Django 的管理界面。

7.1.1　Admin 站点简介

Admin 站点管理工具是 Django 自动生成的可视化界面管理工具，它可以从数据库中提取出数据，最后呈现在浏览器的页面中。网站管理员可以通过浏览器页面对网站数据直接进行修改，而无须通过专门的数据库操作来实现，也无须编写代码，从而使网站管理十分方便快捷。

7.1.2　Admin 站点配置与登录

Admin 站点是 django.contrib 的一部分，在项目 django2（本章所创建的项目名称）下 settings.py 文件中的 INSTALLED_APPS 列表中，具体示例如下：

```
INSTALLED_APPS = [
    'django.contrib.admin',
    'django.contrib.auth',
    'django.contrib.contenttypes',
    'django.contrib.sessions',
    'django.contrib.messages',
    'django.contrib.staticfiles',
    'App1.apps.App1Config',
]
```

上述示例中"django.contrib.admin"是 Admin 站点内容配置,"App1.apps.App1Config"是 App1 的配置,上述配置代码都是系统自动生成的,无须手动添加。

注意:django.contrib 是一套庞大的功能集,它是 Django 基本代码的组成部分。

Admin 站点信息配置完成后,接下来进行 Admin 站点激活,在项目 django2 下的 urls.py 文件中进行激活,具体示例如下:

```python
from django.contrib import admin
from django.urls import path
urlpatterns = [
    path('admin/', admin.site.urls),
]
```

激活的主要代码是"path('admin/', admin.site.urls)",一般是创建项目时自动生成的,无须手动添加。

激活之后需要再执行数据库迁移操作,否则会报错,执行数据库迁移操作之后再运行程序,并在浏览器内输入 localhost:8000/admin,即站点 Admin 运行结果如图 7.1 所示。

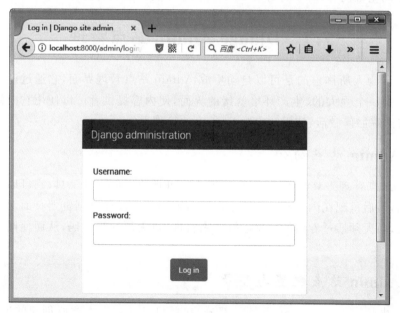

图 7.1　站点 Admin 运行结果

图 7.1 是登录界面,因此需要先注册(创建)一个账户用于登录,接下来创建账户,具体步骤如下所示。

注意:在创建账户前确保以下两点。

(1)项目中安装了 Django2.0。

(2)执行了数据库迁移文件。

1. 进入项目文件夹

打开命令提示符窗口,输入 cmd,并进入到 django2 项目中,如图 7.2 所示。

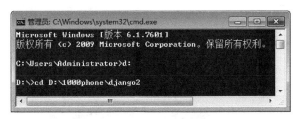

图 7.2　进入 django2 项目

2．创建账户

使用"python manage.py createsuperuser"命令创建账户，输入用户名、邮箱以及密码即可，如图 7.3 所示。

图 7.3　创建账户

在图 7.3 中，创建了一个用户名为"1000phone"，邮箱为"1000phone@163.com"，密码为"qianfeng123456789"的用户。

注意：

- 密码不可设置得过于简单。
- 还可以通过 PyCharm 中的"Terminal"中创建，命令相同。

3．登录

在如图 7.1 所示界面中输入创建好的用户名和密码即可登录 Admin 站点管理，如图 7.4 所示。

单击 Log in 即进入登录成功界面，如图 7.5 所示。

在图 7.5 中，Admin 站点登录成功，显示界面为英文，可以将界面显示修改为中文，将项目下的 settings.py 文件中的"LANGUAGE_CODE"变量的值修改为"zh-hans"，并且将"TIME_ZONE"变量的值修改为"Asia/Shanghai"即可，具体示例如下：

```
# LANGUAGE_CODE = 'en-us'
# 将语言修改为中文
LANGUAGE_CODE = 'zh-hans'
# TIME_ZONE = 'UTC'
# 将时间修改为亚洲/上海
TIME_ZONE = 'Asia/Shanghai'
```

上述示例实现了 Admin 站点显示由英文向中文转换，编写完成后再次运行服务器，并在浏览器中输入 localhost:8000/admin，运行结果如图 7.6 所示。

图 7.4 站点登录界面

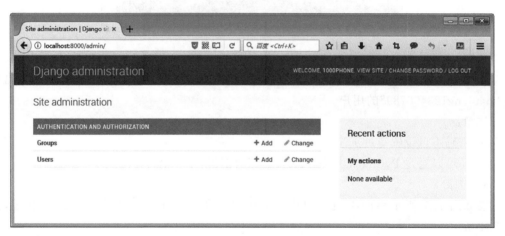

图 7.5 登录成功界面

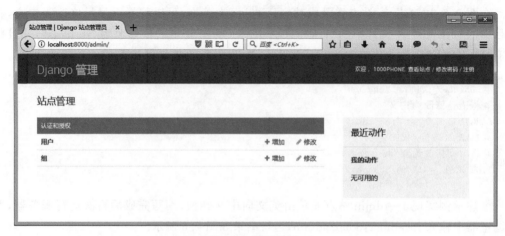

图 7.6 运行结果

7.1.3 Admin 的使用

Admin 站点的主要作用是直接管理操作数据库的相关信息,Admin 站点使用具体步骤如下所示。

1. 配置数据库

Django 框架自带 SQLite 数据库,并且默认使用该数据库,本书在后面章节的实战中主要是使用 MySQL 数据库,因此,本节使用 MySQL 数据库进行讲解配置。数据库的配置分为三部分,具体如下:

(1) 安装 PyMySQL 包。
(2) 在项目下的 __init__.py 文件中编写以下代码:

```
import pymysql
pymysql.install_as_MySQLdb()
```

(3) 在 settings.py 文件中进行数据库配置信息的修改,具体示例如下:

```
DATABASES = {
    'default': {
        'ENGINE': 'django.db.backends.mysql',
        'NAME': "qianfeng",
        'USER':'1000phone',
        'PASSWORD':'1000phone',
        'HOST':'localhost',
        'PORT':'3306',
    }
}
```

接下来对上述示例进行解析,其中"'ENGINE': 'django.db.backends.mysql'":指明数据库引擎为 MySQL,"'NAME': "qianfeng"":数据库名称为 qianfeng,"'USER':'1000phone'":登录用户名为 1000phone;"'PASSWORD':'1000phone'":登录密码为 1000phone;"'HOST':'localhost'":数据库所在服务器地址为 localhost;"'PORT':'3306'":端口号为 3306。

2. 创建应用

一个项目中可以创建多个应用,本节使用的应用为 App1。

3. 定义模型

在应用 App1 的 models.py 文件中定义两个模型类 Grades 类和 Students 类,具体示例如下:

```
from django.db import models
# Create your models here.
class Grades(models.Model):
    # 班级名称 gname
    gname = models.CharField(max_length = 20)
    # 成立时间 gdate
    gdate = models.DateTimeField()
```

```
        #女生总数 ggirlnum
        ggirlnum = models.IntegerField()
        #男生总数 gboynum
        gboynum  = models.IntegerField()
        #是否删除 isDelete
        isDelete = models.BooleanField(default = False)
class Students(models.Model):
        #学生姓名 sname
        sname = models.CharField(max_length = 20)
        #学生性别 sgender
        sgender = models.BooleanField(default = True)
        #学生年龄 sage
        sage  = models.IntegerField()
        #学生简介 scontend
        scontend = models.CharField(max_length = 20)
        #是否删除 isDelete
        isDelete = models.BooleanField(default = False)
        #关联外键
        sgrade = models.ForeignKey("Grades",on_delete = models.CASCADE)
```

定义好模型之后可以生成数据表(详见第6章)。生成数据表之后在 qianfeng 数据库中可以找到生成的 app1_Grades 和 app1_Students 表,查询结果如图7.7所示。

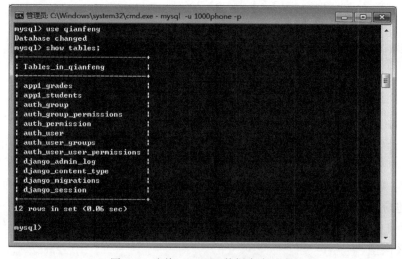

图7.7 查询 qianfeng 数据库中的表

4. 注册模型

在应用 App1 的 admin.py 文件中编写注册代码,具体示例如下:

```
from django.contrib import admin
#Register your models here.
from .models import Grades,Students
#注册
admin.site.register(Grades)
admin.site.register(Students)
```

执行上述示例,并在浏览器中输入 localhost:8000/admin,运行结果如图 7.8 所示。

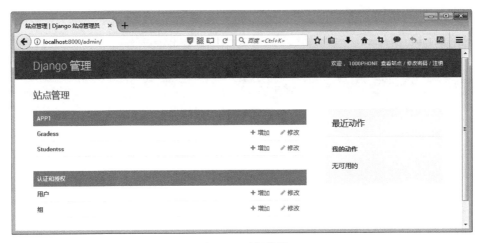

图 7.8 运行结果

注意:
- 在修改数据库配置后,之前创建的 Admin 账号可能会查询不到(之前的默认保存在 SQLite 数据库中),因此需要重新创建一个账号,创建方法与之前一样。
- 应用下的表名是默认加"s"的。

5. 操作管理数据

操作管理数据是直接对数据表进行操作,主要有以下几种操作(以 Grades 表为例)。

1) 插入/增加数据

在图 7.8 中,单击 Gradess 之后的【+增加】,进入如图 7.9 所示页面。

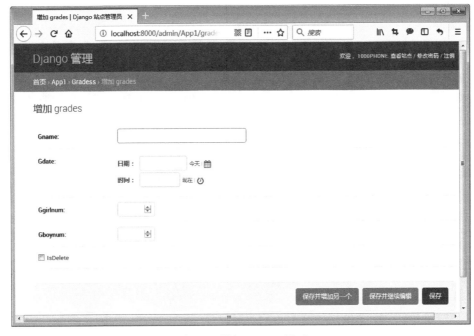

图 7.9 增加 Grades 界面

在图 7.9 中,之前创建 Grades 类添加的字段在增加界面都有呈现,接下来直接输入相关内容即可,如图 7.10 所示。

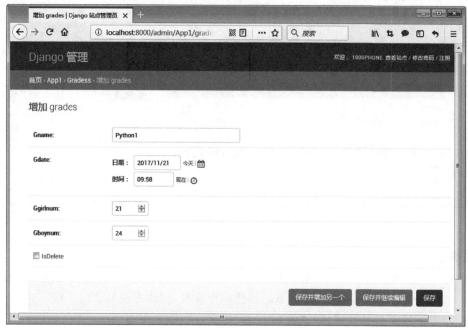

图 7.10　输入相关内容界面

在图 7.10 中,填写好相关内容之后,单击【保存并添加另一个】可继续添加数据;单击【保存并继续编辑】可对数据进行编辑操作;直接单击【保存】说明只添加这一条数据,如图 7.11 所示。

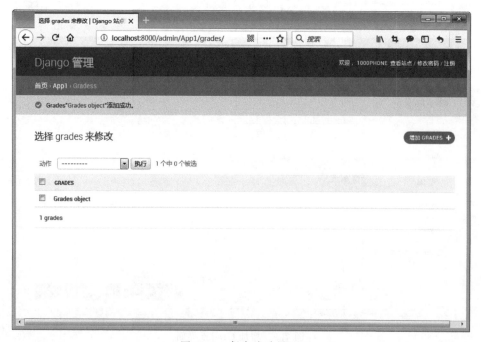

图 7.11　保存成功界面

在图 7.11 中,显示成功添加一条数据,大家可以尝试以同样的方式添加多条数据。
2) 查询数据

在图 7.8 中,单击表格名称即可获取表中所有数据,如图 7.12 所示。

图 7.12 Grades 表数据界面

由于 Grades 表中只添加了一条数据,因此只显示一条数据,显示为 Grades object,这是默认显示方式,显示方式可以自定义,自定义显示将在下节进行讲解。

3) 修改数据

进入查询界面即图 7.12,单击 Grades object 即可修改数据,如图 7.13 所示。

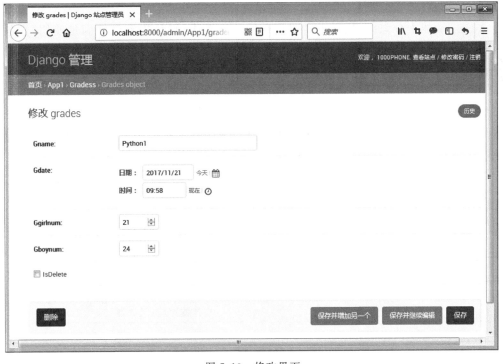

图 7.13 修改界面

对上述数据进行更改,然后单击保存即修改成功。

4)删除数据

进入编辑修改页面如图7.13所示,单击左下角的【删除】按钮,进入如图7.14所示界面。

图7.14 确认是否删除界面

在图7.14中,单击【是的,我确定】按钮数据直接被删除,单击【不,返回】按钮放弃删除。

7.1.4 Admin站点的定制

Admin功能十分强大,如果不需要复杂的功能操作,默认内容已能满足使用,它还提供了可定制的特殊功能。正如上一节数据的操作虽然可完成,但交互性能差,查询时的数据只能显示含有几条,而不是显示各字段的信息。接下来讲解自定义Admin站点显示。

1. 自定义显示页面

Admin站点管理页面可以通过设置相关属性来控制显示风格,数据管理页面主要分为两种:数据显示页和数据增加、修改页。

1)数据显示页属性

数据显示页属性主要讲解4个属性,分别是:list_display、list_filter、search_fields、list_per_page。具体功能说明如表7.1所示。

表7.1 数据显示页属性

属 性 名	描 述
list_display	设置显示字段(确保顺序对应)
list_filter	过滤字段(过滤器)
search_fields	搜索字段
list_per_page	分页显示

接下来演示上述属性的功能,在 admin.py 文件中修改代码,具体示例如下:

```python
from django.contrib import admin
from .models import Grades,Students
#注册
class GradesAdmin(admin.ModelAdmin):
    #数据显示页属性
    list_display = ['pk','gname','gdate','ggirlnum','gboynum','isDelete']
    list_filter = ['gname']
    search_fields = ['gname']
    list_per_page = 5
admin.site.register(Grades, GradesAdmin)
admin.site.register(Students)
```

在 admin.py 文件修改前,使用 Admin 默认的显示属性进行显示,如图 7.15 所示。

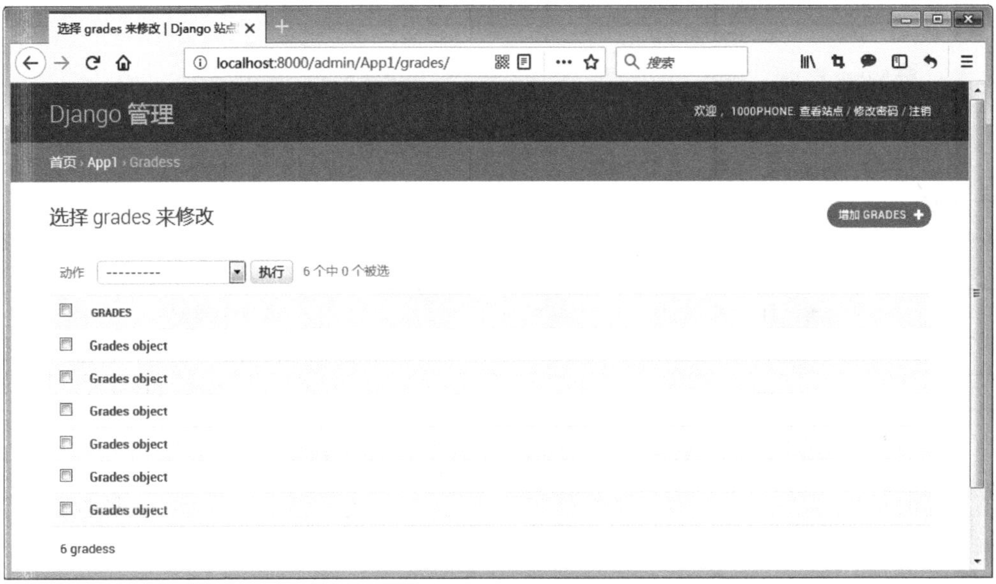

图 7.15　Admin 默认显示界面

按示例进行修改之后,显示结果如图 7.16 所示。

接下来对上述示例进行解析,创建一个 GradesAdmin 类,继承 admin.ModelAdmin 类(Grades 默认显示类)。列表 list_display 内的值是显示的字段及顺序。列表 list_filter 内的值是过滤条件,上述示例代码以 gname 为过滤条件。列表 search_fields 内的值是搜索条件,即当数据量较大时,可以通过搜索条件来搜索所需数据,上述示例中以 gname 为搜索条件。list_per_page 为分页属性,所赋值的是每页显示数据数,上述示例中每页显示 5 条数据,然后将 GradesAdmin 类添加到注册信息中。

Students 修改方式与 Grades 相同,大家可以尝试将 Students 的显示页面按照上述示例进行自定义。

2) 数据增加、修改页属性

数据增加、修改页可以通过两个属性来控制,分别是 fields 和 fieldsets,具体功能说明如

图 7.16 增加属性之后显示界面

表 7.2 所示。

表 7.2 数据增加、修改页属性

属 性 名	描 述
fields	控制增加、修改页的字段显示顺序
fieldsets	根据字段的不同对字段进行分组

表 7.2 中的两个属性虽然都是属于 Admin 站点管理中数据增加、修改页的属性,但两者不可同时使用,接下来演示两个属性的实际作用,在上述示例中添加 fields 属性值,具体示例如下:

```
#添加、修改页属性
fields = ['ggirlnum','gboynum','gname','gdate','isDelete']
```

上述示例表示添加、修改页的字段按照列表 fields 中值的顺序显示。显示结果如图 7.17 所示。

未增加属性控制(即默认情况)的显示结果如图 7.9 所示。

在 admin.py 文件中添加 fieldsets 属性,具体示例如下:

```
#添加、修改页属性
#fields = ['ggirlnum','gboynum','gname','gdate','isDelete']
fieldsets = [
    ("num",{"fields":['ggirlnum','gboynum']}),
    ("base",{"fields":['gname','gdate','isDelete']}),
]
```

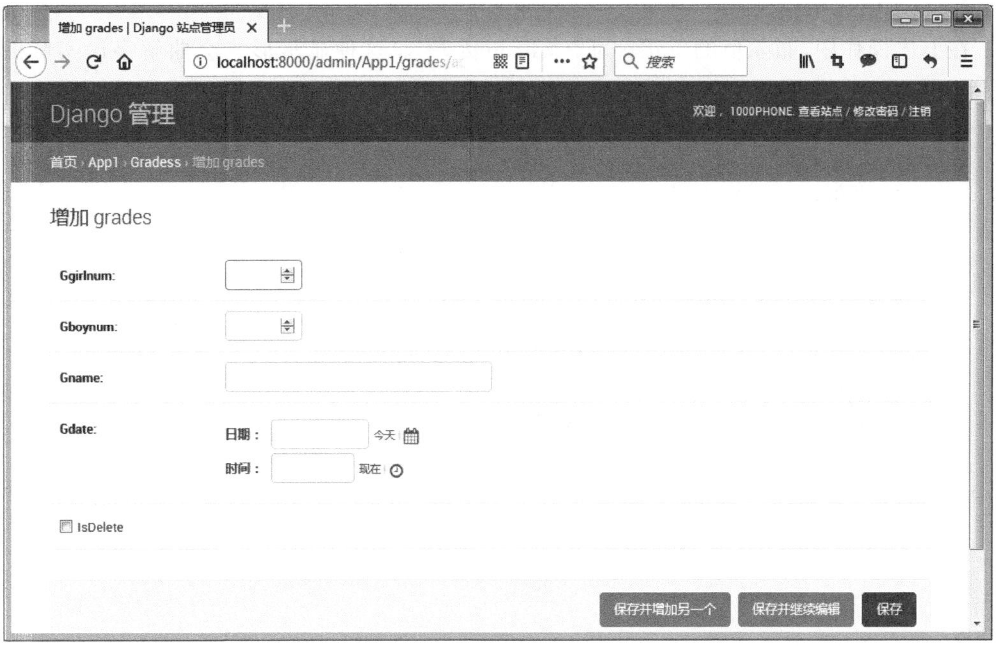

图 7.17 添加页显示结果

上述示例将字段 ggirlnum、gboynum 分为一组,组名为"num";字段 gname、gdate、isDelete 为一组,组名为"base",运行结果如图 7.18 所示。

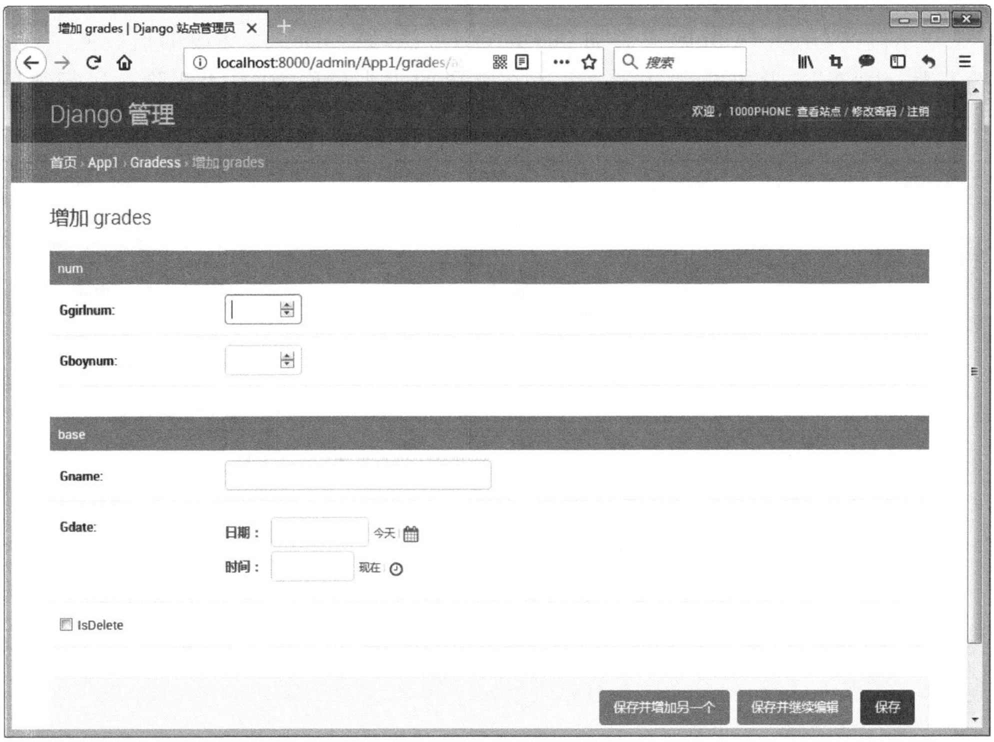

图 7.18 运行结果

2. 布尔值显示设置

在上述操作中,布尔值的 False 为 ❌,True 为 ✔ 。这种显示形式会曲解字段实际的意义,在 Admin 站点管理工具中还可以对这些布尔值以及字段的显示进行设置,具体示例如下:

```python
class GradesAdmin(admin.ModelAdmin):
    def isDelete(self):
        if self.isDelete:
            return "是"
        else:
            return "否"
    isDelete.short_description = "是否删除"
    #列表页属性
    list_display = ['pk','gname','gdate','ggirlnum','gboynum',isDelete]
    list_filter = ['gname']
    search_fields = ['gname']
    list_per_page = 5
    #添加、修改页属性
    #fields = ['ggirlnum','gboynum','gname','gdate','isDelete']
    fieldsets = [
        ("num",{"fields":['ggirlnum','gboynum']}),
        ("base",{"fields":['gname','gdate','isDelete']}),
    ]
admin.site.register(Grades, GradesAdmin)
admin.site.register(Students)
```

上述示例在 GradesAdmin 中添加 isDelete()方法,将 isDelete 字段的值按照 True 为 "是",False 为 "否" 的形式显示,并将 isDelete 字段的表头简称为 "是否删除",运行结果如图 7.19 所示。

图 7.19 运行结果

其他布尔型字段或字段表头也可以作以上改变,大家可以根据所学知识对其他字段进行修改。

3. 关联对象设置

本章示例围绕班级和学生展开,班级与学生之间存在从属关系,因此在学生表中设置了 sgrade 字段为外键,将两个表进行联系。这种关系在添加数据时存在关联,如添加班级时可以同时添加本班级的学生信息,即设置关联对象,具体示例如下:

```
class StudentsInfo(admin.TabularInline):    # StackedInline
    model = Students
    extra = 2
```

上述示例在 admin.py 中创建 StudentsInfo 类,继承自 admin.TabularInline(横向排列,admin.StackedInline:纵向排列),引用的 model 为 Students,extra = 2 指的是可一次添加两个学生信息,最后在类 GradesAdmin 中声明关联,具体示例如下:

```
inlines = [StudentsInfo]
```

上述示例表示在 Grades 类中声明关联对象为 StudentsInfo,运行结果如图 7.20 所示。

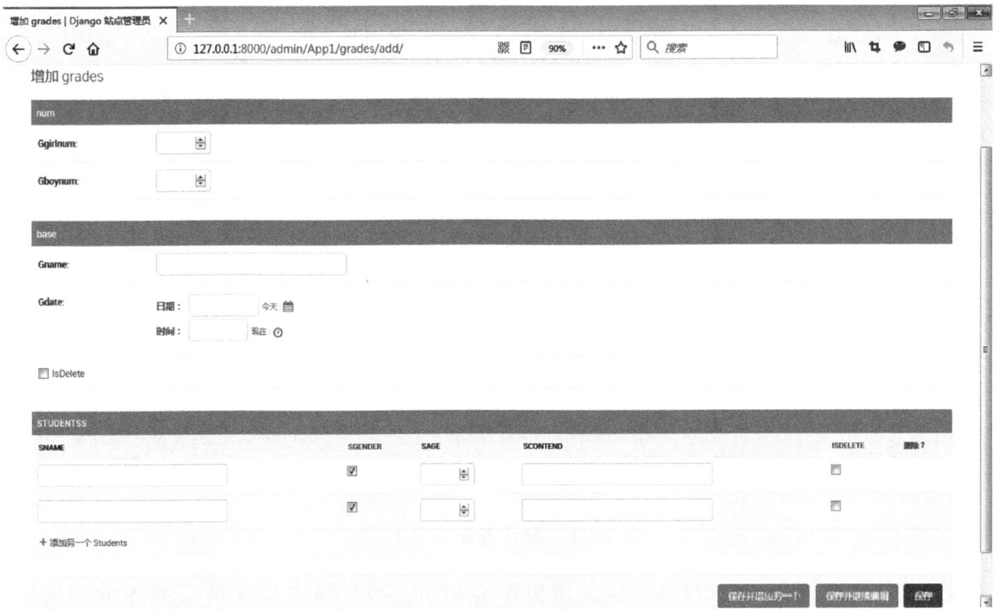

图 7.20　设置关联对象运行结果

在图 7.20 中,创建 Grades 班级可以同时创建多个学生做关联(如此创建的学生属于所创建的班级),接下来可以直接输入相关信息进行数据操作。大家可以进行尝试,由于篇幅原因,此处不再演示。

关于 Admin 站点管理的内容,至此就讲解结束了。大家可以先根据本书操作 Grades 表,然后再通过所学将 Students 表的相关显示及操作管理进行实现,巩固学习成果。

7.2 Django 的高级扩展

Django 之所以在 Python Web 的发展道路上经久不衰,最重要的原因是 Django 有非常丰富的扩展包。这些扩展包将一些常用操作和底层操作封装起来,使开发者可以轻松调用并实现相关内容的操作,极大地提高开发效率。接下来讲解 Django 中的一些高级扩展。

7.2.1 静态文件

静态文件指的是在网站中起一定作用,但不会随网站变化而变化的文件,一般包括 CSS、JS(Javascript)、图片、字体等文件。在 Django 中引用静态文件需要以下三步。

1. 创建静态文件目录

在项目文件下创建 static 文件目录,并在 static 目录下创建应用文件目录(App1),用于区分每个应用的静态文件;然后在创建的应用目录下创建各静态文件的存放目录,如图7.21所示。

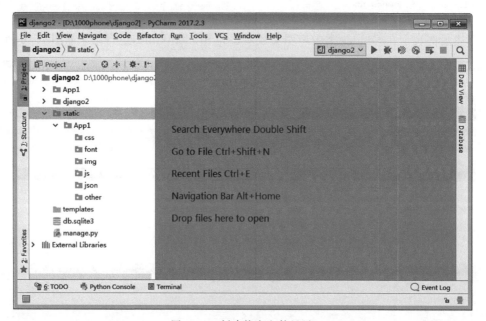

图 7.21　创建静态文件目录

在图 7.21 中,展示了项目 django2 项目中应用 App1 的静态文件目录创建方式及名称。
注意:图 7.21 的创建方式以及命名方式不是唯一的,但建议以图中方式为准。

2. 配置静态文件引用设置

在 settings.py 文件中进行配置,具体示例如下:

```
STATIC_URL = '/static/'
#普通文件
STATICFILES_DIRS = [
    os.path.join(BASE_DIR,'static')
]
```

上述示例设置了图片文件和普通文件（css、js 文件等）的路径。

3. 在模板中引用

静态文件最终作用于 Web 文件，大部分的静态文件都是在模板中发挥作用，因此接下来讲解在模板中引用静态文件的方式，具体示例如下：

```
{% load static from staticfiles %}
<!DOCTYPE html>
<html lang = "en">
<head>
    <meta charset = "UTF-8">
    <title>首页</title>
    <link rel = "stylesheet" type = "text/css"
          href = "{% static 'App1/css/style.css' %}"/>
</head>
<body>
    <h1>IT 培训</h1>
    <img src = "{% static 'App1/img/1.png' %}"/>
</body>
</html>
```

在模板文件的开始引入{％ load static from staticfiles ％}，即静态文件的配置信息。引入相关静态文件的格式是{％ static '应用目录/静态文件目录/静态文件' ％}，上述示例中引入了一个名为 style.css 的 CSS 文件和一个名为 1.png 的图片文件，其中 style.css 文件内容如下：

```
h1{
    color:red;
}
```

上述示例将 h1 标签的颜色设置成 red，按照之前所学知识配置好 url，然后启动服务器，在浏览器中输入 localhost:8000/index，运行结果如图 7.22 所示。

图 7.22　运行结果

在图 7.22 中,成功引用 style.css 文件以及 1.png 文件,并将文件的效果显示在浏览器中。

7.2.2 中间件

中间件是 Django 开发 Web 中的高级插件,它是一个轻量级、底层的插件,可以介入 Django 的请求和响应。中间件的实质是一个可使网站更完善安全的 Python 类,可以在 settings.py 文件中查看常用的内置中间件,具体示例如下:

```
MIDDLEWARE = [
    'django.middleware.security.SecurityMiddleware',
    'django.contrib.sessions.middleware.SessionMiddleware',
    'django.middleware.common.CommonMiddleware',
    'django.middleware.csrf.CsrfViewMiddleware',
    'django.contrib.auth.middleware.AuthenticationMiddleware',
    'django.contrib.messages.middleware.MessageMiddleware',
    'django.middleware.clickjacking.XFrameOptionsMiddleware',
]
```

每个中间件中都包含以下函数:
- __init__:不需要传递参数,服务器响应第一个请求的时候调用,用于启用该中间件。
- process_request(self,request):在执行视图之前被调用(即分配 URL 匹配视图之前),对于每一个请求来说,此方法都会被调用,并返回 None 或者 HttpResponse 对象(在此处可以设置网站反爬虫技术)。
- process_view(self,request,view_func,view_args,view_kwargs):其中参数 view_func 指一个视图函数,参数 view_args 和 view_kwargs 指的是多个视图参数,此函数在调用视图之前执行,同样是每个请求都会被调用,并返回 None 或者 HttpResponse 对象。
- process_template_response(self,request,response):在视图刚好执行完成进行调用,也是在每个请求中都会被调用,并返回 HttpResponse 对象,在此函数中可使用 render。
- process_response(self,request,response):在所有响应返回浏览器之前调用,每个请求都会调用,并返回 HttpResponse 对象。
- process_exception(self,request,exception):此函数是抛出异常函数,当视图抛出异常时调用,并返回 HttpResponse 对象。

上述函数的调用执行位置,如图 7.23 所示。

在图 7.23 中,展示了浏览器发送请求到接收响应的过程以及中间件各函数的执行位置,具体的工作形式,如图 7.24 所示。

在图 7.24 中,展示的是 Django 内置中间件中各函数的工作形式。

除了内置的中间件,大家还可以根据所需来编写一个自定义的中间件,自定义的中间件需要在 settings.py 文件中进行注册才可使用,注册方式与应用注册类似,只是不是在

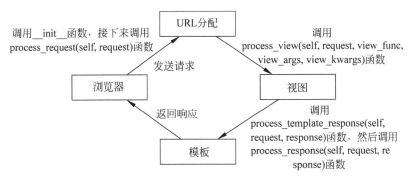

图 7.23　中间件函数执行位置

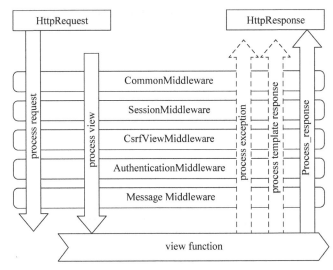

图 7.24　工作形式

INSTALLED_APPS 列表中注册，而是在 MIDDLEWARE 列表中注册。接下来演示如何自定义中间件并使用，具体示例如下：

（1）创建存放自定义中间件的目录，本例题为 middleware（与应用目录同级），并创建中间件，目录创建如图 7.25 所示。

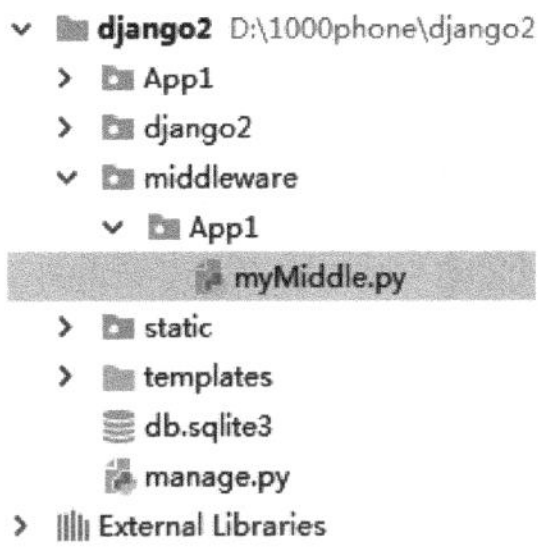

在图 7.25 中，自定义了一个中间件文件——myMiddle.py。

（2）编写中间件的具体内容，在 myMiddle.py 中编写代码，具体示例如下：

图 7.25　自定义中间件目录

```
from django.utils.deprecation import MiddlewareMixin
class MyMiddle(MiddlewareMixin):
    def process_request(self, request):
        print("get 参数为：", request.GET.get("qianfeng"))
```

第一行代码是自定义中间件的必需代码，即引入 MiddlewareMixin 类，紧接着创建一个中间件类 MyMiddle，继承自 MiddlewareMixin 类，并在其中实现 process_request() 函数，实现获取并打印请求参数。

(3) 注册中间件。在 settings.py 文件的 MIDDLEWARE 文件中进行中间件的注册，具体示例如下：

```
'middleware.App1.myMiddle.MyMiddle'
```

将上述示例添加到 MIDDLEWARE 列表中即注册成功。

(4) 运行并测试结果。启动服务器，并在浏览器中输入 localhost:8000/index? qianfeng=1000phone，在 PyCharm 的运行窗口即可看到中间件的运行结果，运行结果如图 7.26 所示。

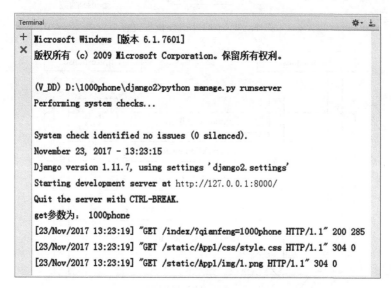

图 7.26 自定义中间件运行结果

在图 7.26 中，执行中间件之后显示结果为"get 参数为：1000phone"，将变量 qianfeng 的值打印出来了，证明中间件成功作用在项目 django2 中。

注意：如上定义了中间件之后，所有的请求都会执行此中间件，因此没有特殊需求，不建议自定义中间件。上述示例中只演示了中间件函数中的 process_request(self, request)，其他函数同样可以实现，大家可以自行尝试。

7.2.3 分页

在网站开发过程中会遇到数据在一个页面中显示不了或因数据太多导致页面不美观的情况。Django 中封装好的分页插件可供开发者使用，将数据分多页显示，最终达到功能与美观同时实现。接下来通过一个实例讲解 Django 中分页插件的内容及使用，如例 7-1 所示（使用了第 7.2.2 节中的数据库内容）。

【例 7-1】 studentpage.html

```
1    <!DOCTYPE html>
2    <html lang = "en">
3    <head>
4        <meta charset = "UTF-8">
```

```
5       <title>学生分页显示</title>
6       <style type="text/css">
7           .page{
8               list-style: none;
9               float: left;
10              padding-left: 0.5%;
11          }
12      </style>
13  </head>
14  <body>
15      <ul>
16          {% for stu in students %}
17          <li>
18              {{stu.sname}} - {{stu.sgrade}}
19          </li>
20          {% endfor %}
21      </ul>
22      <ul>
23          {% for index in students.paginator.page_range %}
24              {% if index == students.number %}
25              <li class="page">
26                  {{index}}
27              </li>
28              {% else %}
29              <li class="page">
30                  <a href="/studentpage/{{index}}/">{{index}}</a>
31              </li>
32              {% endif %}
33          {% endfor %}
34      </ul>
35  </body>
36  </html>
```

上述代码是将服务器响应的学生记录按照分页的形式展示在浏览器中。接下来详细讲解上述代码：第 6～11 行将 class=page 的 <li> 标签显示格式改为无点号并且横向排列；第 15～21 行是将数据库中学生信息提取出来并显示学生的姓名和所属班级；第 22～34 行编写分页编码，并实现当前页不可再单击功能。

views.py

```
1   from django.shortcuts import render
2   from .models import Students
3   from django.core.paginator import Paginator
4   def studentpage(request, pagenum=1):
5       #所有学生列表
6       allList = Students.objects.all()
7       paginator = Paginator(allList, 3)
8       page = paginator.page(pagenum)
9       return render(request, 'studentpage.html', {"students": page})
```

上述代码是将数据库中数据提取出来并响应给相应的模板文件。接下来详细讲解上述代码：第 2 行引入 models 中 Students 类；第 3 行引入分页插件类；第 4~9 行是学生分页的服务器代码，其中第 6 行是将所有学生信息对象赋值给变量 allList；第 7 行是实例化 paginator 对象，每页显示 3 个学生信息；第 8 行定义 page 实例传递显示页数；第 9 行将学生信息记录以及当前页响应给相应的模板，最终渲染显示。

最后在 url.py 文件中配置路由，代码如下：

```
path('studentpage/', views.studentpage),
path('studentpage/<int:pagenum>/', views.studentpage),
```

注意：路由配置在第六章有详细讲解，此处不再赘述，请大家自己动手完成 URL 配置。

编写完成之后，启动服务器，在浏览器中输入 localhost:8000/studentpage/，运行结果如图 7.27 所示。

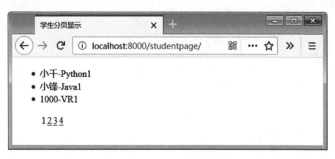

图 7.27　例 7-1 运行结果

在图 7.27 中，单击分页数字【3】，运行结果如图 7.28 所示。

图 7.28　单击分页数字【3】运行结果

Django 中分页插件主要包含两个主要对象——Paginator 和 Page 对象。两者还有其他的方法和属性，具体如表 7.3~表 7.4 所示。

表 7.3　Paginator 方法和属性

属性和方法	描述
count	所有页面的对象总数
num_pages	页面总数
page_range	页码的范围，从 1 开始，例如[1, 2, 3, 4]
page(number)	返回在提供的下标处的 Page 对象，下标以 1 开始

表 7.4 Page 方法和属性

属性和方法	描 述
object_list	当前页上所有对象的列表
number	当前页的序号，从 1 开始
paginator	与当前 page 对象相关的 paginator 对象
has_next()	如果有下一页，则返回 True
has_previous()	如果有上一页，返回 True
has_other_pages()	如果有上一页或下一页，返回 True
previous_page_number()	返回上一页的页码。如果上一页不存在，抛出异常
next_page_number()	返回下一页的页码。如果下一页不存在，抛出异常
start_index()	返回当前页上的第一个对象，相对于分页列表的所有对象的序号，从 1 开始
end_index()	返回当前页上的最后一个对象，相对于分页列表的所有对象的序号，从 1 开始

7.2.4 Ajax

Ajax 技术是实现页面无刷新（局部刷新）传送信息的关键，通过本书第 3 章可了解 Ajax 的使用。接下来以实例形式讲解在 Django 中如何使用 Ajax 技术，如例 7-2 所示。

【例 7-2】 在 Django 框架中使用 Ajax 技术实现页面无刷新显示学生姓名信息。

(1) 首先下载 jQuery 文件，本实例使用的是 jquery-3.2.1.min.js。

(2) 编写显示页面，即 ajaxtest.html 文件，代码如下所示。

ajaxtest.html

```
1   {% load static from staticfiles %}
2   <!DOCTYPE html>
3   <html lang="en">
4   <head>
5       <meta charset="UTF-8">
6       <title>首页</title>
7       <link rel="stylesheet" type="text/css"
8             href="{% static 'App1/css/style.css' %}"/>
9       <script type="text/javascript"
10            src="{% static 'App1/js/jquery-3.2.1.min.js' %}"></script>
11  </head>
12  <body>
13      <h1>学生信息列表</h1>
14      <div>
15          <button id="btn">显示学生姓名信息</button>
16      </div>
17
18      <div>
19          <span id='result'></span>
20      </div>
21      <script type="text/javascript"
```

```
22              src = "{% static 'App1/js/studentinfo.js' %}"></script>
23      </body>
24  </html>
```

上述代码中第 7~8 两行引入了之前编写的 style.css 样式文件,将 h1 标签设置为红色;第 9~10 行引入 jQuery 文件;第 15 行编写了触发 Ajax 的按钮;第 19 行用于显示 Ajax 传递过来的学生姓名信息;第 21~22 行引入 studentinfo.js 文件,该文件用于实现 Ajax 并返回学生的姓名信息。

(3) 编写视图函数,代码如下所示。

views.py

```
1   from django.shortcuts import render
2   from django.http import JsonResponse
3   def ajaxstudents(request):
4       return render(request, 'ajaxtest.html')
5   def studentsinfo(request):
6       stus = Students.objects.all()
7       list = []
8       for stu in stus:
9           list.append([stu.sname, stu.sage])
10      return JsonResponse({"data":list})
```

上述代码中第 2 行引入 JsonResponse 模块,是将查询到的数据以 json 格式响应;第 3~4 行 ajaxstudents() 函数渲染 ajaxtest.html 文件;第 5~10 行将学生信息取出来并以 json 格式响应。

(4) 实现 Ajax 技术。

studentinfo.js

```
1   $(document).ready(function(){
2       $("#btn").click(function(){
3           $.ajax({
4               type:"get",
5               url:"/studentsinfo/",
6               dataType:"json",
7               success:function(data, status){
8                   var d = data["data"]
9                   var user = "<table border='1' cellspacing='0'><tr>";
10                  for(var i = 0; i < d.length;i++){
11                      user += '<td class="center">' + d[i][0] + '</td>';
12                      if (((i + 1) % 5) == 0) {
13                          user += "</tr><tr>";
14                      }
15                  }
16                  user += "</tr></table>"
17                  $('#result').html(user)
18              }
```

```
19            })
20        });
21    });
```

上述代码中第2~20行代码实现Ajax传输学生姓名信息的功能。其中第3~18行是Ajax技术的具体实现,第4~6行设置方式为get,URL为/studentsinfo/,数据的格式为json,第7~17行将数据按照一定格式传输,第17行将最终的数据信息显示在页面中。

(5) 设置URL映射。在urls.py文件中添加以下代码:

```
path('ajaxstudents/', views.ajaxstudents),
path('studentsinfo/', views.studentsinfo),
```

(6) 运行实例7-2,启动服务器并在浏览器中输入http://localhost:8000/ajaxstudents/,结果如图7.29所示。

图7.29 例7-2运行结果

在图7.29中,单击【显示学生姓名信息】按钮,运行结果如图7.30所示。

图7.30 单击【显示学生姓名信息】按钮运行结果

7.2.5 富文本

对于博客以及需要编辑的网站来说,富文本编辑器的使用不仅可以简化操作,而且可以简化开发者的开发。Django中富文本主要用于站点管理和自定义视图两方面,接下来详细讲解在这两方面上富文本编辑器的使用。

在讲解之前,先安装富文本插件(django-tinymce),安装方式与PyCharm中安装插件方式一样,此处不再赘述。

1. 在站点管理中使用

(1) 配置 settings.py 文件，在 INSTALLED_APPS 列表中添加注册 tinymce，直接添加 'tinymce' 即可，并在文件中添加富文本编辑器的默认配置，具体示例如下：

```
TINYMCE_DEFAULT_CONFIG = {
    'theme':'advanced',
    'width':600,
    'height':400,
}
```

(2) 在之前的 Students 模型类中添加以下代码：

```
str = HTMLField()
```

并引入以下包：

```
from tinymce.models import HTMLField
```

(3) 打开站点，单击 Studentss 后的【＋增加】，运行结果如图 7.31 所示。

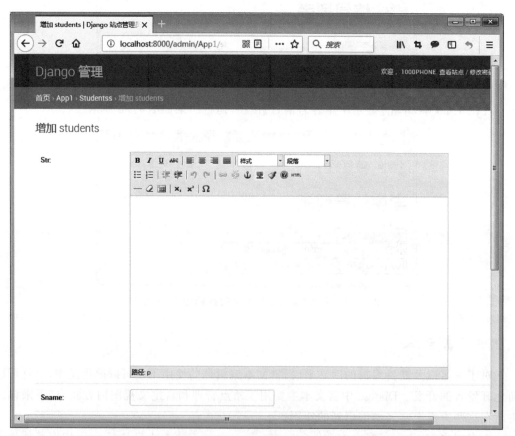

图 7.31　富文本站点使用

注意：确保数据库中 students 表中含有 str 字段。

2. 在自定义视图中使用

（1）编写自定义模板文件 edit.html，具体示例如下：

```html
<!DOCTYPE html>
<html lang="en">
<head>
    <meta charset="UTF-8">
    <title>富文本</title>
    <script type="text/javascript"
            src="/static/tiny_mce/tiny_mce.js"></script>
    <script type="text/javascript">
        tinyMCE.init({
            'mode':'textareas',
            'theme':'advanced',
            'width':600,
            'height':400,
        })
    </script>
</head>
<body>
    <form action="/saveedit/" method="post">
        <textarea name="str">富文本练习</textarea>
        <input type="submit" value="提交"/>
    </form>
</body>
</html>
```

（2）编写 view.py 文件，添加以下代码：

```python
def edit(request):
    return render(request,'edit.html')
```

（3）配置 URL 映射，然后在浏览器输入 localhost:8000/edit/，运行结果如图 7.32 所示。

网站中添加了富文本编辑器，使用者可以直接将数据输入富文本编辑器，单击【提交】按钮，服务器就可以将数据保存，方便了使用者，同样也给开发者提供便利。

7.2.6 Celery

Celery 是一个专注于实时处理和消息（任务）处理调度的分布式任务队列。生活中，在一个新网站注册完成之后通常会被要求激活邮箱，并且不久就会收到一封激活邮箱的邮件；而注册成功与邮件发送两者之间互不影响，即注册成功页面正常显示，邮件也正常发送。上述情形就是使用了 Celery 模块，Celery 模块主要包含以下四部分内容：

- task（任务）：本质是一个 python 函数，将耗时操作封装成一个函数。
- queue（队列）：将需要执行的任务放到队列里。
- worker（工人）：负责执行需要执行的任务。
- broker（代理）：负责调度，在部署环境中一般使用 redis。

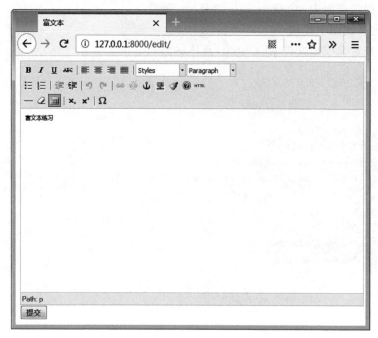

图 7.32 富文本自定义视图使用

本节接下来讲解如何在 Django 中使用 Celery 模块。

Celery 模块的使用一般配合 Redis 数据库使用，因此先启动 Redis（若没安装 Redis 数据库，请先安装），启动成功之后开始讲解 Celery 在 Django 中的使用。

（1）安装 Celery 相应的包：celery、celery-with-redis、django-celery（使用 PyCharm 安装或直接使用 pip 安装均可，本书使用 PyCharm 安装）。

（2）配置 settings.py 文件，在 INSTALLED_APPS 列表中添加 'djcelery'，并编写 Celery 的配置信息，具体示例如下：

```
import djcelery
djcelery.setup_loader()                              # 初始化
BROKER_URL = 'redis://:@127.0.0.1:6379/0'            # 配置 Redis 的主机名和端口号
CELERY_IMPORTS = ('App1.task')                       # 配置执行任务
```

（3）在应用目录下创建 task.py 文件，并编写任务代码，具体示例如下：

```
from celery import task
import time
@task
def qianfeng():
    print('千锋')
    time.sleep(10)
    print('1000phone')
```

上述示例第 1 行从 celery 中引入任务模块；第 2 行引入 time 模块；第 4 行将函数 qianfeng()装饰为任务；第 4~7 行定义 qianfeng()函数，内容为打印"千锋"，10 秒以后打印

"1000phone"。

（4）执行迁移，生成 celery 所需的数据库表，命令为 python manage.py migrate。迁移之后的数据库表如图 7.33 所示。

图 7.33　迁移之后的数据表

（5）在工程目录下的 django2 中创建 celery.py 文件，并编写相关代码，具体示例如下：

```
from __future__ import absolute_import
import os
from celery import Celery
from django.conf import settings
os.environ.setdefault('DJANGO_SETTINGS_MODULE', 'whthas_home.settings')
app = Celery('portal')
app.config_from_object('django.conf:settings')
app.autodiscover_tasks(lambda: settings.INSTALLED_APPS)
@app.task(bind=True)
def debug_task(self):
    print('Request: {0!r}'.format(self.request))
```

上述示例是 celery 模块使用的固定代码，只要使用 celery，就必须编写上述示例；因而在此不做详细介绍。

（6）在工程目录下的 django2 下的 __init__.py 文件中添加以下代码：

```
from .celery import app as celery_app
```

（7）编写视图函数以及模板文件，并配置相关 URL 映射，具体示例如下：

views.py

```
views.py
from .task import qianfeng
```

```
def celery(request):
    qianfeng.delay()    # 添加到celery中执行,不会阻塞
    return render(request, 'celery.html')
```

上述示例编写了celery耗时执行任务的视图函数,第1行引入任务"qianfeng";第2～4行编写celery()函数,将任务添加到celery中执行,如此不会阻塞前端代码的执行,第4行渲染celery.html文件。

celery.html

```
<!DOCTYPE html>
<html lang="en">
<head>
    <meta charset="UTF-8">
    <title>Title</title>
</head>
<body>
    <h1>我是celery页面</h1>
</body>
</html>
```

url映射代码如下:

```
path('celery/', views.celery)
```

(8) 启动redis服务器。
(9) 启动Django项目服务器。
(10) 启动worker(在PyCharm中的【Terminal】启动),命令为python manage.py celery worker --loglevel=info。
(11) 服务启动之后直接在浏览器中输入localhost:8000/celery,浏览器显示结果如图7.34所示,worker显示结果如图7.35所示。

图7.34　浏览器显示结果

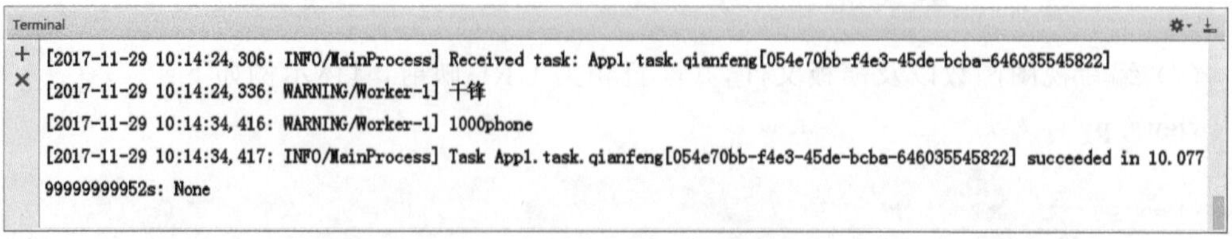

图7.35　worker显示结果

在图 7.35 中,在打印"千锋"之后 10 秒才打印"1000phone",体现了 Celery 处理耗时操作的任务被执行,且达到预期效果。以上是 Django 使用 Celery 处理耗时操作的所有内容。

7.2.7　文件上传

许多网站都会有文件上传功能,例如,各大社交网站都会提供图片上传功能,使用户可以上传所需的图片作为头像;技术网站则会提供代码文件的上传功能,一是方便用户保存代码,二是方便用户分享代码文件。由此可知,文件上传对于一个网站也是非常重要的。Django 中可以很方便地完成文件上传,接下来以一个实例来讲解 Django 中文件上传功能。

【例 7-3】

(1) 创建 Django 项目 uploadphoto,并创建应用名为 App。

(2) 在项目中创建 static 文件夹,并在 static 文件夹下新建 uploadfiles 文件夹,用于存储上传的文件。

(3) 在项目中的 settings.py 文件中添加以下代码:

```
# static 的文件位置
STATICFILES_DIR = [
    os.path.join(BASE_DIR,'static'),
]
# 上传文件的存储位置
MEDIA_ROOT = os.path.join(BASE_DIR,r'static/uploadfiles')
```

并在 TEMPLATES 列表中添加以下代码:

```
# 配置 templates 的位置
'DIRS': [os.path.join(BASE_DIR, 'templates')],
```

(4) 创建并编写 Upload.html 文件。

Upload.html

```
1    <!DOCTYPE html>
2    <html lang="en">
3    <head>
4        <meta charset="UTF-8">
5        <title>图片上传</title>
6    </head>
7    <body>
8    <form action="{% url 'doupload' %}"
9          method="post" enctype="multipart/form-data">
10       {% csrf_token %}
11       <span>文件:</span><input type="file" name="icon">
12       <br>
13       <input type="submit" value="上传">
14   </form>
15   </body>
16   </html>
```

上述代码是上传文件的前端页面,其中第 8 行使用了 url 的反向解析,将表单提交到后台 doupload()视图函数中。

(5) 编写后台视图函数(view.py)。

```
1    import os
2    from django.http import HttpResponse
3    from django.shortcuts import render
4    from uploadphoto import settings
5    # Create your views here.
6
7    def upload(request):
8        return render(request, 'Upload.html')
9
10   def doupload(request):
11       # 接收文件并进行存储
12       # 接收客户端传来的文件
13       user_icon = request.FILES['icon']
14       # 做好存储文件
15       storage_icon = os.path.join(settings.MEDIA_ROOT,user_icon.name)
16       # 打开存储文件
17       with open(storage_icon, 'wb') as storage:
18           # 将接收到文件分块写入存储文件
19           for part in user_icon.chunks():
20               storage.write(part)
21               storage.flush()
22       return HttpResponse("文件上传成功")
```

上述代码实现图片上传及存储的视图函数,其中第 7~8 行是渲染上传文件的前端页面,第 10~22 行是处理上传文件的视图函数,第 13 行是接收客户端传来的文件,第 15 行是设置文件存储位置和存储前准备,第 17~21 行是将文件分块写入存储文件中。

(6) 使用分布式 URL 配置,在项目中 urls.py 文件中添加以下代码。

```
1    from django.contrib import admin
2    from django.urls import path, include
3
4    urlpatterns = [
5        path('admin/', admin.site.urls),
6        path('app/', include('APP.urls')),
7    ]
```

然后在 App 中创建 urls.py 文件,并在文件内编写以下代码。

```
1    from django.urls import path
2    from APP import views
3
4    urlpatterns = [
5        path('upload/',views.upload, name = "upload"),
6        path('doupload/',views.doupload, name = "doupload"),
7    ]
```

运行项目,并在浏览器中输入 http://127.0.0.1:8000/app/upload/,结果如图 7.36 所示。

图 7.36　例 7-3 运行结果

在图 7.36 中,单击【浏览】按钮,选择所需上传的文件,显示结果如图 7.37 所示。

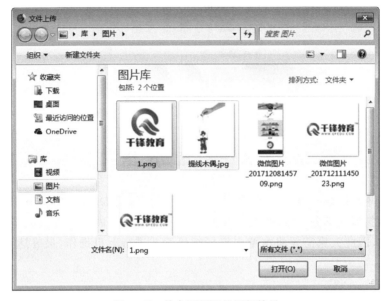

图 7.37　单击【浏览】的运行结果

选中需上传的文件,单击如图 7.37 所示界面中的【打开】按钮,显示结果如图 7.38 所示。

图 7.38　单击【打开】的显示结果

选择好文件之后单击如图 7.38 所示界面中的【上传】按钮,显示结果如图 7.39 所示。
上传成功之后在项目中查看文件是否上传,如图 7.40 所示,图片文件 1.png 上传成功。

图 7.39　上传成功显示结果

图 7.40　项目中文件上传结果

7.3　本章小结

本章主要讲解 Django 中的一些高级操作及扩展，包括 Django 的 Admin 站点管理和 Django 的高级扩展两部分内容，在实际开发中使用这两部分内容可以大大节省开发时间，提高开发效率，因此大家需要将本章内容仔细研读并进行上机操作，最终达到信手拈来的效果。

7.4　习　　题

1．填空题

（1）创建 Admin 账户的命令是_____。

（2）若是想将 Admin 页面中文显示，则 LANGUAGE_CODE 设置成_____，并将 TIME_ZONE 设置成_____即可。

（3）Admin 数据显示页面的 4 个属性分别是_____、_____、_____、_____。

（4）数据增加、修改页可以通过_____、_____两个属性来控制。

（5）本章共讲解了_____种 Django 高级扩展。

2．选择题

（1）下列不属于中间件包含的函数是（　　）。

　　A．process_request()　　　　　　　　B．process_on()

　　C．process_exception()　　　　　　　D．process_view()

（2）分页时，获得分页总页数的方法或属性是（　　）。

　　A．count　　　B．page(number)　　　C．page_range　　　D．num_pages

（3）分页内容中判断是否存在下一页的函数或属性是（　　）。

　　　A. has_next() 　　　　　　　　　　B. next_page_number()

　　　C. has_previous() 　　　　　　　　D. next_page_number()

（4）下列选项中不属于 Ajax 包含内容的是（　　）。

　　　A. type 　　　　B. dataType 　　　C. url 　　　D. json

（5）下列不属于 Django 扩展的是（　　）。

　　　A. Celery 　　　B. Flask-Script 　　C. 富文本 　　D. Ajax

3. 思考题

（1）简述 Admin 站点。

（2）简述 Ajax 技术。

4. 练习题

练习 Django Admin 的使用。

第 8 章　Flask——快速建站

本章学习目标
- 掌握 Flask 的安装及使用
- 掌握 URL 的配置与生成
- 了解 Jinja2 模板
- 了解 SQLAlchemy 的安装与使用
- 了解 WTForm 表单

目前在各大技术类网站（如 github、stackoverflow）中讨论和询问度都排在前面的 Python web 框架是 Django 和 Flask，如图 8.1～图 8.2 所示。前两章已经介绍了 Django，接下来将学习 Flask 框架。

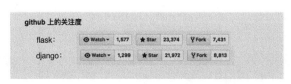

图 8.1　github 上的关注度

图 8.2　stack overflow 上的关注度

8.1　Flask 概述

在学习使用 Flask 框架前，首先需要了解该框架的基础知识和安装方法，为后面的学习打下基础。

8.1.1　Flask 简介

Flask 是由 Armin Ronacher 使用 Python 编写完成的，它是一个轻量级的 Web 框架，其中使用的 WSGI（详见第 6.5 节"请求与响应"）工具箱是 Werkzeug，模板引擎是 Jinja2。Flask 简单易学，自带开发服务器、集成单元测试、调试器，而且建站速度非常快。

Werkzeug 是 Python 的 WSGI 规范实用函数库，基于 BSD 协议，在开发过程中使用十分广泛。主要有以下一些功能特性：

- HTTP 头解析与封装。
- 易于使用的 request 和 response 对象。
- 基于浏览器的交互式 JavaScript 调试器。
- 与 WSGI 1.0 规范 100％兼容。
- 支持 Unicode。
- 支持基本的会话管理及签名 Cookie。
- 支持 URI 和 IRI 的 Unicode 使用工具。
- 内置支持兼容各种浏览器和 WSGI 服务器的实用工具。
- 集成 URL 请求路由系统。

Jinja2 是基于 Python 的模板引擎，应用非常广泛，就如同 PHP 中的 Smarty，J2EE 当中的 Freemarker 和 velocity，如果大家对以上两者有所了解，理解起来会相对容易。Jinja2 主要有以下特性：

- 具有集成的沙箱执行环境。
- 具有强大的 HTML 自动转义系统，有效阻止跨站脚本攻击。
- 执行效率高效。
- 编译模式可选。
- 模板继承机制。
- 标准的调试系统。
- 对于 Jinja2 的语法可重新配置，以适应不同的输出。

注意：在使用 Flask 0.10.1 版本进行开发时，一定要安装 Python3.3 及以上版本，Flask 0.10.1 不支持 Python3.2 及更旧的版本。

8.1.2　Flask 安装

由于本书使用的是 PyCharm，其中集成包含了 Flask 框架，因此 Flask 的安装与 Django 大同小异。

单击【Create New Project】用来创建新项目，如图 8.3 所示。

图 8.3　PyCharm 首页

单击左侧导航栏中的 Flask，然后在右侧的 Location 中输入所建项目的地址及名称，在 Interpreter 中选择 Python 解释器，此处选择的是虚拟环境 V_D2，最后单击 Create 即可建成项目 flask1，如图 8.4 所示。

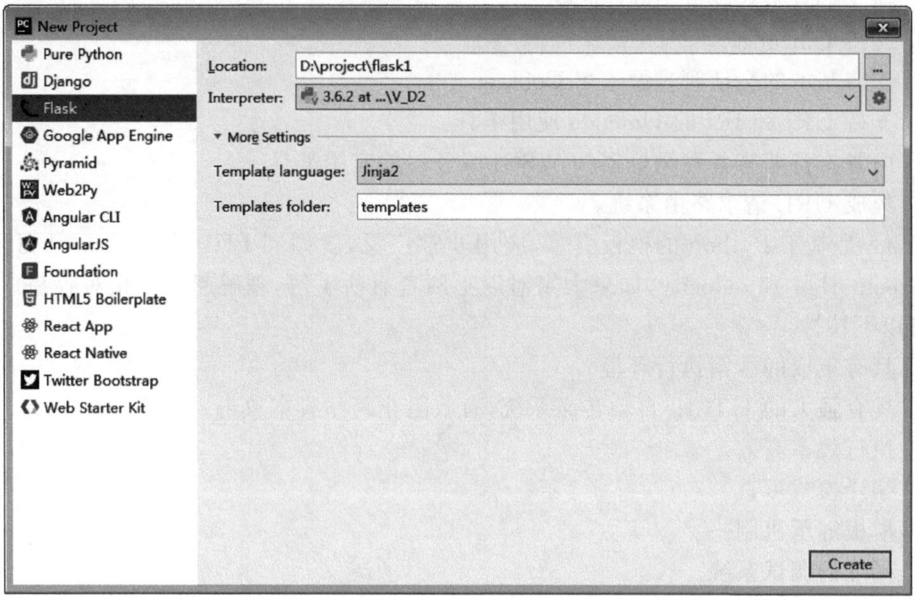

图 8.4　创建项目 flask1

创建完成如图 8.5 所示。

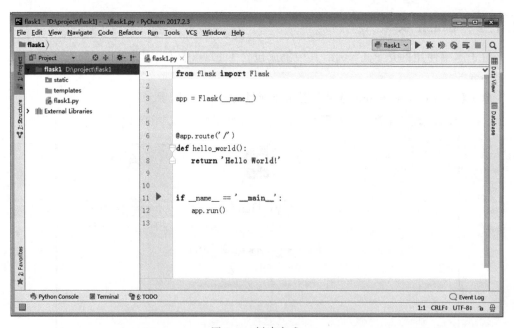

图 8.5　创建完成

8.1.3　Flask 实现第一行代码

在创建好 flask1 项目后，接下来讲解如何使用 Flask。第一行代码是输出"Hello World!"，但是在 Flask 中有一个项目名称加上.py 的文件，里面就包含输出"Hello World!"的代码，具体示例如下：

```python
from flask import Flask
app = Flask(__name__)
@app.route('/')
def hello_world():
    return 'Hello World!'
if __name__ == '__main__':
    app.run()
```

以上代码主要内容有：
- 导入 Flask 类。
- 创建 Flask 类的实例，第一个参数是应用模块或者包的名称。__name__ 为单一模块，若是有模块导入则不同。(即"__name__"的值为"__main__"或实际导入模块名称)，Flask 通过这个名称的不同来判断模板和所需文件的位置。
- 使用 route()装饰器告知 Flask 能触发函数的 URL，即绑定 URL。
- hello_world()的函数名在生成 URL 时被特定的函数采用，返回的内容显示在用户浏览器中。
- 用 run()函数来运行应用。其中 if __name__ == '__main__'确保服务器只会在该脚本被 Python 解释器直接执行的时候才会运行，而不是作为模块导入的时候。

注意：app.run()会一直运行，因此不要在它之后写任何代码。

接下来运行上述示例，如图 8.6 所示。

图 8.6　运行 flask1.py 结果图

然后在浏览器中输入 http://127.0.0.1:5000/，结果如图 8.7 所示。

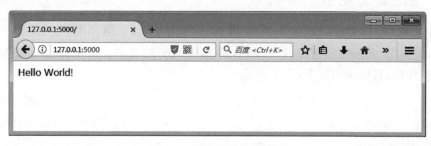

图 8.7　浏览器运行结果图

至此，Flask 的安装、概述和初步使用讲解完成，接下来的章节是对 Flask 使用及其他知识进行详细的讲解。

8.2　路　由　详　解

随着互联网的发展，现代 Web 应用的 URL 都十分的优雅，易于辨识记忆。若直接将某一部分的内容绑定为特定的 URL，在访问网站时就会显示所需页面，而不是索引页，Flask 的路由设置就能实现此功能。本节接下来讲解路由 URL 设置。

8.2.1　一般路由

Flask 中 route() 装饰器将定义的函数绑定到对应的 URL 上。一般路由的绑定如例 8-1 所示。

【例 8-1】　一般路由

```
1    @app.route('/')
2    def index():
3        return 'Index Page'
4    @app.route('/hello')
5    def hello():
6        return 'Hello World'
```

在例 8-1 中有两个函数分别是 index()、hello()。对应的 URL 分别为 http://127.0.0.1:5000/、http://127.0.0.1:5000/hello。

8.2.2　带参数的路由

在上一小节中讲解了一般路由的配置以及绑定，接下来将讲解复杂的路由即带参数的路由配置。

1. 在路径中添加变量参数

在日常生活中 URL 不会是一成不变的，比如用户在登录某个网站时，会发现 URL 上会有一些变动，会出现一些变量的名称，而且这些变量的值会随着填入值的变化而变化，如例 8-2 所示。

【例 8-2】 在路径中添加变量参数

```
1   @app.route('/welcome/<username>')
2   def welcome(username):
3       return 'Hello %s!' % username
```

在使用 route()函数进行绑定时可以通过<variable_name>的方式添加变量,如例 8-2 中<username>,并应用在被映射的函数中。例 8-2 运行结果如图 8.8~图 8.9 所示。

图 8.8　username 为 python

图 8.9　username 为千锋

2. 指定变量的类型

在声明变量时,若不想使用默认类型,可以指定变量的类型,如例 8-3 所示。

【例 8-3】 指定变量的类型

```
1   @app.route('/add/<int:num>')
2   def add(num):
3       num = num + 1
4       return 'The result is %d' % num
```

例 8-3 运行之后在浏览器中显示结果如图 8.10 所示。

图 8.10　浏览器中 num 为 5 的运行结果

注意:
- 不指定变量类型则默认为 path 类型。
- Flask 中允许三种类型的变量映射,分别是 int、float、path 三种。

3. 路径最后分隔符有无的区别

在 URL 中都会出现"/"的分隔符，"/"在不同的位置所代表的内容是不相同的，如在开头则是一个绝对路径，在中间则是做隔离路径的层级，在末尾有两种情况，一种是有"/"，另一种是没有"/"，这两种情况还是存在较大的差别的，如例 8-4 所示。

【例 8-4】 路径最后分隔符有无的区别

```
1   @app.route('/1000phone/')
2   def show_1000phone():
3       return 'This is 1000phone!'
4   @app.route('/qianfeng')
5   def show_qianfeng():
6       return '这是千锋！'
```

在浏览器中输入相关 url 即可查看路径最后分隔符有无的区别，如图 8.11～图 8.14 所示。

图 8.11　1000phone 最后加"/"

图 8.12　1000phone 最后不加"/"

图 8.13　qianfeng 最后不加"/"

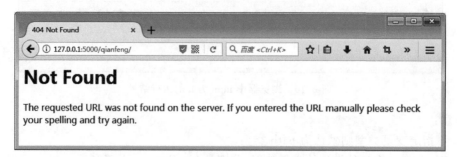

图 8.14　qianfeng 最后加"/"

在图 8.11~图 8.14 中,有"/"作为结尾的路径在访问时不管最后加不加"/"都可以访问到相应的内容,但是没有"/"作为结尾的路径在访问时不加"/"可以正常访问相应的内容,而加了"/"则访问不到相应的内容,以上就是两者的区别。

8.2.3 HTTP 访问方式

HTTP(超文本传输协议)有许多不同的访问 URL 的方法。在 Flask 中,路由默认只回应 GET 请求,但通过 route()装饰器中 methods 参数可以改变这个行为,具体示例如下:

```
@app.route('/login', methods = ['GET', 'POST'])
def login():
    if request.method == 'POST':   # 从 flask 导入 request
        return "POST 方法,因此登录"
    else:
        return "这是 GET 方法,因此显示登录界面"
```

上述示例中,通过 methods 参数声明了两种访问方式:GET 和 POST,不管在客户端以何种方式请求"/login"都会映射到 login()函数,在函数中通过 request.method 属性来获取此次 HTTP 请求的方式。上述示例是将两种访问方式都映射到同一个函数中,当然为了灵活地运用 URL 与访问方法以及被映射函数的关系,Flask 还可以通过把不同的访问方式赋予相同的 URL,但映射不同的函数,具体示例如下:

```
@app.route('/login', methods = ['POST'])
def do_the_login():
    print("POST 方法")
@app.route('/login', methods = ['GET'])
def show_the_login_form():
    print("GET 方法")
```

上述示例通过访问方式的不同将"/login"这个 URL 映射到不同的函数中。

由于在 HTTP 中不同访问方式之间存在联系,因此在 Flask 中定义了两组隐式的规则。

- 当 route 装饰器中 GET 方式被指定,那么 HEAD 方式会自动加入该装饰器中。
- 在 Flask 0.6 版本以后,当 route 装饰器中任何方式被指定,都会将 OPTIONS 方式加入该装饰器中。

在 HTTP 中有一些非常常见的访问方式,如表 8.1 所示。

表 8.1 HTTP 常见访问方式

方式名称	作　　用
GET	只获取页面上的信息并发给浏览器。这是最常用的方法
HEAD	欲获取信息,但是只关心消息头。应用应像处理 GET 请求一样处理它,但是不分发实际内容。在 Flask 中无须人工干预,底层的 Werkzeug 库已经将这些完成
POST	在 URL 上发布新信息,并且服务器必须确保数据已存储且仅存储一次。这是 HTML 表单通常发送数据到服务器的方法

续表

方式名称	作用
PUT	类似POST但是服务器可能触发了存储过程多次,多次覆盖掉旧值,防止传输过程中数据的丢失
DELETE	删除给定位置的信息
OPTIONS	给客户端提供一个敏捷的途径来弄清这个URL支持的HTTP方法。从Flask 0.6开始,实现了自动处理

8.2.4 生成URL

在上面章节的学习中可知Flask可以匹配URL,但有的时候,需要通过函数的名称来获得与其绑定的URL,即反向生成URL。在Flask中可以通过url_for()函数来实现这个功能,如例8-5所示。

【例8-5】 url_for()的使用

```
1    from flask import Flask, url_for
2    app = Flask(__name__)
3    @app.route('/')
4    def index(): pass
5    @app.route('/login')
6    def login(): pass
7    @app.route('/user/<username>')
8    def profile(username): pass
9    #告知解析器在其作用域内模拟一个HTTP请求上下文。
10   #HTTP请求上下文是调用url_for的必须环境
11   with app.test_request_context():
12       print (url_for('index'))
13       print (url_for('login'))
14       print (url_for('login', next = '/'))
15       print (url_for('profile', username = 'John Doe'))
```

输出结果如图8.15所示。

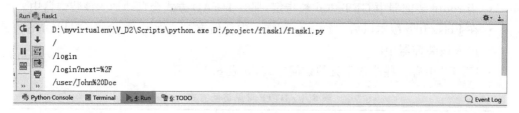

图8.15 输出结果

在程序中使用url_for()生成URL的原因有以下几点:

- 反向解析比硬编码的可读性以及可维护性都更好,当需修改路由函数中的URL地址时,不需要去更改和调用url_for处的代码。
- URL构建生成时会自动将特殊字符和Unicode数据转义,省去很多麻烦。

8.3　Jinja2 模板

在本章的第一小节中，对 Jinja2 模板引擎进行了简单的讲解，本书使用的是 PyCharm，其中在创建 Flask 项目时就会自动包含 Jinja2 模板，因此不需要额外安装。接下来本节讲解 Jinja2 模板引擎。

8.3.1　初识 Jinja2

若大家在此之前有接触过其他的基于文本的模板语言，比如 Smarty 或者本书第 6 章所讲解的 Django，那么 Jinja2 会让大家有眼前一亮的感觉。接下来先用一个简单的实例来了解 Jinja2 模板引擎，如例 8-6 所示。

【例 8-6】　首先在项目中的 templates 文件夹下创建两个模板文件，分别为 index.html、user.html，在两个文件中分别编写以下内容。

index.html：

```
1   <!DOCTYPE html>
2   <html lang="en">
3   <head>
4       <meta charset="UTF-8">
5       <title>Index</title>
6   </head>
7   <body>
8       <h1>Hello World!</h1>
9   </body>
10  </html>
```

user.html：

```
1   <!DOCTYPE html>
2   <html lang="en">
3   <head>
4       <meta charset="UTF-8">
5       <title>User</title>
6   </head>
7   <body>
8       <h1>Hello, {{ name }}!</h1>
9   </body>
10  </html>
```

然后再修改 flask1.py 中的内容，代码如下。

flask1.py：

```
1   from flask import Flask, render_template
2   app = Flask(__name__)
```

```
3      @app.route('/')
4      def index():
5          return render_template('index.html')
6      @app.route('/user/<name>')
7      def user(name):
8          return render_template('user.html', name=name)
9      if __name__ == '__main__':
10         app.run()
```

在例 8-6 中，Flask 在程序项目下的 templates 子文件夹中寻找模板，然后通过 Flask 提供的 render_template()函数把 Jinja2 模板引擎集成到程序中(render_template()函数的第一个参数是模板的文件名，其他的参数都是键值对，表示模板中变量对应的真实值)，最终将模板内容渲染出来。渲染显示结果如图 8.16～图 8.17 所示。

图 8.16　index 模板渲染结果

在浏览器中输入 http://127.0.0.1:5000/user/1000phone，渲染显示结果如图 8.17 所示。

图 8.17　user 模板渲染结果

8.3.2　Jinja2 基础语法

从第一小节的内容中可以发现使用 Jinja2 开发网站事半功倍，因为它将分离的模板和渲染两部分内容进行结合，最终达成所需效果。接下来开始讲解 Jinja2 的一些基础语法知识。

Jinja2 模板主要由普通内容、变量、表达式、标签和注释五部分内容组成，其中五部分内容的具体含义如下：

- 普通内容：无特殊意义的内容，模板渲染时不进行解释。
- 变量：在模板渲染时会被传入的真实值替换。
- 表达式：对变量进行算术或逻辑操作。
- 标签：用于在模板渲染时进行逻辑控制。

- 注释：模板渲染时删除的内容（即不显示的内容）。

下面通过一个示例来对Jinja2的基础语法进行讲解，具体示例如下：

```html
<!DOCTYPE html>
<html lang="en">
<head>
    <meta charset="UTF-8">
    <title>Jinja2 基础语法</title>
</head>
<body>
<ul id="navigation">
    {% for item in navigation %}
        <li><a href="{{ item.href }}">{{ item.caption }}</a></li>
    {% endfor %}
</ul>
{{ a_variable }}
{{ user.name }}
{{ user['name'] }}
{# a comment #}
</body>
</html>
```

上述示例是一个模板示例，其中大多数的HTML标签（如<head><body><li>等）都是普通内容，模板渲染的时候不进行解释，还有一些用特殊格式定义的内容，如下所述：

- {{…}}：装载变量或者是表达式，模板渲染的时候，会将同名参数的真实值与这个变量替换。如本例中的item(item.href、item.caption)、a_variable、user.name、user['name']等等。
- {%…%}：装载控制语句。本例中声明了一个根据navigation变量元素进行迭代的循环体，使用for语句进行控制。
- {#…#}：装载注释内容。本例中注释内容为"a comment"，这一部分的内容不会出现在渲染结果中，在渲染过程中会将此处内容删除。

调用该模板与例8-6大同小异，使用render_template()函数进行传值渲染，具体示例如下：

```python
@app.route('/')
def index():
    return render_template(
        'test.html',
        a_variable = '1000phone',
        user = {'name':'1000phone', 'age':10},
        navigation = [{'href':'http://www.1000phone.com/',
                       'caption':'1000phone'},
                      {'href': 'http://www.mobiletrain.org',
                       'caption': 'mobiletrain'},
                      {'href':'http://www.codingke.com',
                       'caption':'codingke'},
```

```
                    {'href':'http://www.goodprogrammer.org',
                     'caption':'programmer'},
                    {'href':'http://bbs.mobiletrain.org',
                     'caption':'bbs'}])
```

模板渲染之后的 HTML 如下：

```
<!DOCTYPE html>
<html lang="en">
<head>
    <meta charset="UTF-8">
    <title>Jinja2 基础语法</title>
</head>
<body>
<ul id="navigation">
        <li><a href="http://www.1000phone.com/">1000phone</a></li>
        <li><a href="http://www.mobiletrain.org">mobiletrain</a></li>
        <li><a href="http://www.codingke.com">codingke</a></li>
        <li><a href="http://www.goodprogrammer.org">programmer</a></li>
        <li><a href="http://bbs.mobiletrain.org">bbs</a></li>
</ul>
1000phone
1000phone
1000phone
</body>
</html>
```

8.3.3 控制结构

上一节内容展示控制结构中的 for 循环，除此之外，控制结构还包括很多其他结构。本节内容主要是对 Jinja2 模板中的控制结构进行讲解。

1. 选择（判断）

选择控制结构与 Python 中类似，没有多大差别，此处不再赘述，在下一个内容循环结构的案例中加以应用。

2. 循环

循环在上一小节中已经有所了解，接下来讲解循环当中需要注意的一些知识点。模板中循环与 Python 中不同，不能使用 break 或 continue 来进行控制循环，但可以通过一些特殊的变量来控制循环，具体如表 8.2 所示。

表 8.2　循环的特殊变量

变量名称	作用描述
loop.index	当前迭代的次数（从 1 开始）
loop.index()	当前迭代的次数（从 0 开始）
loop.revindex	到循环结束需要迭代的次数（从 1 开始）
loop.revindex()	到循环结束需要迭代的次数（从 0 开始）

变量名称	作用描述
loop.first	如果是第一次迭代则为 True
loop.last	如果是最后一次迭代则为 True
loop.length	序列中的项目数量
loop.cycle	在一串序列间取值的辅助函数

具体示例如下：

```
<ul id = "navigation">
    {% for item in navigation %}
        {% if not loop.first %}
            <li><a href = "{{ item.href }}">{{ item.caption }}</a></li>
        {% endif %}
    {% endfor %}
</ul>
```

将上节中的内容修改为上述示例，其中使用了 loop.first 这个特殊变量使得循环不显示第一个值。上述示例使用了{%if%}和{%endif%}来对循环的结果进行判断选择，也就是上一部分知识点的内容，渲染之后的 HTML 如下：

```
<!DOCTYPE html>
<html lang = "en">
<head>
    <meta charset = "UTF - 8">
    <title>Jinja2 基础语法</title>
</head>
<body>
<ul id = "navigation">
        <li><a href = "http://www.mobiletrain.org">mobiletrain</a></li>
        <li><a href = "http://www.codingke.com">codingke</a></li>
        <li><a href = "http://www.goodprogrammer.org">programmer</a></li>
        <li><a href = "http://bbs.mobiletrain.org">bbs</a></li>
</ul>
1000phone
1000phone
1000phone
</body>
</html>
```

从渲染后的 HTML 中可以看到，navigation 中的第一条数据并没有渲染出来，即<li><a href="http://www.1000phone.com/">1000phone</a></li>这一条内容，因此在模板中可以通过这些特殊变量来控制循环。

3. 测试

在 Jinja2 模板引擎的术语中，测试（Test）是根据变量或表达式的值生成布尔结果的一种函数工具，使用时需要在变量或表达式后加"is"和测试名称，具体示例如下：

```
{{ user is defined }}
```

在实际编程开发过程中会遇到许多需要测试的变量以及表达式,而且这些测试在循环和判断控制语句中起关键性作用,因此大家需要熟练掌握一些常用的测试函数,如表 8.3 所示。

表 8.3 常用的测试函数

函 数 名 称	作 用 描 述
callable(object)	测试对象是否可调用。注:类是可调用的
defined(value)	变量定义了则返回 True,反之 False
divisibleby(value, num)	检查变量是否可被 num 整除
escaped(value)	检查值是否被转义
even(value)	若变量为偶数,则返回 True,反之为 False
iterable(value)	检查对象是否可迭代
lower(value)	若变量均为小写,则返回 True,反之为 False
mapping(value)	若对象是映射(dict 等),则返回 True,反之为 False
none(value)	检查变量是否为空
number(value)	检查变量是否为数字
odd(value)	若变量为奇数,则返回 True,反之为 False
sameas(value, other)	检查对象是否指向与 other 对象相同的内存地址
sequence(value)	检查变量是否是序列,注:序列同样是可迭代对象
string(value)	检查变量是否为字符串
undefined(value)	检查变量是否未定义
upper(value)	若变量均为大写,则返回 True,反之为 False

4. 宏

Jinja2 模板还支持宏(macro),宏其实类似于 Python 中的函数,宏的使用具体示例如下:

宏的定义:

```
{% macro render_comment(comment) %}
    <li>{{ comment }}</li>
{% endmacro %}
```

宏的使用:

```
<ul>
    {% for comment in comments %}
        {{ render_comment(comment) }}
    {% endfor %}
</ul>
```

为了方便宏的重复使用,可以将宏定义在一个单独的文件中,使用时直接在代码中引用,具体示例如下:

```
{% import 'macro.html' as macros %}
<ul>
    {% for comment in comments %}
        {{ macros.render_comment(comment) }}
    {% endfor %}
</ul>
```

8.3.4 过滤器

在 Django 的学习中讲解了过滤器的相关知识,在 Jinja2 模板中也有过滤器,主要作用与 Django 中大同小异,而且 Jinja2 不仅有内置的过滤器,还可以自定义过滤器,接下来讲解 Jinja2 中的内置过滤器,具体如表 8.4 所示。

表 8.4 Jinja2 内置过滤器

过滤器名称	作用描述
abs(number)	转换成绝对值形式
attr(obj,name)	获取变量的指定属性
capitalize(s)	首字母大写,其余小写
center(value,width=80)	使字符串居中显示在 80 长度中,其余空格补齐
default(value,default_value=u'',boolean=False)	返回 value 指定变量的值,默认为 default_value 的值。若在 value 指定为 False 也想使用,将 boolean 改为 True
dictsort(value,case_sensitive=False,by='key')	对变量(键值对)进行排序,case_sensitive 表示是否立即加载,最后通过 by 来依据 value 还是 key 排序
escape(s)	将 HTML 中特殊字符转换为 HTML 表达式
filesizeformat(value,binary=False)	将数值转换为易读形式,如 100KB、5.4MB 等
first(seq)	返回序列的第一个元素
float(value,default=0.0)	转换为浮点型,若失败则返回默认值
forceescape(value)	进行强制 HTML 转码
format(value,*args,**kwargs)	字符串格式化
groupby(value,attribute)	按公共属性进行分组,返回分组后的列表(元组组成)
indent(s,width=4,indentfirst=False)	将字符串每行缩进 width 个字符,indentfirst 规定首行是否缩进
int(value,default=0)	转换成整型
join(value,d=u'',attribute=None)	返回连接 d 之后的字符串
last(seq)	返回序列的最后一个元素
length(object)	返回序列或字典的项数
list(value)	转换成 list
lower(s)	转换成小写字母
random(seq)	返回序列中随机的一个元素
replace(s,old,new,count=None)	将 old 替换成 new,从左至右替换 count 次,默认一次

续表

过滤器名称	作用描述
reverse（value）	翻转可迭代对象
round（value，precision=0，method='common'）	舍去运算，method 分别可取值 'common'、'ceil'、'floor'，分别为四舍五入、进位、舍去。precision 为精度
safe（value）	标记 value 是安全的
slice（value，slices，fill_with=None）	切片
sort（value，reverse=False，case_sensitive=False，attribute=None）	对可迭代对象进行排序，默认升序、大小写不敏感
string（object）	转换为字符串
striptags（value）	去除 SGML、XML 标签
sum（iterable，attribute=None，start=0）	对可迭代变量进行求和
title（s）	将字符串转换为标题形式显示
trim（value）	去除字符串前导和续尾空格
truncate（s,length=255,killwords=False,end='...'）	将字符串转换为简略形式，length 为截取长度，end 为简略后缀，通过 killWords 保持单词完整性
upper（s）	将字符串转换为大写字母
wordcount（s）	计算字符串中单词个数
wordwrap（s，width=79，break_long_words=True，wrapstring=None）	将字符串按参数的值进行分行处理

8.3.5 模板继承

对于一个网站来说，会有不同的显示页面，但是这些页面中存在许多相同内容，比如页头、导航栏、页尾等等。这些相同的部分都可以使用 Jinja2 中的模板继承来完成，即将这些相同部分内容集中编写到一个"基模板"中，然后在不同的页面中继承"基模板"，从而导入其内容，最终达到公共内容集中而且易于修改的目的。

在第 6 章的模板部分内容有对于模板继承的详细讲解，此处不再赘述。

8.4 SQLAlchemy

SQLAlchemy 是 Python 编程语言下的一款开源软件，提供了 SQL 工具包及对象关系映射（ORM）工具，而且是 Python 中最有名 ORM 框架。它主要是为高效和高性能的数据库访问设计，实现了完整的企业级持久模型。其理念是 SQL 数据库的量级和性能重要于对象集合，而对象集合的抽象又重要于表和行。

8.4.1 SQLAlchemy 安装

首先需要安装 SQLAlchemy 库，因此接下来先学习如何在 PyCharm 中安装 SQLAlchemy 库。

在 PyCharm 中单击 File，然后再单击 settings，如图 8.18 所示。

单击 Project：flask1（此处 flask1 是项目名称），再单击 Project Interpreter，如图 8.19 所示。

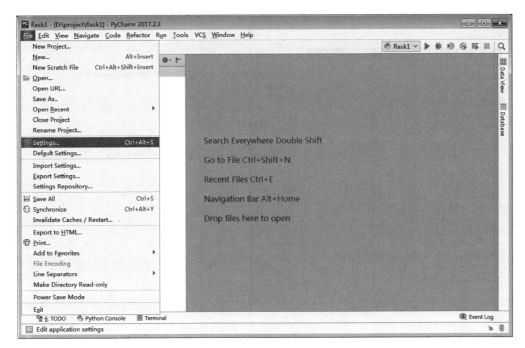

图 8.18　File 界面

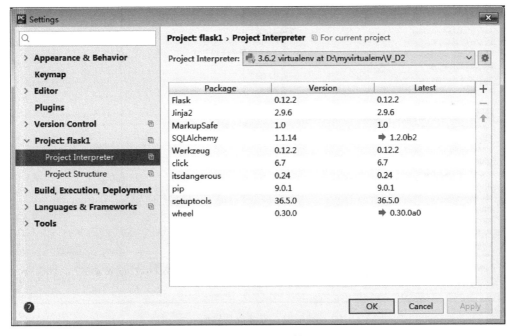

图 8.19　settings 界面

在图 8.19 中,单击右侧绿色的【+】,然后在搜索框中输入 SQLAlchemy,找到 SQLAlchemy 并选中,之后直接单击 Install Package 即可安装,如图 8.20 所示。

SQLAlchemy 安装成功,如图 8.21 所示。

安装 SQLAlchemy 成功之后,就可以在项目中导入并使用这个库了。

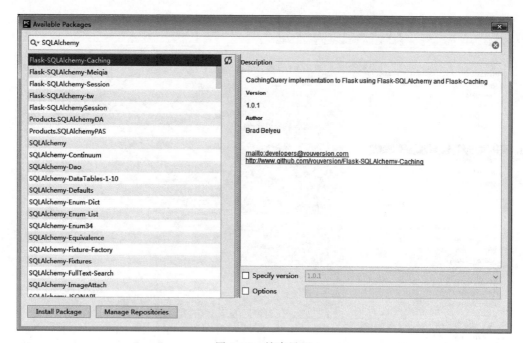

图 8.20 搜索界面

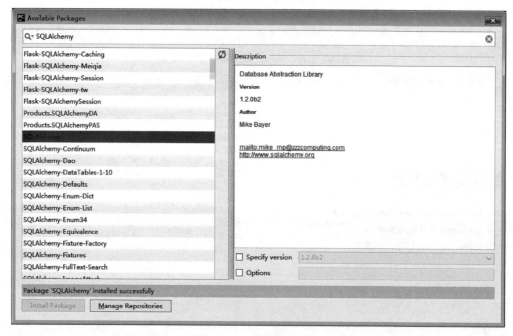

图 8.21 安装成功界面

使用 SQLAlchemy 有四种方法，分别是 Flask-SQLAlchemy 扩展、显示调用、手动实现 ORM、SQL 抽象层。由于本章主要是使用 Flask 框架，因此建议使用第一种方法。

Flask-SQLAlchemy 扩展包中包含了 SQLAlchemy，因此安装 Flask-SQLAlchemy 扩展（安装方式如 SQLAlchemy 安装）就可以使用 SQLAlchemy 库了。使用时直接导入即可，具体示例如下：

```
from flask import Flask
from flask_sqlalchemy import SQLAlchemy
```

8.4.2 SQLAlchemy 的初使用

安装了扩展包之后接下来讲解如何使用 SQLAlchemy，本节以一个案例来讲解 SQLAlchemy 的使用，如例 8-7 所示。

【例 8-7】 SQLAlchemy 的使用

1. 创建 SQLAlchemy 配置文件

配置文件名为 database.py，配置文件代码如下。

```
1    from flask import Flask
2    from flask_sqlalchemy import SQLAlchemy
3    import os
4    basedir = os.path.abspath(os.path.dirname(__file__))
5    app = Flask(__name__)
6    app.config['SQLALCHEMY_DATABASE_URI'] = \
7        'sqlite:///' + os.path.join(basedir, 'test.db')
8    app.config['SQLALCHEMY_TRACK_MODIFICATIONS'] = False
9    db = SQLAlchemy(app)
10   def db_init():
11       db.create_all()
```

配置文件中前 3 行都是导入内容，第 1 行是导入 flask 的核心类 Flask，第 2 行是从 flask_sqlalchemy 扩展包中导入 SQLAlchemy，第 3 行导入 os 库为了方便定位。从第 4 到第 8 行是配置信息，第 4 行是将当前文件传入 dirname() 函数中，获取当前文件所在路径，abspath() 函数获取该文件所在的绝对路径，以便在配置数据库的路径时使用；第 6、7、8 行中 SQLALCHEMY_DATABASE_URI：用于连接数据库，更多主流数据库的连接方式如表 8.5 所示。SQLALCHEMY_TRACK_MODIFICATIONS：若设置成 True（默认情况），Flask-SQLAlchemy 将会追踪对象的修改并且发送信号，这需要额外的内存，如果非必要时可以禁用它；若不显式地调用它，在最新版的运行环境下，会显示警告。第 9 行是 SQLAlchemy() 函数，将刚刚创建的 Flask 框架与工程所需要使用的数据库绑定到一起，以便实现工程与数据库连接，实现数据操作。最后两行就是手动创建函数，以便初始化数据库，以上是整个配置文件内容。

表 8.5 SQLAlchemy 对主流数据库的连接字符串

数 据 库	连接字符串
MySQL	mysql://username:password@hostname/database
Postgre	postgresql://username:password@hostname/database
SQLite	sqlite:////absolute/path/to/database
Oracle	oracle://username:password@hostname/database
Microsoft SQLServer	mssql+pymssql://username:password@hostname/database

2. 创建映射表

对于一个数据库，其中最主要的就是数据，而数据都放在数据表中，在工程中需要创建映射表，以便将表映射到数据库中，达到创建表的作用。

接下来在 database.py 中创建一个简单的 User 数据表，具体示例如下：

```
1   #定义模型 Flask-SQLAlchemy 使用继承至 db.Model 的类来定义模型，如：
2   class User(db.Model):
3       __tablename__ = 'users'
4       #每个属性定义一个字段
5       id = db.Column(db.Integer, primary_key=True)
6       user_name = db.Column(db.String(80), unique=True)
7       email = db.Column(db.String(120), unique=True)
8
9       def __repr__(self):
10          return '<User %r>' % self.user_name
```

第 2 行到最后是创建 User 类。User 继承了 db.model 类，将当前创建的映射表和数据库 db 绑定在一起，若此时工程文件调用 create_all() 函数，那么会自动将绑定后的映射表文件创建在数据库文件中。db.Column 用来创建映射表字段，常用类型如表 8.6 所示。

表 8.6 常用映射表字段类型

类型名称	作用描述
Integer	存储整型
String(size)	存储一定长度的字符串
Text	存储较长的 unicode 文本
DateTime	存储时间类型数据
Float	存储浮点数
Boolean	存储布尔值
PickleType	存储一个 python 对象
LargeBinary	存储一个任意大的二进制数据

primary_key=True 设置当前字段为主键，unique=True 设置当前字段不可重复。最后的 __repr__() 函数是为以后调试输出提供接口。

3. 创建数据库

直接调用 db.create_all() 函数就可以创建数据库了，如图 8.22 所示。

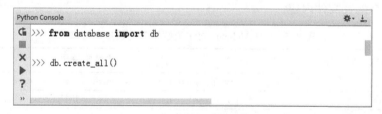

图 8.22 创建数据库

创建之后在项目的根目录下就会出现 test.db 的数据库文件，如图 8.23 所示。

创建完之后可以通过以下方式进行验证。在项目编写环境的右侧单击 Database，之后

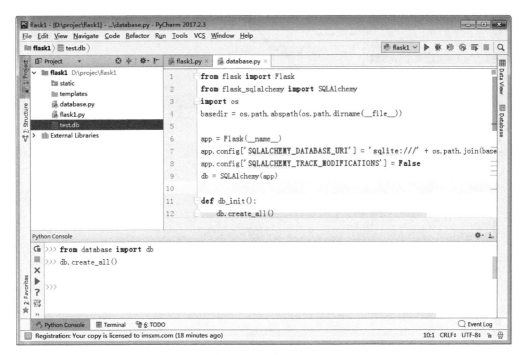

图 8.23 生成 test.db

单击绿色的【＋】，找到 Data Source，然后找到 Sqlite（Xerial）并单击，如图 8.24 所示。

图 8.24　PyCharm 引入数据库

然后在 File 中选中生成的 test.db 文件，其他内容都会自动生成，然后在单击【OK】之前要确保安装了缺失插件，如图 8.25 所示。

若缺少插件，会在 no object 下方出现 Download 字样，插件一定要安装，否则会出错，直接单击 Download 即可安装，如图 8.26 所示。

确认安装好插件之后单击 OK，显示界面如图 8.27 所示，说明数据库以及数据表创建成功。

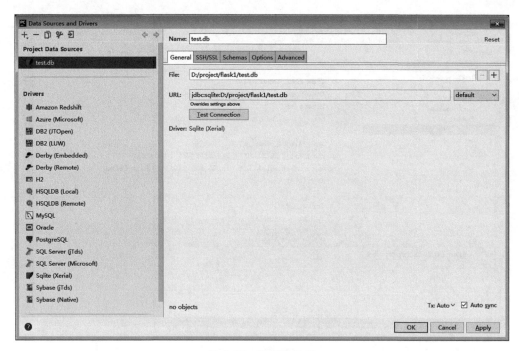

图 8.25　选择数据库

图 8.26　缺少插件安装

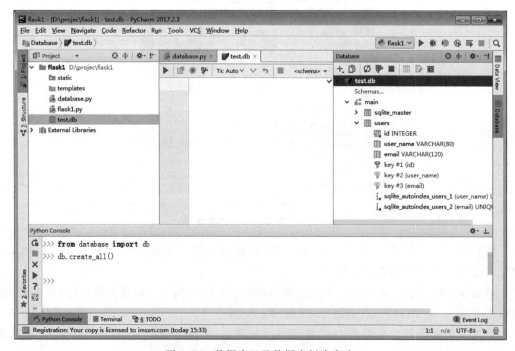

图 8.27　数据库以及数据表创建成功

8.4.3 使用 SQLAlchemy 进行数据库操作

在上一节的内容中已经讲解了如何使用 SQLAlchemy 创建数据库以及映射表，创建好之后接下来讲解使用 SQLAlchemy 进行数据操作，如数据的增删改查。

1. insert.py

```
from database import User,db

u1 = User(user_name = 'john', email = 'john@example.com')
u2 = User(user_name = 'susan', email = 'susan@example.com')
u3 = User(user_name = 'mary', email = 'mary@example.com')
u4 = User(user_name = 'david', email = 'david@example.com')
db.session.add(u1)
db.session.add(u2)
db.session.add(u3)
db.session.add(u4)
db.session.commit()
```

第 3~6 行相当于将 SQL 语句赋值给对象。第 7~10 行将对应数据库的操作保存在缓存中，既然是保存到缓存中，那么该数据库语句还没有提交到数据库中。第 11 行 commit() 和数据库中的 commit 指令一样，将数据库操作提交到数据库中。运行之后数据库中结果如图 8.28 所示。

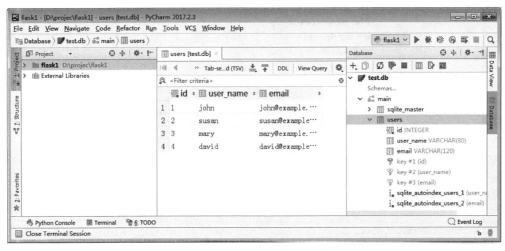

图 8.28 运行之后数据库中结果

2. delete.py

```
from database import User, db

u = User.query.filter_by(user_name = 'susan').first()
db.session.delete(u)
db.session.commit()
```

调用 delete()函数,将数据传入 db 对象,并提交到数据库中。

3. update.py

```
from database import User, db

u = User.query.filter_by(user_name = 'john').first()
u.email = 'john@example.vip.com'
db.session.add(u)
db.session.commit()
```

首先将对象查询出来,然后将修改的字段赋值,并将查询出的对象提交到数据库。

4. select1.py

1)一般查询

```
from database import User, db

for user in User.query.all():
    print(user.id, user.user_name, user.email)
```

此处的查询是将所有用户的信息按照 id、user_name、email 的形式输出内容,只是一个简单的查询输出操作。运行结果如图 8.29 所示。

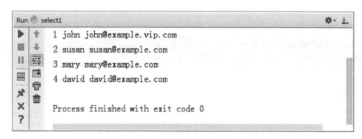

图 8.29 运行结果

2)精确查询

现实生活中会遇到一些需要精确查询的情况,如买火车票、飞机票时需要查询的是目的地的准确余票,而在实际开发工作中,同样会需要使用到精确查询,具体示例如下:

```
from database import User, db
u = User.query.filter_by(user_name = 'susan').first()
print(u.email)
```

运行结果如图 8.30 所示。

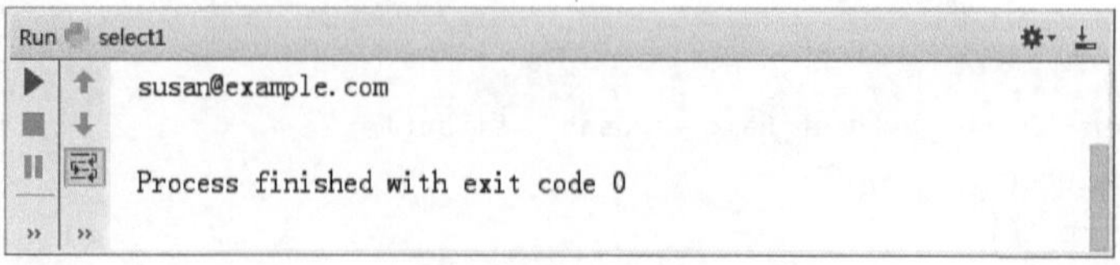

图 8.30 运行结果

3）模糊查询

在生活中，学生在图书馆查找关于 Python 的书籍，只需输入 Python 字样，所有含有 Python 字样的书籍都会显示出来，此时便使用了模糊查询。在实际开发中，某些项目也会需要提供模糊查找的功能，具体示例如下：

```
from database import User, db
for user in User.query.filter(User.email.ilike('%example.com')).all():
    print(user.user_name, user.email)
```

运行结果如图 8.31 所示。

图 8.31　运行结果

4）其他查询条件

其他查询条件如表 8.7 所示。

表 8.7　其他常用的查询操作

查询条件	符　号	举例说明
等值查询	==	query.filter(User.user_name=='susan')
不等查询	!=、<、>、<=、>=	query.filter(User.user_name!='susan')
包含查询	in_	query.filter(User.user_name.in_(['susan','john','mary']))
是否为空	is_(none)、is not(none)，也可使用等值查询匹配	query.filter(User.user_name.is_(None)) 或 query.filter(User.user_name==None)
逻辑非查询	~	query.filter(~User.user_name.in_(['susan','john','mary']))
逻辑与查询	and_	query.filter(and_(User.user_name=='susan', User.email=='susan@example.com'))
逻辑或查询	or_	query.filter(or_(User.user_name=='susan', User.user_name=='john'))

在 query 对象上调用的常见过滤器如表 8.8 所示。

表 8.8　query 对象上调用的常见过滤器

过　滤　器	描　　述
filter()	把过滤器添加到原查询上，返回一个新查询
filter_by()	把等值过滤器添加到原查询上，返回一个新查询
limit()	使用指定的值限制原查询返回的结果数量，返回一个新查询
offset()	偏移原查询返回的结果，返回一个新查询

续表

过滤器	描述
order_by()	根据指定条件对原查询结果进行排序,返回一个新查询
group_by()	根据指定条件对原查询结果进行分组,返回一个新查询

在查询上应用指定过滤器后,通过调用执行函数来执行查询,最后返回结果。常用的查询执行函数如表 8.9 所示。

表 8.9 常用的查询执行函数

函数	功能
all()	以列表形式返回查询的所有结果
first()	返回查询的第一个结果,若没有结果,则返回 None
first_or_404()	返回查询的第一个结果,若没有结果,则终止请求,返回 404 错误响应
get()	返回指定主键对应的行,若没有对应的行,则返回 None
get_or_404()	返回指定主键对应的行,若没有找到指定的主键,则终止请求,返回 404 错误响应
count()	返回查询结果的数量
paginate()	返回一个 Paginate 对象,它包含指定范围内的结果

8.5 WTForm 表单

在 Web 开发中,表单是整个互动式网站进行客户端和服务器端交互的核心。在实际开发中,由于现在网页内容越来越丰富,若开发者直接请求上下文获取客户端数据并解析,会出现逻辑混乱的局面。在 Flask 框架中有一个 WTForm 表单库,可以大大简化表单的处理,可读性也非常高,因此可以很好地解决上述问题。接下来讲解使用 WTForm 进行表单处理。

8.5.1 表单定义

在定义表单之前先要安装 WTForm 表单插件 flask-wtf,安装方式与安装 SQL-Alchemy 一样,安装成功后就可以对表单进行定义了。接下来以用户登录表单为例进行讲解,如例 8-8 所示。

【例 8-8】 表单定义

```
1    from flask import Flask, render_template
2    from flask_wtf import FlaskForm
3    from wtforms import StringField,PasswordField
4    from wtforms.validators import DataRequired
```

先导入以上包,其中"from flask_wtf import FlaskForm"是导入 Form 表单,"from wtforms import StringField,PasswordField"是导入 HTML 标准字段,此处的 StringField 是文本字段,PasswordField 是密码文本字段,常用的 HTML 字段类型如表 8.10 所示。

表 8.10 常用的字段类型

字段类型	说明
StringField	文本字段
TextAreaField	多行文本字段
PasswordField	密码文本字段
HiddenField	隐藏文本字段
DateField	文本字段,值为 datetime.date 格式
DateTimeField	文本字段,值为 datetime.datetime 格式
IntegerField	文本字段,值为整数
DecimalField	文本字段,值为 decimal.Decimal
FloatField	文本字段,值为浮点数
BooleanField	复选框,值为 True 和 False
RadioField	一组单选框
SelectField	下拉列表
SelectMultipleField	下拉列表,可选择多个值
FileField	文件上传字段
SubmitField	表单提交按钮
FormField	把表单作为字段嵌入另一个表单
FieldList	一组指定类型的字段

其中"from wtforms.validators import DataRequired"是导入验证函数,DataRequired 代表数据必填项,具体在表单验证中讲解。

接下来定义表单类 MyForm,继承自 FlaskForm,主要包含两部分内容 user(用户名)和 pwd(密码)。

```
1    class MyForm(FlaskForm):
2        user = StringField('Username', validators=[DataRequired()])
3        pwd = PasswordField('Password', validators=[DataRequired()])
4    app = Flask(__name__)
5    app.secret_key = '1234567'
```

Flask 为了防范跨站请求伪造技术(cross-site request forgery,CSRF)攻击,默认在使用 flask-wtf 之前要求 app 一定要设置 secret_key,即上述代码中的 app.secret_key。

8.5.2 模板编写

将表单定义好后开始编写前端 HTML 模板,以下是 login.html 模板文件代码。

login.html:

```
1    <!DOCTYPE html>
2    <html lang="en">
3    <head>
4        <meta charset="UTF-8">
5        <style>
6            .base_login{
```

```
7                float: none;
8                display: block;
9                margin-left: auto;
10               margin-right:auto;
11               width: 200px;
12          }
13      </style>
14      <title>Login</title>
15  </head>
16  <body>
17  <form method = "POST" action = "{{ url_for('login') }}">
18      {{ form.hidden_tag() }}
19      <div>{{ form.user.label }}: {{ form.user(size = 20) }}</div>
20      <div>{{ form.pwd.label }}: {{ form.pwd(size = 20) }}</div>
21      <input type = "submit" value = "Submit">
22  </form>
23  </body>
24  </html>
```

在 login.html 中使用{{ url_for('login') }}将数据提交到/login 这个路由下。表单中，"form.hidden_tag()"会生成一个隐藏的"<div>"标签，其中会渲染任何隐藏的字段，最主要的是 CSRF 字段。WTForms 默认开启 CSRF 保护，若要关闭它（不建议这样做），可以在实例化表单时传入参数，如"form = MyForm(csrf_enabled=False)"。

8.5.3 接收表单数据

login.html 模板文件将用户在浏览器端输入的数据信息传送过来之后，需要进行接收并判断是否符合要求。以下示例是接收数据的代码：

```
@app.route('/login', methods = ('GET', 'POST'))
def login():
    form = MyForm()
    if form.validate_on_submit():
        if form.data['user'] == 'admin' \
                and form.data['pwd'] == '123456':
            return 'Admin 登录成功！'
        else:
            return '用户名或密码错误！'
    return render_template('login.html', form = form)
```

先声明 MyForm 实例对象 form，使用 if 语句判断 submit 是否单击提交，然后再对 'user'、'pwd'进行简单的判断，若均符合，则将返回的信息重新渲染到 login.html 文件中，具体结果如图 8.32～图 8.33 所示。

若用户名和密码输入错误，运行结果如图 8.34 所示。

8.5.4 表单验证

在 WTForm 表单中有很多验证函数，常用的验证函数如表 8.11 所示，用于各种表单数

图 8.32　login.html 页面渲染结果

图 8.33　登录成功界面

图 8.34　登录失败界面

据的验证,例 8-8 中的 DataRequired 就是其中之一。

表 8.11　常用的验证函数

验证函数名称	说　　明
Email	验证电子邮件地址的合法性,要求正则模式是 ^.+@([^.@][^@]+)$
EqualTo	比较两个字段的值,多用于输入两次密码等场景
IPAddress	验证 IPv4 地址,参数默认 ipv4＝True,ipv6＝False。若想要验证 ipv6 可以设置这两个参数反过来
Length	验证输入的字符串的长度,min,max 两个参数指出要设置的长度下限和上限,注意参数类型是字符串,不是整型
NumberRange	验证输入数字是否在范围内,min 和 max 两个参数指出数字上限下限,参数类型同样是字符串,不是整型
Optional	无输入值时跳过同字段的其他验证函数
DataRequired	必填数值字段(空格字符串被认为 False)
Required	必填字段
Regexp	用正则表达式验证值,参数 regex＝'正则模式'
URL	验证 URL,要求正则模式是 ^[a-z]+://(?P<host>[^/:]+)(?P<port>:[0-9]+)?(?P<path>\/.*)?$
AnyOf	确保值在可选值列表中
NoneOf	确保值不在可选值列表中

8.6 本章小结

本章主要讲解了 Flask 框架的基础以及使用,尤其是对其中的路由设置、Jinja2 模板、SQLAlchemy 数据库插件、WTForm 表单插件等知识进行着重讲解,这几个部分的内容属于 Flask 框架的重点。

8.7 习题

1. 填空题

(1) Flask 是 Armin Ronacher 用_____编写完成。

(2) Flask 使用的模板引擎是_____。

(3) Flask 路由配置中,当参数不指定类型时默认为_____类型。

(4) 在 Flask 中路由默认只回应_____请求。

(5) 若在 Flask 项目中使用 SQLAlchemy 插件,应当安装_____包。

2. 选择题

(1) 下列选项中,不属于 Flask 变量映射类型的是(   )。

  A. int   B. string   C. float   D. path

(2) 下列选项中,可判断循环是第一次迭代的变量是(   )。

  A. loop.index   B. loop.cycle   C. loop.first   D. loop.revindex

(3) 下列选项中,不属于表单定义的常用字段类型的是(   )。

  A. float   B. DateField   C. StringField   D. HiddenField

(4) Flask 使用(   )函数来反向生成 URL。

  A. url()   B. route()   C. path()   D. url_for()

(5) 下列选项中,不属于 Flask 自带功能的是(   )。

  A. 开发服务器   B. WTForm   C. 集成单元测试   D. debugger

3. 思考题

(1) 简述 Werkzeug 的功能特性。

(2) 简述 Jinja2 有哪些特性?

4. 编程题

使用 WTForm 表单编写一个注册表单。

第9章　Flask 框架进阶

本章学习目标
- 了解上下文
- 了解 Flask 常用扩展
- 了解 Werkzeug 的使用

Flask 框架以轻便、快捷的特点在 Python Web 开发中名列前茅。上一章主要讲解了 Flask 的安装及一些重要模块，本章将讲解 Flask 框架中的进阶内容。

9.1　上 下 文

上下文的概念大多出现在文章中，表示语言的环境，上下文是属性的有序序列，为驻留在环境内的对象定义环境。在对象的激活过程中创建上下文，对象被配置为某些自动服务，如同步、事务、实时激活、安全性等。Flask 中主要有两种上下文：应用上下文（Application Context）和请求上下文（Request Context）。具体内容如下：

- application 是当调用 app = Flask(__ name __)时创建的对象 app。
- request 是每次 HTTP 请求发生时，WSGI server 调用 Flask.call()之后，在 Flask 对象内部创建的 Request 对象。
- application 表示用于响应 WSGI 请求的应用本身，request 表示每次 HTTP 请求。
- application 的生命周期大于 request，一个 application 存活期间，可能发生多次 HTTP 请求，因此也会有多个 request。

接下来讲解本地线程和上述两种上下文。

9.1.1　本地线程

对象是保存状态的地方，在 Python 中，一个对象的状态都被保存在对象携带的一个字典中，ThreadLocal 则是一种特殊的对象，它的"状态"对线程隔离（每个线程对一个 ThreadLocal 对象的修改都不会影响其他线程）。这种对象的实现原理非常简单，只要以线程的 ID 来保存多份状态字典即可，就像按照门牌号隔开的一格一格的信箱，因此只要有 ThreadLocal 对象，就能让同一个对象在多个线程下做到状态隔离。

Flask 是一个基于 WerkZeug 实现的框架，因此 Flask 的 Application Context 和 Request Context 是基于 WerkZeug 的 Local Stack 的实现。这两种上下文对象类定义在 flask.ctx 中，ctx.push 会将当前的上下文对象压栈压入 flask._request_ctx_stack 中，这个

_request_ctx_stack 同样是个 ThreadLocal 对象，也就是在每个线程中都不一样，上下文压入栈后，再次请求时都是通过_request_ctx_stack.top 在栈的顶端提取，所取到的永远是属于自己线程的对象，这样不同线程之间的上下文就做到了隔离。请求结束后，线程退出，ThreadLocal 本地变量也随即销毁，然后调用 ctx.pop()弹出上下文对象并回收内存。

9.1.2 应用上下文

当一个 Flask App 读入配置信息并启动，就进入了应用上下文，在其中，开发人员可以访问配置文件、打开资源文件、通过路由规则反向构造 URL。

在应用上下文中含有两个全局变量：

- current_app：当前激活程序的实例对象。
- g：处理请求时用作临时存储的对象，每次请求都会重设这个变量。

接下来讲解应用上下文的使用，具体示例如下：

```python
from flask import Flask,current_app
app = Flask(__name__)
@app.route('/')
def index():
    return 'Hello, %s!' % current_app.name
```

在上述示例中，可以通过 current_app.name 来获取当前应用的名称，也就是__name__；current_app 是一个本地代理，它的类型是 werkzeug.local.LocalProxy，它所代理的是 app 对象，也就是说 current_app == LocalProxy(app)。使用 current_app 是因为它也是一个 ThreadLocal 变量，对它的改动不会影响到其他线程。通过 current_app._get_current_object()方法可以获取 app 对象。current_app 只能在请求线程里存在，因此它的生命周期也是在应用上下文里，离开应用上下文无法使用。

若想直接打印出 current_app.name 可显式调用 app_context()方法实现，具体示例如下：

```python
from flask import Flask, current_app
app = Flask(__name__)
with app.app_context():
    #在这个模块中 current_app 指向 app
    print (current_app.name)
```

在上述示例中，app_context()方法会创建一个 AppContext 类型对象，即应用上下文对象，此后就可以在应用上下文中访问 current_app 对象了。

9.1.3 请求上下文

在 Flask 中处理请求时，应用会生成一个"请求上下文"对象，整个请求的处理过程都会在这个上下文对象中进行，保证请求的处理过程不被干扰，具体示例如下：

```python
from flask import request
@app.route('/')
```

```
def index():
    user_agent = request.headers.get('User-Agent')
    return '<p>Your browser is %s</p>' % user_agent
```

Flask 的 request 对象只有在其上下文的生命周期内才有效,离开了请求的生命周期,其上下文环境就不存在了,也就无法获取 request 对象。Flask 中有四种请求 hook(钩子)函数,分别是@before_first_request、@before_request、@after_request、@teardown_request,这四种 hook 函数会挂载在生命周期的不同阶段,因此在其内部都可以访问 request 对象。

与应用上下文类似,请求上下文可以通过 Flask 的内部方法 request_context()来构建一个请求上下文,具体示例如下:

```
from werkzeug.test import EnvironBuilder
ctx = app.request_context(
    EnvironBuilder('/','http://localhost/').get_environ())
ctx.push()
try:
    print (request.url)
finally:
    ctx.pop()
```

在上述示例中,request_context()会创建一个请求上下文 RequestContext 类型的对象,需接收 Werkzeug 中的 environ 对象为参数。Werkzeug 是 Flask 所依赖的 WSGI 函数库。

上述示例还可以通过 with 关键字进行简化,具体示例如下:

```
from werkzeug.test import EnvironBuilder
with app.request_context(
        EnvironBuilder('/', 'http://localhost/').get_environ()):
    print(request.url)
```

9.2 Flask 扩展

使用 Flask 框架可以高效、便捷地编写程序,原因在于 Flask 框架有很多实用性强的扩展。如前面章节讲解的 Django 框架扩展,在实际开发中可以直接使用,开发者无须从零开始编写;同样地,在 Flask 框架中也包含许多扩展包。接下来讲解 Flask 框架中的常用扩展包,主要有 Flask-Script、Flask-DebugToolbar、Flask-Migrate、Flask-Security、Flask-RESTful、Flask-Admin、Flask-Cache、蓝本(第 12 章)、循环依赖以及表单(第 8 章)的相关扩展。

9.2.1 Flask-Script

Flask-Script 扩展提供向 Flask 插入外部脚本的功能,包括运行开发用的服务器、定制 Python shell、设置数据库脚本 cronjobs 以及其他的运行在 Web 应用之外的命令行任务。

Flask-Script 和 Flask 本身的工作方式类似,只需要定义和添加能从命令行中被 Manager 实例调用的命令即可,接下来讲解 Flask-Script 的使用。

(1) 安装 Flask-Script,使用 PyCharm(不再赘述)或 pip 命令安装。命令如下:

```
pip install flask-script
```

注意:本章都是使用 PyCharm 安装插件。

(2) 创建 hello.py 文件,并使用 Flask-Script 来编写代码,如例 9-1 所示。

【例 9-1】 hello.py

```
1    from flask import Flask
2    from flask_script import Manager
3    app = Flask(__name__)
4    manager = Manager(app)
5    @app.route('/')
6    def index():
7        return '<h1>Hello 1000phone!</h1>'
8    @app.route('/user/<name>')
9    def user(name):
10       return '<h1>%s,flask 欢迎你!</h1>' % name
11   if __name__ == '__main__':
12       manager.run()
```

上述代码中,第 2 行从 flask_script 中引入 Manager(Flask-Script 扩展中的内容);第 4 行将 Manager(app)赋值给 manager;第 11~12 行启动 Flask-Script 扩展服务器。

(3) 在 PyCharm 的【Terminal】中输入以下命令查看相关结果:

```
python hello.py runserver -- host 127.0.0.1
```

上述代码运行 hello.py 并监听 127.0.0.1 上的连接,其中--host 参数是 Web 服务器监听的网络接口,用来监听来自客户端的连接,由于代码使用 Flask 框架编写,因此默认端口号为 5000,然后在浏览器中输入 http://127.0.0.1:5000/查看结果,结果如图 9.1 所示。

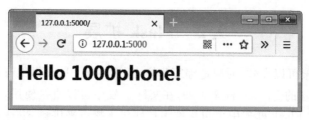

图 9.1　例 9-1 运行结果

在浏览器中输入 http://127.0.0.1:5000/user/小千,运行结果如图 9.2 所示。

图 9.2　输入 http://127.0.0.1:5000/user/小千的运行结果

9.2.2　Flask-DebugToolbar

Django 中有非常著名的调试工具——Django-DebugToolbar,Flask 中也有对应的替代工具——Flask-DebugToolbar,接下来讲解 Flask-DebugToolbar 的使用。

(1) 安装 Flask-DebugToolbar,使用 PyCharm(不再赘述)或 pip 命令安装,命令如下:

```
pip install flask-debugtoolbar
```

(2) 安装好后在 flask1.py 文件(创建项目时生成的文件)中编写代码,使用 Flask-DebugToolbar,如例 9-2 所示。

【例 9-2】　flask1.py

```
1   from flask import Flask
2   from flask_debugtoolbar import DebugToolbarExtension
3   app = Flask(__name__)
4   #此工具栏只在调试模式下执行
5   app.debug = True
6   app.config['SECRET_KEY'] = '<replace with a secret key>'
7   toolbar = DebugToolbarExtension(app)
8   @app.route('/')
9   def index():
10      return '<body><h1>Hello World!</h1></body>'
11  @app.route('/user/<name>')
12  def user(name):
13      return '<body><h1>Hello, %s!</h1></body>' % name
14  if __name__ == '__main__':
15      app.run(debug = True)
```

上述代码中,第 2 行是从 flask_debugtoolbar 中引入 DebugToolbarExtension 扩展;第 5 行是将 debug 的值设置为 True,只有当 debug 值为 True 时才能使用调试工具,但一般只在调试模式下使用,在生产环境下将 debug 的值设置为 False;第 6 行是设置 SECRET_KEY;第 7 行是将调试工具绑定应用 app。

注意:第 10 行和第 13 行中 HTML 标签至少包含<body></body>。

(3) 接着运行服务器(调试模式),并在浏览器中输入 http://localhost:5000/,运行结果如图 9.3 所示。

在浏览器中输入 http://localhost:5000/user/小锋,运行结果如图 9.4 所示。

图 9.3 和图 9.4 右侧的工具栏即是调试工具栏,调试工具栏的使用可以极大地提高开发效率,并且使代码编写的准确性大大提高。

注意:localhost 与 127.0.0.1 都代表本机地址。

调试工具栏还支持多个配置选项,具体配置项如表 9.1 所示。

图 9.3 例 9-2 运行结果

图 9.4 输入 http://localhost:5000/user/小锋 的运行结果

表 9.1　调试工具栏的配置选项

名　称	描　述	默 认 值
DEBUG_TB_ENABLED	是否启用工具栏	app.debug
DEBUG_TB_HOSTS	显示工具栏的 hosts 白名单	任意 host
DEBUG_TB_INTERCEPT_REDIRECTS	是否要拦截重定向	True
DEBUG_TB_PANELS	面板的模板/类名的清单	允许所有内置的面板
DEBUG_TB_PROFILER_ENABLED	启用所有请求的分析工具	False,用户自行开启
DEBUG_TB_TEMPLATE_EDITOR_ENABLED	启用模板编辑器	False

若要更改配置选项,在 Flask 应用程序中配置,具体示例如下:

```
app.config['DEBUG_TB_INTERCEPT_REDIRECTS'] = False
```

9.2.3　Flask-Admin

Django 中直接提供了 Admin 站点管理,在 Flask 中可以通过 Flask-Admin 扩展来实现后台管理。接下来讲解 Flask-Admin 的使用。

(1) 安装 Flask-Admin,使用 PyCharm(不再赘述)或 pip 命令安装,命令如下:

```
pip install flask-admin
```

(2) 创建 admin.py 文件,并编写后台管理代码,如例 9-3 所示。

【例 9-3】　admin.py

```
1   from flask import Flask
2   from flask_admin import Admin
3   app = Flask(__name__)
4   admin = Admin(app,name = '后台管理系统')
5   app.run()
```

上述代码中,第 2 行是从 flask-admin 中引入 Admin 模块;第 4 行实例化一个 Admin,name 为'后台管理系统'。

(3) 使用命令"python admin.py runserver"在浏览器中输入 http://localhost:5000/admin/,运行结果如图 9.5 所示。

图 9.5　例 9-3 运行结果

后期可以根据项目的需要在后台管理页面中添加视图、模板、数据库数据等相关内容,最终实现管理后台的目的。

9.2.4　Flask-Migrate

在实际的开发环境中，经常会发生数据库修改行为，一般不会手动地去修改数据库的数据，而是去修改 ORM 对应的模型，然后再把模型映射到数据库中，Flask-Migrate 可以很好地完成这部分操作。Flask-Migrate 是基于 Alembic 进行的一个封装，并集成到 Flask 中，所有的迁移操作都是 Alembic 做的，它能跟踪模型的变化，并将变化映射到数据库中。接下来讲解 Flask-Migrate 的使用。

（1）安装 Flask-Migrate，使用 PyCharm（不再赘述）或 pip 命令安装，命令如下：

```
pip install flask-migrate
```

（2）要让 Flask-Migrate 能够管理 App 中的数据库，需要使用 Migrate(app,db)来绑定 app 和数据库，具体示例如下：

```
from flask import Flask
from flask_sqlalchemy import SQLAlchemy
from flask_migrate import Migrate, MigrateCommand
from flask_script import Manager
app = Flask(__name__)
db = SQLAlchemy(app)
#绑定 app 和数据库，第一个参数是 Flask 的实例，
#第二个参数是 Sqlalchemy 数据库实例
migrate = Migrate(app,db)
#manaer 是 Flask-Script 的实例
manager = Manager(app)
# 在 flask-script 中添加一个 db 命令
manager.add_command('db', MigrateCommand)
#启动项目
if __name__ == '__main__':
    manager.run()
```

上述示例通过绑定相应的 App 以及数据库来对数据库中数据进行操作，其中"manager.add_command('db', MigrateCommand)"表示在 flask-script 中添加一个 db 命令，用于操作数据库。

（3）使用 Flask-Migrate

通过命令"python manager.py db init"来创建迁移仓库，命令"python manager.py db migrate -m "initial migration""用来创建迁移脚本，即在数据库结构有变动后创建迁移脚本，使用命令 python manager.py db upgrade 来更新数据库。

9.2.5　Flask-Cache

当同一个请求被多次调用，每次调用都会消耗大量资源，并且每次返回的内容都相同时应该考虑使用缓存，对于大型互联网应用，合理运用缓存可使应用的性能呈几何级数上升，Flask 中有专门处理缓存的扩展包。接下来讲解 Flask 缓存扩展——Flask-Cache 的使用。

(1) 安装 Flask-Cache,使用 PyCharm(不再赘述)或 pip 命令安装,命令如下:

```
pip install flask-cache
```

(2) 接下来以一个简单的实例来讲解 Flask-Cache 的使用,如例 9-4 所示。

【例 9-4】 Flask-Cache 的使用

```
1  from flask import Flask
2  from flask_cache import Cache
3  app = Flask(__name__)
4  cache = Cache(app, config = {'CACHE_TYPE': 'simple'})
5  @cache.cached(timeout = 50, key_prefix = 'get_list')
6  def get_list():
7      print('method get_list called')
8      return ['a', 'b', 'c', 'd', 'e']
9  @app.route('/list')
10 def list():
11     return ', '.join(get_list())
12 if __name__ == '__main__':
13     app.run()
```

上述代码是使用 Flask-Cache 扩展实现缓存技术。第 2 行是从 flask_cache 扩展中导入 Cache;第 4 行是使用了 simple 类型缓存,其内部实现就是 Werkzeug 中的 SimpleCache,也可以使用第三方缓存服务器,如 Redis;第 5 行是使用 cache.cached()函数将缓存设置装饰到 get_list()函数上,设置缓存过期时间是 50s,cache.cached()函数不仅可以装饰普通函数,还可以装饰视图函数;第 6～8 行是 get_list()函数定义;第 9 行是路由设置;第 10～11 行是 list()函数定义。

接下来运行项目,并在浏览器中输入 http://127.0.0.1:5000/list,控制台的显示结果如图 9.6 所示。

图 9.6 控制台显示结果

浏览器中显示结果如图 9.7 所示。

图 9.7 浏览器显示结果

第二次刷新网址浏览器中显示与图 9.7 相同，但控制台中显示如图 9.8 所示。

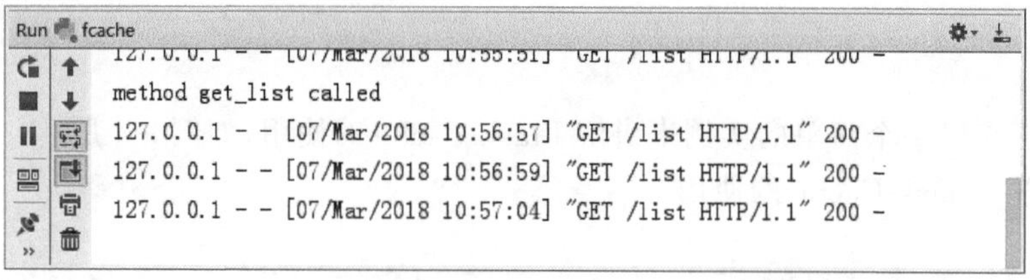

```
Run  fcache
        127.0.0.1 - - [07/Mar/2018 10:55:51] "GET /list HTTP/1.1" 200 -
        method get_list called
        127.0.0.1 - - [07/Mar/2018 10:56:57] "GET /list HTTP/1.1" 200 -
        127.0.0.1 - - [07/Mar/2018 10:56:59] "GET /list HTTP/1.1" 200 -
        127.0.0.1 - - [07/Mar/2018 10:57:04] "GET /list HTTP/1.1" 200 -
```

图 9.8 第二次控制台显示结果

9.2.6 循环引用

在 Web 的开发中经常会遇到循环引用的情况，接下来以一个示例来讲解循环引用，具体示例如下：

models.py

```python
from server import db
class User(db.Model):
    pass
```

server.py

```python
from flask import Flask
from flask.ext.sqlalchemy import SQLAlchemy
app = Flask(__name__)
app.config['SQLALCHEMY_DATABASE_URI'] = 'sqlite:////tmp/test.db'
db = SQLAlchemy(app)
from models import User
```

上述示例就会出现循环引用问题，在 models.py 中直接引用了 server.py 中的内容，又在 server.py 中直接引用 models.py 中的内容，因此出现循环引用问题。循环引用的解决方法有以下几种：

（1）延迟导入。把 import 语句写在方法或函数里面，将它的作用域限制在局部，这种方法的缺点就是会有性能问题。

（2）将 from xxx import yyy 改成 import xxx;xxx.yyy 来访问的形式。

（3）组织代码。

出现循环引用的问题往往意味着代码的布局有问题，可以将竞争资源进行合并或者分离。合并是将内容都写到一个文件里面去，分离是将需要导入的资源提取到第三方文件中，最终实现将循环变成单向。

Flask 框架中还有很多第三方扩展。例如，集成了 Bootstrap 的 Flask-Bootstrap，使用 Flask-Restful 来构建 RESTful API，使用 Flask-Principal 实现角色的权限管理等，灵活使用这些第三方框架，可以轻松完成网站中的各种功能。

9.3 Werkzeug 的使用

在上一章 Flask 框架简介中讲解了 Werkzeug 的概念及特性。Werkzeug 是 Python 的 WSGI 规范的实用函数库,本节主要讲解 Werkzeug 的使用。

在使用 Werkzeug 之前先安装 Werkzeug,使用 PyCharm(不再赘述)或 pip 命令安装,命令如下:

```
pip install Werkzeug
```

在命令提示符中的安装成功界面如图 9.9 所示。

图 9.9 Werkzeug 安装成功界面

9.3.1 常用数据结构

在开发和工作中经常会使用到各种数据结构,数据结构的内容比较复杂,个人编写会消耗大量时间而且数据处理的效率可能达不到要求;而 Werkzeug 提供了多种数据结构,正好解决上述问题,接下来讲解常用的几种数据结构。

1. TypeConversionDict

继承于 dict,通过执行其中的 get 方法来指定值的类型,具体示例如下:

```
from werkzeug.datastructures import TypeConversionDict
d = TypeConversionDict(name = 'qianfeng', bar = 'blub')
f = d.get('name', type = str)
print(f)
```

运行结果如图 9.10 所示。

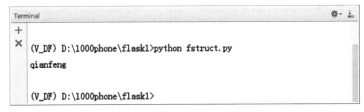

图 9.10 运行结果

2. ImmutableTypeConversionDict

不可变的 TypeConversionDict。

3. MultiDict

继承自 TypeConversionDict，可以对相同的键传入多个值，并把这些值保留下来，具体示例如下：

```
from werkzeug.datastructures import MultiDict
d = MultiDict([('qian','feng'),('qian','phone')])
q = d.getlist('qian')
print('q = ',q)
d.setlist('1000',['phone','feng'])
print('d = ',d)
a = d.poplist('1000')
print('a = ',a)
n = d.get('qian')
print('n = ',n)
```

运行结果如图 9.11 所示。

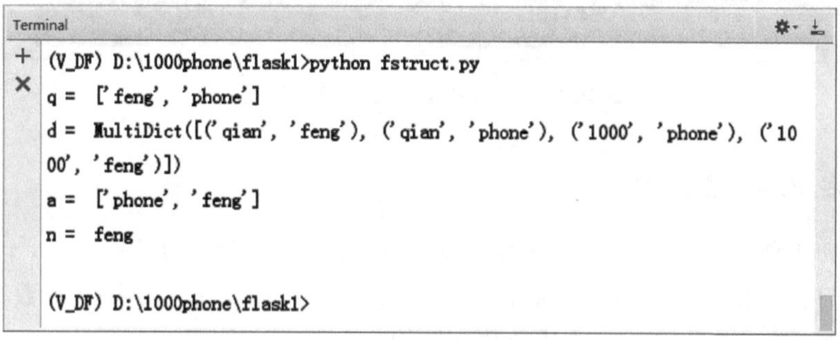

```
Terminal
(V_DF) D:\1000phone\flask1>python fstruct.py
q = ['feng', 'phone']
d = MultiDict([('qian', 'feng'), ('qian', 'phone'), ('1000', 'phone'), ('10
00', 'feng')])
a = ['phone', 'feng']
n = feng

(V_DF) D:\1000phone\flask1>
```

图 9.11 运行结果

4. ImmutableMultiDict

不可变的 MultiDict。

5. OrderedMultiDict

继承自 MultiDict，但保留了字典的顺序。

6. ImmutableOrderedMultiDict

不可变的 OrderedMultiDict。

9.3.2 功能函数

Werkzeug 还提供了一些十分有用的功能函数，接下来讲解其中三个比较常用的函数。

1. cached_property

著名装饰器，通过描述符把方法执行的结果作为一个属性（property）缓存下来，具体示例如下：

```python
from werkzeug.utils import cached_property
class qianfeng(object):
    @cached_property
    def qf(self):
        print('cached_property练习!!!')
        return 1
q = qianfeng()
q.qf
```

上述示例使用了 cached_property 装饰器,将函数 qf() 的执行结果进行缓存,之后在执行该函数的时候直接返回结果,而不再执行该函数,如图 9.12 所示。

图 9.12 cached_property 运行结果

2. import_string

通过字符串直接找到对应模块,具体示例如下:

```python
from werkzeug.utils import import_string
print(import_string('os'))
print(import_string('werkzeug'))
```

运行结果如图 9.13 所示。

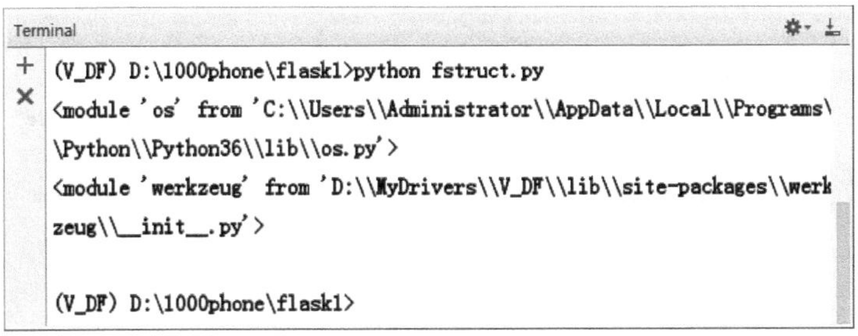

图 9.13 import_string 运行结果

3. secure_filename

返回一个安全版本的文件名,具体示例如下:

```python
from werkzeug.utils import secure_filename
print(secure_filename('qianfeng is the best one.py'))
print(secure_filename('../../Welcome to 1000phone.html'))
```

运行结果如图 9.14 所示。
使用功能函数可以很方便地实现一些特定的功能,这在实际开发过程中都是很重要的。

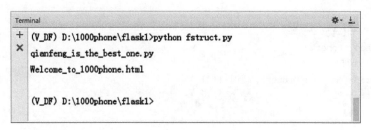

图 9.14 secure_filename 运行结果

灵活运用功能函数，使开发达到事半功倍的效果。

9.3.3 加密

在现实生活中，用户登录网站时会发现密码是不可见的，而且在网站的数据库中查看密码也是一串"乱码"，即被加密之后的密码，因为密码是重要（隐私）字段，不能使用明文存储，需要对其加密之后再存储。Web 开发中常用的加密方法是加盐哈希加密，即在加密时添加一些随机字符（盐值，salt），然后再进行哈希加密（如 MD5、SHA1 等）。这样处理的结果可以使得即使密码相同，添加的盐值不同，最终的哈希值也不一样。Werkzeug 中提供了密码加盐的哈希函数，具体示例如下：

```
from werkzeug.security import generate_password_hash
pass_w = generate_password_hash('qianfeng')
pass_W = generate_password_hash('qianfeng')
print(pass_w)
print(pass_W)
```

运行结果如图 9.15 所示。

图 9.15 密码加密运行结果

9.3.4 中间件

在 Django 进阶一章中详细讲解了 Django 的中间件，中间件主要是用来记录日志、会话管理、请求验证、性能分析等工作的，Werkzeug 中提供了 10 个中间件，本小节主要讲解常用的 3 个中间件。

1. SharedDataMiddleware

SharedDataMiddleware 是提供一个静态文件分享（下载）的路由，它和 Flask 中默认的 static 不同，Flask 是利用 send_file 来控制静态文件，而 SharedDataMiddleware 可以直接在 app 里注册相关的路由，绑定一个磁盘路径，并分享这个路径下的文件，具体示例如下：

```python
import os
from flask import Flask
from werkzeug.wsgi import SharedDataMiddleware
app = Flask(__name__)
app.wsgi_app = SharedDataMiddleware(
    app.wsgi_app,{'/static/':os.path.join(
        os.path.dirname(__file__),'static')})
if __name__ == '__main__':
    app.run(host = '127.0.0.1',port = 9000)
```

上述示例运行之后，若程序所在目录的 static 下有一个名为 qianfeng.js 的文件，可以通过 http://localhost:9000/static/qianfeng.js 来访问。

2. ProfilerMiddleware

ProfilerMiddleware 是一个添加性能分析的中间件，它会在 profile_dir 下写入访问页面的程序运行状况，包括执行的函数以及运行时间等，具体示例如下：

```python
from flask import Flask
from werkzeug.contrib.profiler import ProfilerMiddleware
app = Flask(__name__)
app.wsgi_app = ProfilerMiddleware(app.wsgi_app)
@app.route('/')
def hello():
    return 'hello'
if __name__ == '__main__':
    app.run(host = '127.0.0.1',port = 9000)
```

上述示例运行之后并在浏览器中输入 http://127.0.0.1:9000/，结果如图 9.16 所示。

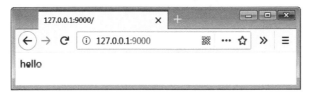

图 9.16　浏览器运行结果

浏览器执行完后，PyCharm 中【Terminal】中显示结果，如图 9.17 所示。

3. DispacherMiddleware

DispatcherMiddleware 是可以向一个 app 注册其他 app 的中间件，即可以调度多个应用的中间件，具体示例如下：

```
Terminal
Microsoft Windows [版本 6.1.7601]
版权所有 (c) 2009 Microsoft Corporation。保留所有权利。

(V_DF) D:\1000phone\flask1>python m_ware.py
 * Running on http://127.0.0.1:9000/ (Press CTRL+C to quit)
-------------------------------------------------------------------------
PATH: '/'
         294 function calls in 0.002 seconds

   Ordered by: internal time, call count

   ncalls  tottime  percall  cumtime  percall filename:lineno(function)
       32    0.000    0.000    0.000    0.000 {built-in method builtins.isinstance}
       10    0.000    0.000    0.000    0.000 D:\MyDrivers\V_DF\lib\site-packages\werkzeug\local.py:68(__getattr__)
        6    0.000    0.000    0.000    0.000 D:\MyDrivers\V_DF\lib\site-packages\werkzeug\local.py:160(top)
        1    0.000    0.000    0.000    0.000 D:\MyDrivers\V_DF\lib\site-packages\werkzeug\routing.py:1253(bind_to_en
```

图 9.17　PyCharm 显示结果

```
from flask import Flask
from werkzeug.wsgi import DispatcherMiddleware
app = Flask(__name__)
app.wsgi_app = DispatcherMiddleware(app, {
    '/app2':         app2,
    '/app3':         app3
})
```

编写完上述示例后，访问以/app2 为前缀的 url 时会使用 app2 的相关逻辑，app3 同理。

9.4　本章小结

本章主要讲解 Flask 框架中的一些高级内容，包括 Context 上下文、Flask 扩展、Werkzeug 的使用三部分内容。对于本章内容，大家应当多在实际开发中进行探索使用，并达到熟练于心的状态。

9.5　习　　题

1. 填空题

（1）Flask 主要有＿＿＿＿、＿＿＿＿两种上下文。

（2）信号的使用依赖于＿＿＿＿库。

（3）Flask 中的调试插件是＿＿＿＿。

（4）本章共讲解了 Flask 的＿＿＿＿种扩展。

（5）中间件主要是用来＿＿＿＿、＿＿＿＿、＿＿＿＿、＿＿＿＿等工作的。

2. 选择题

（1）下列不属于信号的使用步骤的是（　　）。

　　　A. 内置信号　　　　B. 订阅信号　　　　C. 创建信号　　　　D. 发送信号

(2) 内置信号中在请求处理中抛出异常时发送的是(　　)。
　　A. flask.request_tearing_down　　　B. flask.template_rendered
　　C. flask.request_started　　　　　　D. flask.got_request_exception
(3) Flask 扩展中可以实现后台管理的是(　　)。
　　A. Flask-Script　　B. Flask-Assets　　C. Flask-Admin　　D. Flask-Migrate
(4) 下列不属于 Werkzeug 功能函数的是(　　)。
　　A. cached_property　　B. secure_filename　　C. import_string　　D. Namespace
(5) 在 Flask 中，提供一个静态文件分享(下载)路由的中间件是(　　)。
　　A. ProfilerMiddleware　　　　　　B. DispatcherMiddleware
　　C. SharedDataMiddleware　　　　 D. MiddlewareMixin

3. 思考题

(1) 简述 Context 上下文？
(2) 描述 Flask 中有哪些内置信号，都是在什么时候发送？

4. 练习题

将本章中 Flask 框架的各中扩展练习一遍，并清楚地了解如何使用。

第 10 章　Tornado——高并发处理

本章学习目标
- 掌握 Tornado 的安装及使用
- 了解协程
- 了解 WebSocket
- 了解 Tornado 的运行与部署

生活中有很多网站会出现访问量剧增的现象,即在某个时间段出现高流量高并发。例如,12306 一天的 PV(Page Views)值是 2500 万到 3000 万,2015 年春运高峰日的 PV 值达到了 297 亿,导致流量直接增加 1000 倍,海量的请求会造成网络阻塞或服务器性能无法满足要求,甚至使整个系统不稳定。Python 中的 Tornado 框架可以很好地处理高并发,从创建初期就可以避免类似问题。

10.1　Tornado 概述与安装

10.1.1　Tornado 简介

Tornado 和现在主流的 Web 服务器框架(包括大多数 Python 框架)有着明显的区别:它是非阻塞式服务器,而且处理速度相当快,得利于其非阻塞的方式和 epoll 的运用,Tornado 每秒可以处理数以千计的连接,因此 Tornado 是实时 Web 服务的一个理想框架。

10.1.2　Tornado 安装

PyCharm 中安装 Tornado 与安装插件相同,找到 tornado 安装即可,具体安装步骤如下:

(1) 单击 PyCharm 中 file,找到并单击 Settings,如图 10.1 所示。

(2) 在图 10.1 中,单击 Settings 进入如图 10.2 所示界面,然后找到 Project:test(test 为项目名)并单击 Project Interpreter,如图 10.2 所示。

(3) 在图 10.2 中,单击右上角绿色的【+】号,进入如图 10.3 所示界面。

(4) 输入并搜索 tornado,然后单击左下角的 Install Package 进行安装,安装成功界面如图 10.4 所示。

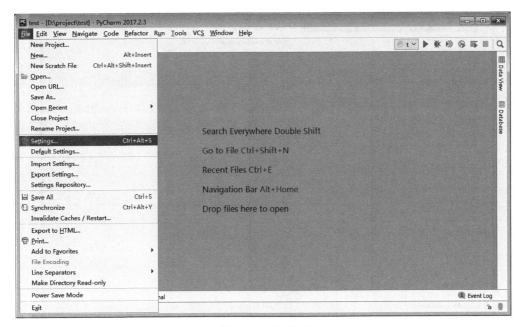

图 10.1 file 界面

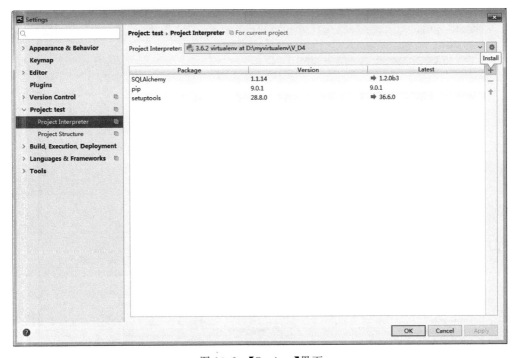

图 10.2 【Settings】界面

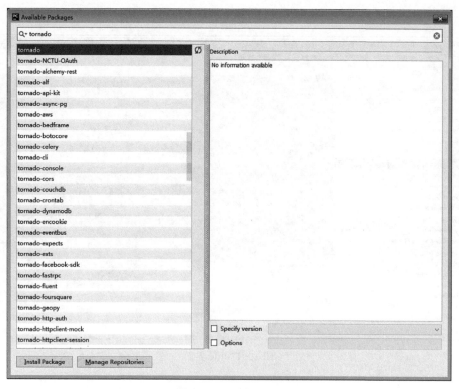

图 10.3 插件安装界面

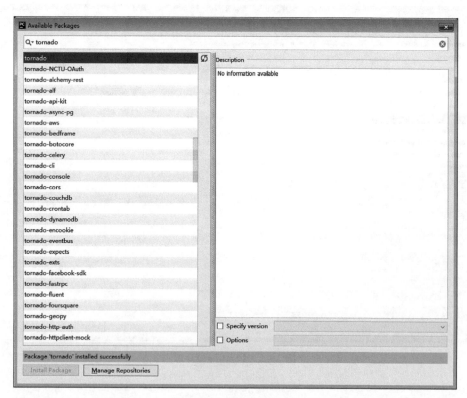

图 10.4 安装成功界面

10.1.3　Tornado 实现"Hello World"

将 Tornado 环境安装好之后,接下来演示如何使用 Tornado 实现"Hello World",如例 10-1 所示。

【例 10-1】　Tornado 实现"Hello,World"

```
1  import tornado.ioloop
2  import tornado.web
3  class MainHandler(tornado.web.RequestHandler):
4      def get(self):                          # GET 方式处理 HTTP 请求
5          self.write("Hello, world")
6  def make_app():                             # 定义 URL 映射
7      return tornado.web.Application([
8          (r"/", MainHandler),                # 将 URL 根目录/映射到 MainHandler
9      ])
10 if __name__ == "__main__":
11     app = make_app()
12     app.listen(8888)                        # 设置监听端口 8888
13     tornado.ioloop.IOLoop.current().start()
```

例 10-1 运行结果如图 10.5 所示(监听端口 8888)。

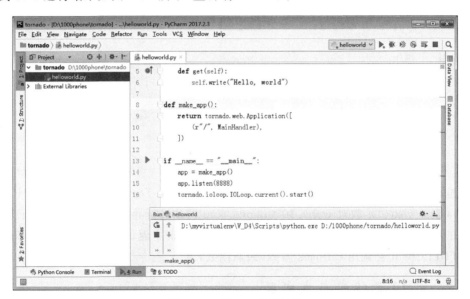

图 10.5　例 10-1 运行结果

在浏览器中输入 http://127.0.0.1:8888/,显示结果如图 10.6 所示。

图 10.6　例 10-1 浏览器显示结果

10.2 协程的使用

使用协程开发出来的代码简洁、高效,因此协程也是 Tornado 推荐的编程方式。

10.2.1 同步与异步 I/O

同步 I/O 操作是按照时序执行的,即执行时导致请求进程阻塞,后续操作在前面操作完成之前不能执行;异步 I/O 操作执行后不会立即返回结果,最终通过状态、通知和回调来通知调用者完成情况,即不会导致请求进程阻塞,具体示例如下:

```
#同步I/O操作
from tornado.httpclient import HTTPClient
def synchr_visit():
    http_client = HTTPClient()
    response = http_client.fetch("www.1000phone.com")
    print(response.body)
```

上述示例是同步 I/O 操作,其中 HTTPClient 是 Tornado 的同步访问 HTTP 客户端类,synchr_visit()函数使用同步 I/O 操作访问 www.1000phone.com 网站,此函数只有等到各方面条件都满足,并最终返回结果才算完全执行。

```
#异步I/O操作
from tornado.httpclient import AsyncHTTPClient
def handle_response(response):
    print(response.body)
def async_visit():
    http_client = AsyncHTTPClient()
    http_client.fetch("www.1000phone.com",callback = handle_response)
```

上述示例是异步 I/O 操作,其中 AsyncHTTPClient 是 Tornado 的异步访问 HTTP 客户端类,async_visit()函数对 www.1000phone.com 网站进行异步访问,http_client.fetch()函数会在调用之后立即返回,而不会等到实际访问完成才返回。当实际完成访问之后,AsyncHTTPClient 会调用 callback 参数(回调函数)。

10.2.2 yield 关键字与生成器

yield 是一个类似 return 的关键字,迭代一次遇到 yield 时返回 yield 后面的值,下一次迭代时,从上一次迭代遇到的 yield 后面的代码开始执行。生成器(Generator)是一个含有 yield 表达式的函数,如例 10-2 所示。

【例 10-2】 yield 关键字

```
1   from __future__ import print_function
2   def yield_gen(n):
3       for i in range(n):
```

```
4         yield show(i)
5         print("i = ", i)
6     print("结束调用")
7 def show(i):
8     return i ** 2
9 for i in yield_gen(6):
10    print(i, ",", end = '')
```

上述代码中 yield_gen()函数就是一个生成器,通过 yield 关键字来阻塞当前函数执行,并返回 yield 结果直到当前循环结束,例 10-2 运行结果如图 10.7 所示。

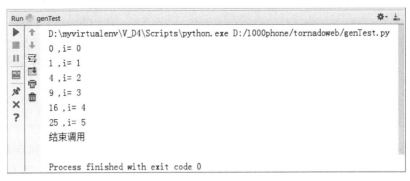

图 10.7　例 10-2 运行结果图

10.2.3　协程

协程(coroutine)也是一种程序组件,执行过程与子例程类似,但协程更为灵活,在实践中的使用没有子例程广泛,协程定义如下:

- 协程代码块:一个入口点和下一个入口点(或者退出点)中的代码。
- 协程模块:由 n 个入口点代码和 n 个协程代码块组成。第一个入口点通常是一个函数入口点,其组织形式如:函数入口点->协程代码块->入口点->协程代码块…,入口点和代码块相间。
- 线性模块:一个模块中的每一行代码,相继执行,如果没有执行完成,则不会执行其他模块的代码,此代码模块为线性模块。

接下来介绍如何使用协程来编程。

1. 编写协程函数

使用协程技术开发网页,具体示例如下:

```
from tornado import gen                        ♯引入协程库
from tornado.httpclient import AsyncHTTPClient
@gen.coroutine                                 ♯声明协程函数
def coroutine_visit():
    http_client = AsyncHTTPClient()
    response = yield http_client.fetch('www.1000phone.com')
    print(response.body)
```

上述示例中仍然使用了 AsyncHTTPClient（异步客户端类）进行网站的访问，其中 yield 关键字的使用，使协程不需要再编写回调函数来处理结果，而可以直接在 yield 后面编写处理语句。

2. 调用协程函数

协程函数可以通过三种方式来调用，具体如下：
- 在本身是协程的函数内通过 yield 关键字调用。
- 在 IOLoop 尚未启动时，通过 IOLoop 的 run_sync() 函数调用。
- 在 IOLoop 已经启动时，通过 IOLoop 的 spawn_callback() 函数调用。

接下来分别介绍这三种调用协程函数的方式，在协程函数内调用协程函数，具体示例如下：

```
@gen.coroutine
def outer_coroutine():
    print('开始调用另一个协程')
    yield coroutine_visit()
    print('outer_coroutine 调用结束')
```

IOLoop 是 Tornado 的主事件循环对象，Tornado 程序通过它监听外部客户端的访问请求，并执行相应的操作，当 IOLoop 尚未启动时，可以通过 run_sync() 函数调用协程函数，具体示例如下：

```
from tornado import gen                              #引入协程库
from tornado.ioloop import IOLoop                    #引入 IOLoop
from tornado.httpclient import AsyncHTTPClient
@gen.coroutine
def coroutine_visit():
    http_client = AsyncHTTPClient()
    response = yield http_client.fetch('http://www.1000phone.com')
    print(response.body)
def func_normal():
    print('开始调用协程')
    IOLoop.current().run_sync(lambda: coroutine_visit())
    print('结束协程调用')
func_normal()                                        #调用普通函数
```

上述示例 run_sync() 函数会阻塞函数执行直到被调用的协程函数执行完成。

程序已经处于 running 状态的协程函数调用方式，具体示例如下：

```
def func_normal():
    print('开始调用协程')
    IOLoop.current().spawn_callback(coroutine_visit)
    print('结束协程调用')
func_normal()
```

上述示例中，使用 spawn_callback() 函数来调用 coroutine_visit() 函数，其中 spawn_callback() 函数不会阻塞函数执行，即上下两个 print() 函数连续执行，而 coroutine_visit()

函数会由 IOLoop 在合适的时间段调用。

3. 调用阻塞函数

一般来说,在协程函数中不允许直接调用阻塞函数,因为会影响协程本身的性能;而在 Tornado 中利用线程池来调度阻塞函数,从而达到既不影响协程本身,又能合适地调用阻塞函数的目的,具体示例如下:

```python
from concurrent.futures import ThreadPoolExecutor
from tornado import gen
thread_pool = ThreadPoolExecutor(2)
def mySleep(count):
    import time
    for i in range(count):
        time.sleep(1)
@gen.coroutine
def call_backing():
    print('开始调用当前函数')
    yield thread_pool.submit(mySleep,5)
    print('结束调用')
call_backing()
```

上述示例首先引入了 concurrent.futures 中的 ThreadPoolExecutor 类,并且实例化了一个含有两个线程的线程池(thread_pool),在 call_backing() 中通过 thread_pool.submit() 来调用阻塞函数,有 yield 返回,这样既能不阻塞本线程的执行,也保证了阻塞函数前后代码的执行顺序。

4. 等待多个异步调用

在 Tornado 中可以使用一个 yield 关键字来等待多个异步调用,方法就是将这些调用以列表或字典的形式传递给 yield 即可,具体示例如下:

```python
from tornado import gen                              #引入协程库
from tornado.ioloop import IOLoop
from tornado.httpclient import AsyncHTTPClient
@gen.coroutine
def coroutine_visit():
    http_client = AsyncHTTPClient()
    list_response = yield [http_client.fetch('http://www.1000phone.com'),
                http_client.fetch('http://www.mobiletrain.orq'),
                http_client.fetch('http://www.codingke.com'),
                http_client.fetch('http://www.goodprogrammer.org')
                ]
    for response in list_response:
        print(response.body)
def func_normal():
    print('开始调用协程')
    IOLoop.current().run_sync(lambda: coroutine_visit())
    print('结束协程调用')
func_normal()
```

上述示例在协程函数 coroutine_visit() 中使用 List 传递四个异步调用给 yield，只有等到四个异步调用全部完成，yield 才将所有的结果返回，然后通过 for 循环进行遍历。

使用字典形式传递与列表相同，此处不再举例说明。

10.3　WebSocket 的运用

WebSocket 技术是客户端与服务器端建立持久连接的 HTML5 技术，客户端与服务器端持久连接架构又是典型的高并发应用，而 Tornado 的异步特性在处理高并发方面又是非常合适，因此本节讲解 WebSocket 在 Tornado 中的运用。

10.3.1　WebSocket 概念

WebSocket 协议是 HTML5 定义的基于 TCP 的一种新网络协议，实现了浏览器与服务器全双工（full-duplex）通信——允许服务器主动发送信息给客户端。

WebSocket 原理（基于 HTTP，运用 HTTP 中部分握手实现），具体示例如下：

浏览器请求：

```
GET /chat HTTP/1.1
Host: server.example.com
Upgrade: websocket
Connection: Upgrade
Sec-WebSocket-Key: x3JJHMbDL1EzLkh9GBhXDw==
Sec-WebSocket-Protocol: chat, superchat
Sec-WebSocket-Version: 13
Origin: http://服务器地址
```

上述浏览器请求内容比 HTTP 请求多了一部分内容，其中"Upgrade：websocket"和"Connection：Upgrade"是告知服务器这个请求是 WebSocket 请求不是 HTTP 请求；Sec-WebSocket-Key 是浏览器随机生成的一个 Base64 encode 的值，作用是验证服务器是否支持 WebSocket；Sec_WebSocket-Protocol 是用户定义的字符串，用来区分同 URL 下，不同的服务所需要的协议；Sec-WebSocket-Version 是告知服务器所使用的 Websocket Draft（协议版本）。

服务器回应：

```
HTTP/1.1 101 Switching Protocols
Upgrade: websocket
Connection: Upgrade
Sec-WebSocket-Accept: HSmrc0sMlYUkAGmm5OPpG2HaGWk=
Sec-WebSocket-Protocol: chat
```

当服务器接收到请求之后返回上述内容说明成功建立 Websocket，其中"Upgrade：websocket"和"Connection：Upgrade"是告知浏览器已经切换为 WebSocket 而不是 HTTP；Sec-WebSocket-Accept 是经过服务器确认，并且是加密过后的 Sec-WebSocket-Key；Sec-WebSocket-Protocol 表示最终使用的协议。

10.3.2 WebSocket 运用

第一小节讲解了 WebSocket 的概念以及通信原理,接下来通过一个实例来演示 WebSocket 在 Tornado 框架中的运用,如例 10-3 所示,程序分为客户端和服务器端。

1. 服务器端实现

在 Tornado 中定义了专门处理 WebSocket 连接的类——tornado.websocket.WebSocket-Handler,其中包含三个函数:open()、on_message()和 on_close(),子类应实现上述三个函数。

- WebSocketHandler.open():在有新 WebSocket 连接时 Tornado 会调用此函数,在此函数中可以操作 Cookie 以及获取客户端提交的参数。
- WebSocketHandler.on_message():当接收到客户端信息时 Tornado 会调用此函数,接收到信息之后做相应的操作。
- WebSocketHandler.on_close():在 WebSocket 连接关闭的时候 Tornado 会调用此函数,可在关闭时做数据清除以及关闭原因的输出等处理。

子类应实现上述三个函数,如例 10-3 中 server.py 文件所示。

【例 10-3】 WebSocket 运用

server.py

```
1   import tornado.web
2   import tornado.websocket
3   import tornado.httpserver
4   import tornado.ioloop
5   class IndexPageHandler(tornado.web.RequestHandler):
6       def get(self):
7           self.render('index.html')
8   class WebSocketHandler(tornado.websocket.WebSocketHandler):
9       def check_origin(self, origin):
10          return True
11      def open(self):
12          pass
13      def on_message(self, message):
14          self.write_message("你所发送的信息是:" + message)
15      def on_close(self):
16          pass
17  class Application(tornado.web.Application):
18      def __init__(self):
19          handlers = [
20              (r'/', IndexPageHandler),
21              (r'/ws', WebSocketHandler)
22          ]
23          settings = {"template_path": "."}
24          tornado.web.Application.__init__(self, handlers, **settings)
25  if __name__ == '__main__':
26      ws_app = Application()
```

```
27    server = tornado.httpserver.HTTPServer(ws_app)
28    server.listen(8080)
29    tornado.ioloop.IOLoop.instance().start()
```

上述代码是 WebSocket 的服务器实现代码，接下来是对上述代码的解析。IndexPageHandler 类继承自 tornado.web.RequestHandler，是一个页面处理器，用于向客户端渲染 index.html 页面（WebSocket 的客户端实现程序）。WebSocketHandler 类继承自 tornado.websocket.WebSocketHandler，是核心处理器，其中 open() 函数是在有新连接的时候调用，本例中内容为空，on_message() 函数显示客户端发送的消息，onclose() 函数是在连接关闭时进行调用的，本例也不做任何处理，内容为空。Application 类继承自 tornado.web.Application，其中定义了两个路由信息，一个指向 IndexPageHandler，另一个指向 WebSocketHandler；还定义了 settings 字典信息，内容只有"template_path"："."，内容仍然由 Tornado IOLoop 启动并运行。

2. 客户端实现

客户端是围绕 WebSocket 对象进行展开编程，首先在 Javascript 中实例化 WebSocket 对象，具体示例如下：

```
var ws = new WebSocket(url);
```

在 WebSocket 中还有一些响应函数，具体如下：
- WebSocket.onopen：此事件发生在 WebSocket 连接建立时。
- WebSocket.onmessage：此事件发生在收到服务器消息时。
- WebSocket.onerror：此事件发生在通信过程中有任何错误时。
- WebSocket.onclose：此事件发生在与服务器的连接关闭时。

客户端的具体实现，如例 10-3 中 index.html 文件所示。

index.html

```
1    <!DOCTYPE HTML>
2    <html lang="zh-cn">
3    <head>
4        <meta charset="UTF-8">
5        <title>Tornado Websocket</title>
6    </head>
7    <script type="text/javascript">
8        var ws;
9        function onLoad(){
10           ws = new WebSocket("ws://localhost:8080/ws");
11           ws.onmessage = function(e){
12               alert(e.data)
13           }
14       }
15       function sendMsg(){
```

```
16            ws.send(document.getElementById('msg').value);
17        }
18  </script>
19  < body onload = 'onLoad();'>
20      信息内容：    < input type = "text" id = "msg" />
21        < input type = "button" onclick = "sendMsg();" value = "发送" />
22  </body>
23  </html>
```

上述代码是 WebSocket 的客户端实现代码。功能实现由 Javascript 脚本完成，主题内容只有一个 text 和 button 控件。其中 Javascript 脚本中内容主要包括两部分，onload() 函数创建 WebSocket 对象，定义连接到服务器的 WebSocket 地址为 ws://localhost:8080/ws，并显示服务器回应传送的消息内容；sendMsg() 函数将用户填写的内容发送给服务器。

在浏览器输入 127.0.0.1:8080 即可查看运行结果。例 10-3 运行结果如图 10.8～图 10.10 所示。

图 10.8　例 10-3 运行结果图

图 10.9　输入 1000phone

图 10.10　单击发送显示结果

10.4 Tornado 的运行和部署

本章之前的内容是使用 Tornado 中内置服务器 IOLoop 进行启动运行,但在实际生产环境下,需要考虑到性能最优化、管理独立进程、是否快捷易用等方面,因此还需要进行新的部署;值得注意的是本书基于 Windows 平台下开发,因此上述示例都是在 Windows 平台下进行开发运行,但实际生产环境一般搭建在 Linux+Nginx 环境下。本节主要是对在 Linux+Nginx 环境下搭建 Tornado 的生产环境的简单介绍,大家有兴趣可以自己尝试一下。

10.4.1 开启调试模式

截至目前,本章都是通过 IOLoop 来进行启动程序的,具体示例如下:

```
def make_app():
    return tornado.web.Application(
        [
                                   #路由信息
        ],
    )
def main():
    app = make_app()               #建立 Application 对象
    app.listen(8888)               #设置监听端口为 8888
    IOLoop.current().start()       #启动 IOLoop
if __name__ == '__main__':
    main()
```

上述示例一旦出错,就只能强制终止 Python 进程,不利于进行调试,而处于开发阶段的程序需要进行频繁的启动、查错、终止、排错、改错、重启等一系列的调试步骤,因此需要对处于开发阶段的程序进行简化调试流程。

在 Tornado 中简化调试流程其实很简单,只需向 Application 对象传入一个参数——debug,并且值为 True,具体示例如下:

```
def make_app():
    return tornado.web.Application(
        [
                                   #路由信息
        ],
        debug = True
    )
```

上述示例处理过后,可以极大地简化开发人员对程序的调试,具体如下:

- 自动加载:在开发中,只要对项目中的.py 文件进行修改,就会导致程序自动重启,并加载修改后的文件,这样可使开发人员迅速看到修改后的结果,并作出相应修改,极大地缩短了开发时间,提高了开发效率。

- 错误显示：当RequestHandler处理用户访问时出现错误或异常，系统会将相应的错误信息推送到浏览器中，使开发人员可以清晰地了解错误来源，并进行更改。
- 禁用模板缓存：在实际的线上运营环境中使用模板缓存能够提高整体效率，但在调试中，需要的是提高开发效率、缩短开发时间，而模板缓存会占用很多系统资源，这不利于提高开发效率，因此在调试模式下会将其禁用。

注意：在实际线上运营环境中禁止开启Debug模式，因为一旦开启，会增加网站被攻击的风险。

10.4.2 静态文件和文件缓存

静态文件指的是网站经常使用，且一般不变的文件，如图片文件、Javascript脚本、CSS样式文件等，在开发工作中与静态文件相关的主要有两个方面：静态文件路径配置以及文件缓存。

1. 静态文件路径配置

在Tornado中，处理静态文件的类StaticFileHandler，存在于web.py模块中，该类不仅处理静态文件的映射，也处理静态文件的主动式缓存。处理静态文件时需要设置settings中关于静态文件的值"static_path"，指明静态文件的路径，具体示例如下：

```
import os
settings = {
    "static_path": os.path.join(os.path.dirname(__file__), "static"),
    "cookie_secret": "__GENERATE_YOUR_OWN_RANDOM_VALUE_HERE__",
    "login_url": "/login",
    "xsrf_cookies": True,
}
application = tornado.web.Application([
    (r"/", MainHandler),
    (r"/login", LoginHandler),
    (r"/(apple-touch-icon\.png)", tornado.web.StaticFileHandler,
     dict(path = settings['static_path'])),
], **settings)
```

上述示例指定了静态文件的位置是当前目录中的static目录下，对于普通的静态文件，可在settings中添加static_path来指明，但有时需要自定义路径，如上述示例中的apple-touch-icon.png就进行了自定义，经过处理后可以通过两种方式来访问apple-touch-icon.png文件，具体示例如下：

```
/apple-touch-icon.png
/static/apple-touch-icon.png
```

对于/robots.txt（搜索引擎遵守的抓取协议）和/favicon.ico（web的站标）也会自动作为静态文件处理（即使它们不是以/static/开头），这个性质在application初始化时设置，当然也可以更改它，修改application的初始化代码即可。

2. 文件缓存

在Web开发过程中，有一个因素至关重要，那就是高性能，不管是前端还是后台都应该注意这个因素。在 Tornado 中可以通过文件缓存来提高网站整体的性能，缓存一些常用文件使浏览器不需要发送不必要的 If-Modified-Since 和 Etag 请求，从而提高页面的渲染速度。Tornado 内的"静态内容分版（static content versioning）"可以直接支持这种功能，即在 HTML 中使用 static_url()方法来提供 URL 地址，具体示例如下：

```html
<html>
    <head>
        <title>FriendFeed - {{ _("Home") }}</title>
    </head>
    <body>
        <div><img src="{{ static_url("images/logo.png") }}"/></div>
    </body>
</html>
```

上述示例中的 static_url()函数将相对路径翻译成一个参数的 URI，格式类似于：/static/images/logo.png? v＝aae54，其中的参数 v 是 logo.png 内容的哈希（hash）值，并且它的存在使 Tornado 服务向用户的浏览器发送缓存头，这将使浏览器无限期地缓存内容。

在生产环境下，使用 Nginx 服务器更有利于静态文件伺服，可以将 Tornado 的文件缓存指定到任何静态文件服务器上面，其中 FriendFeed 中使用的 Nginx 的配置就是如此，具体示例如下：

```
location /static/ {
    root /var/friendfeed/static;
    if ($query_string) {
        expires max;
    }
}
```

10.4.3 线上运营配置

Tornado 内置的 IOLoop 服务器可以直接运行程序，但部署一个线上产品就必须考虑如何最大限度地利用系统资源，显然直接使用 IOLoop 是不可行的，为了强化 Tornado 应用的请求吞吐量，在线上运行环境中可以使用反向代理增加 Tornado 实例的部署方式。

反向代理服务器：客户端通过 Internet 连接一个反向代理服务器，然后反向代理服务器发送请求到代理后端的 Tornado 服务器池中任何一个主机。代理服务器被设置为对客户端透明，但它会向上游的 Tornado 节点传递一些有用信息，比如原始客户端 IP 地址和 TCP 格式，如图 10.11 所示。

在图 10.11 中，网站通过 Internet DNS 服务器将用户访问定位到 Nginx 反向代理服务器上，然后 Nginx 服务器又将访问重定向到多台 Tornado Server 上，通过这种方式来实现强化 Tornado 的应用请求访问吞吐量。

Nginx 配置反向代理的方法很简单，具体示例如下：

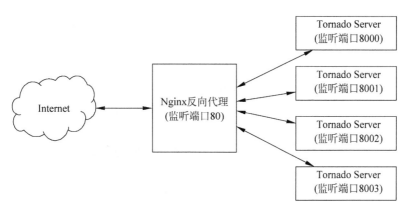

图 10.11　Nginx 反向代理服务器原理

```
user nginx;
worker_processes 5;
error_log /var/log/nginx/error.log;
pid /var/run/nginx.pid;
events {
    worker_connections 1024;
    use epoll;
}
proxy_next_upstream error;
upstream tornadoes {
    server 127.0.0.1:8000;
    server 127.0.0.1:8001;
    server 127.0.0.1:8002;
    server 127.0.0.1:8003;
}
server {
    listen 80;
    server_name www.example.org *.example.org;
    location /static/ {
        root /var/www/static;
        if ( $query_string) {
            expires max;
        }
    }
    location / {
        proxy_pass_header Server;
        proxy_set_header Host $http_host;
        proxy_redirect off;
        proxy_set_header X-Real-IP $remote_addr;
        proxy_set_header X-Scheme $scheme;
        proxy_pass http://tornadoes;
    }
}
```

上述示例中除了一些标准配置，最重要的是 upstream 指令和服务器配置中的 proxy 指令，Nginx 服务器在 80 端口监听连接，然后分配请求给 upstream 服务器组中列出的

Tornado 实例。proxy_pass 指令指定接收转发请求的服务器 URI,可以在 proxy_pass URI 中的主机部分引用 upstream 服务器组的名字,其中 Nginx 在默认情况下是以循环的方式分配到达的访问请求。

注意：上述示例是假定大家的系统使用了 epoll,在不同的 UNIX 发行版本中经常会有稍微地不同,一些系统可能使用了 poll、/dev/poll 或 kqueue 代替。

10.5　Tornado 操作数据库

Tornado 没有自带的 ORM,因此在操作数据库时需要开发者配置,并且对于 Python3.6+,Tornado 目前还没有比较完善的适配,因此需要开发者自己编写。

接下来以查询并展示 test 数据库中的学生信息(包括 id、name、age)为例讲解 Tornado 操作数据库。

10.5.1　ORM 包

在操作数据库之前先配置好相应的 ORM,接下来配置本节所需 ORM。

orm.py：主要编写了学生信息查询的实现。

```
from .qfEduMysql import QfEduMySQL
class ORM():
    @classmethod
    def all(cls):
        tableName = (cls.__name__).lower()
        sql = "select * from " + tableName
        db = QfEduMySQL()
        print(sql)
        return db.get_all_obj(sql, tableName)
    @classmethod
    def filter(cls):
        pass
```

qfEduMysql.py：数据库操作类(针对 MySQL)。

```
import pymysql
import config
def singleton(cls, *args, **kwargs):
    instances = {}
    def _singleton():
        if cls not in instances:
            instances[cls] = cls(*args, **kwargs)
        return instances[cls]
    return _singleton
@singleton
class QfEduMySQL():
    # 数据库的配置信息
    host = config.mysql["host"]
```

```python
        user = config.mysql["user"]
        passwd = config.mysql["passwd"]
        dbName = config.mysql["dbName"]
    #连接数据库
    def connet(self):
        self.db = pymysql.connect(
            self.host, self.user, self.passwd, self.dbName)
        self.cursor = self.db.cursor()
    #关闭连接
    def close(self):
        self.cursor.close()
        self.db.close()
    def get_all(self, sql):
        res = ()
        try:
            self.connet()
            self.cursor.execute(sql)
            res = self.cursor.fetchall()
            self.close()
        except:
            print("查询失败")
        return res
    #查询表中信息
    def get_all_obj(self, sql, tableName, *args):
        resList = []
        fieldsList = []
        if (len(args) > 0):
            for item in args:
                fieldsList.append(item)
        else:
            fieldsSql = "select COLUMN_NAME from " \
                        "information_schema.COLUMNS where " \
                        "table_name = '%s' and table_schema = '%s'" % (
            tableName, self.dbName)
            fields = self.get_all(fieldsSql)
            for item in fields:
                fieldsList.append(item[0])
        #执行查询数据 sql
        res = self.get_all(sql)
        for item in res:
            obj = {}
            count = 0
            for x in item:
                obj[fieldsList[count]] = x
                count += 1
            resList.append(obj)
        return resList
    def insert(self, sql):
        return self.__edit(sql)
```

```
        def update(self, sql):
            return self.__edit(sql)
        def delete(self, sql):
            return self.__edit(sql)
        def __edit(self, sql):
            count = 0
            try:
                self.connet()
                count = self.cursor.execute(sql)
                self.db.commit()
                self.close()
            except:
                print("事务提交失败")
                self.db.rollback()
            return count
```

10.5.2 操作数据库

将所需的 ORM 配置完成之后,接下来可以针对数据库中数据进行操作,本节只将学生信息查询并显示出来即可(以下.py 文件均在项目下直接创建,.html 文件则创建在 templates 文件夹中)。

models.py(项目中):学生模型类,包括 name、age。

```
from ORM.orm import ORM
class Students(ORM):
    def __init__(self, name, age):
        self.name = name
        self.age = age
```

index.py(views):编写在视图 views 中 StudentsHandler 类,主要是获取数据库中学生信息。

```
import tornado.web
from tornado.web import RequestHandler
from models import Students
#数据库
class StudentsHandler(RequestHandler):
    def get(self, *args, **kwargs):
        #从数据库中提取数据
        stus = Students.all()
        self.render('students.html', stus = stus)
```

config.py(项目中):配置文件,包括端口、数据库的配置信息、各文件的地址配置。

```
import os
BASE_DIRS = os.path.dirname(__file__)
```

```python
# 参数
options = {
    "port": 8000
}
# 数据库配置
mysql = {
    "host": "127.0.0.1",
    "user": "1000phone",
    "passwd": "1000phone",
    "dbName": "test"
}
# 配置
settings = {
    "static_path": os.path.join(BASE_DIRS, "static"),
    "template_path": os.path.join(BASE_DIRS, "templates"),
    "debug": False,
}
```

application.py(项目中)：主要包括各功能的 url 配置。

```python
import os
import tornado.web
import config
from views import index
class Application(tornado.web.Application):
    def __init__(self):
        handlers = [
            (r'/students', index.StudentsHandler),
            # StaticFileHandler,要放在所有路由的最下面
            (r'/(.*)$', tornado.web.StaticFileHandler,{
                "path": os.path.join(config.BASE_DIRS, "static/html"),
                "default_filename": "index.html"})
        ]
        super(Application, self).__init__(handlers, **config.settings)
```

server.py(项目中)：服务器文件。

```python
import tornado.web
import tornado.ioloop
import tornado.httpserver
import config
from application import Application
if __name__ == "__main__":
    app = Application()
    httpServer = tornado.httpserver.HTTPServer(app)
    httpServer.bind(config.options["port"])
    httpServer.start(1)
    tornado.ioloop.IOLoop.current().start()
```

students.html（templates）：学生信息的前端展示文件。

```html
<!DOCTYPE html>
<html lang="en">
<head>
    <meta charset="UTF-8">
    <title>学生信息</title>
</head>
<body>
    <ul>
        {% for stu in stus %}
        <li>{{stu["name"]}}-------{{stu["age"]}}</li>
        {% end %}
    </ul>
</body>
</html>
```

接下来运行 server.py 文件，并在浏览器中输入 http://127.0.0.1:8000/students，运行结果如图 10.12 所示。

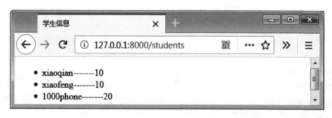

图 10.12　例 10-4 运行结果

本节只实现了 Tornado 查询数据库中数据，大家可以通过编写相关数据操作的 ORM 来对数据库进行其他操作，此处不再详细介绍。

10.6　本章小结

本章主要介绍了处理高并发的 Python Web 框架——Tornado，其中主要讲解了 Tornado 的概述与安装、协程的使用、WebSocket 的运用、Tornado 的运行与部署、Tornado 操作数据库五方面内容；本书基于 Windows 平台开发，因此本章节的内容也是基于 Windows 平台，但是 Tornado 框架适合于一些需要处理高并发网站的企业，实际的环境也建议部署在 Linux 系统下，服务器建议是 Nginx。

10.7　习　　题

1. 填空题

（1）　　　　是实时 Web 服务的一个理想框架。

（2）　　　　也是 Tornado 推荐的编程方式。

（3）协程由三部分定义，分别是　　　　、　　　　、　　　　。

（4）_____是按照时序执行的，即执行时导致请求进程阻塞，后续操作在前面操作完成之前不能执行。

（5）在 Tornado 中，处理静态文件的类 StaticFileHandler 存在于_____模块中。

2．选择题

（1）下列不属于协程定义的是（　　）。

　　A．协程代码块　　　B．协程模块　　　C．线性代码块　　　D．线性模块

（2）当有新 WebSocket 连接时，Tornado 会调用（　　）函数。

　　A．WebSocketHandler.open()　　　　B．WebSocketHandler.on_close()

　　C．WebSocketHandler.on_message()　　D．WebSocketHandler.close()

（3）Tornado 是（　　）。

　　A．处理速度一般　　　　　　　　　B．阻塞式服务器

　　C．与其他框架一样　　　　　　　　D．非阻塞式服务器

（4）本章 Tornado 的项目是通过（　　）来启动的。

　　A．Terminal　　　　　　　　　　　B．runserver

　　C．IOLoop　　　　　　　　　　　　D．Python Console

（5）下列选项中，不属于 tornado.websocket.WebSocketHandler 的函数的是（　　）。

　　A．open()　　　B．on_close()　　　C．close()　　　D．on_message()

3．思考题

（1）简述同步 I/O 与异步 I/O？

（2）简述 WebSocket 的概念？

4．编程题

使用 WebSocket 实现客户端填写姓名并发送给服务器。

第 11 章 Django 实战

本章学习目标

掌握 Django 项目开发流程

从本章开始进入 Web 高级部分,即项目实战。本章讲解 Django 项目实战——图书管理系统,通过从用户管理、页面设计、图书管理、作者信息管理、出版社信息管理以及分类管理六部分内容来进行讲解。项目整体目录如图 11.1 所示。

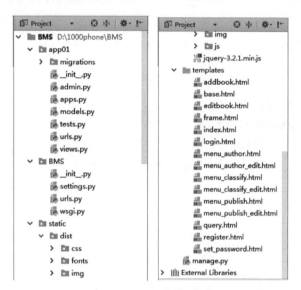

图 11.1 项目整体目录

11.1 项目概览及准备

图书管理系统是通过互联网对图书及相关信息进行管理的一个信息管理系统,项目编写的目的如下:

- 减少人力成本和管理费用。
- 提高信息的准确性和信息的安全。
- 改进管理。
- 良好的人机交互界面,操作简便。

图书管理系统分为用户管理、图书管理、作者信息管理、出版社信息管理、分类管理五大模块,其功能模块图如图11.2所示。

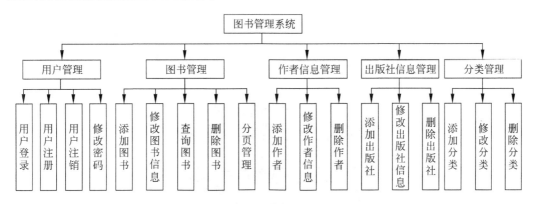

图11.2 功能模块图

上述内容介绍了图书管理系统的目的及功能,接下来进行数据库设计。本章主要设计了作者(author)、书籍(book)、分类(classify)、出版社(publish)以及书籍与作者的联系表(book_author),具体如下所示。

models.py

```
1   from django.db import models
2   class Author(models.Model):
3       name = models.CharField(max_length = 32)
4       sex = models.CharField(max_length = 10)
5       age = models.IntegerField()
6       university = models.CharField(max_length = 32)
7   class Publish(models.Model):
8       name = models.CharField(max_length = 32)
9       addr = models.CharField(max_length = 32)
10  class Classify(models.Model):
11      category = models.CharField(max_length = 32)
12  class Book(models.Model):
13      title = models.CharField(max_length = 32)
14      price = models.DecimalField(max_digits = 8, decimal_places = 3)
15      date = models.CharField(max_length = 64)
16      publish = models.ForeignKey('Publish', on_delete = models.CASCADE)
17      classify = models.ForeignKey('Classify', on_delete = models.CASCADE)
18      author = models.ManyToManyField('Author')
```

上述代码创建了数据表及模型类,其中第16~18行是建立各表之间的联系,第16行在书籍表中创建外键"Publish",第17行是在数据表中创建外键"Classify",第18行创建书籍与作者的联系表(书籍与作者多对多关系)。

注意:

- 用户表在Django中自动生成,无须手动添加。
- 设计数据库时确保安装了MySQL数据库,并安装了PyMySQL库。
- 将数据库相关配置信息修改为MySQL,并设置配置信息,具体如第7章中Django Admin站点管理。

- 创建外键时参数'on_delete = models. CASCADE'不可少,此处为Django2.0的更新内容,缺少则报错。

接下来生成迁移文件(python manage.py makemigrations)并执行迁移(python manage.py migrate),执行成功之后,数据库中表格如图11.3所示。

图11.3 数据库中表格

在图11.3中,前5张表格是编写的模型类生成,其他表格则是Django框架自动生成。

本项目使用了Bootstrap框架来对前端页面设计布局,并使用了jQuery对页面效果进行控制,因此在开始项目之前还需保证项目中安装了Bootstrap框架和jQuery。

11.2 用户管理

用户管理是管理所有注册并登录本系统的用户信息,对用户的登录和退出做到验证管理,确保安全,最终实现用户信息的管理(注册、登录、删除、修改)。

11.2.1 用户注册

用户登录/注册是每个网站必备的功能,本小节先讲解用户注册模块的实现。

1. 用户注册界面设计

注册界面应当尽可能简洁明了,并且要将网站所需的信息都尽可能获取,本项目主要是设计了用户名、密码及邮箱这三个信息来进行注册,具体如下所示。

register.html

```
1    <!DOCTYPE html>
2    <html lang = "en">
3    <head>
4        <meta charset = "UTF - 8">
5        <title>欢迎来到1000phone图书馆</title>
6        <link rel = "stylesheet" href = "/static/dist/css/bootstrap.css">
7        <style>
```

```
8              #form{margin-top: 240px}
9              form input{margin-top: 20px}
10             body{
11                 background-image: url("/static/dist/img/2.jpg");
12                 background-size: 100%;
13                 background-repeat: no-repeat;
14             }
15         </style>
16     </head>
17     <body>
18     <h4>{{ error_message }}</h4>
19     <div class="container col-md-offset-4">
20         <div class="row" id="form">
21             <div class="col-md-4">
22                 <form action="/regist/" method="post">
23                     <div class="form-group">
24                         {{ obj.username }}{{ obj.errors.username.0 }}
25                     </div>
26                     <div class="form-group">
27                         {{ obj.password }}{{ obj.errors.password.0 }}
28                     </div>
29                     <div class="form-group">
30                         {{ obj.email }}{{ obj.errors.email.0 }}
31                     </div>
32                     <button type="submit" class="btn btn-default">注册</button>
33                     <button type="button" class="btn btn-default"
34                         onclick="window.location.href='/login/'">返回
35                     </button>
36                 </form>
37             </div>
38         </div>
39     </div>
40     </body>
41 </html>
```

上述代码中第 6 行是引入 Bootstrap 中 CSS 样式；第 7~15 行是自定义 CSS 样式；第 18 行是显示错误信息；第 19~39 行是整个注册页面的主要内容，包括第 22~36 行的表单内容，其中含有用户名(username)、密码(password)和邮箱(email)三部分的内容，最后有两个控制按钮，分别为"注册"(跳转到'/regist/')和"返回"(跳转到'/login/')。

2. 视图设计

将注册模板设计好之后，通过视图函数来实现整个页面的功能。

1) register()函数

```
1  def register(request):
2      if request.method == 'GET':
3          obj = Regist()
4          return render(request, 'register.html',{'obj':obj})
```

```
5        else:
6            obj = Regist(request.POST)
7            if obj.is_valid():
8                data = obj.cleaned_data
9                User.objects.create_user(**data)
10               return redirect('/login/')
```

上述代码是注册功能的实现。第 2~4 行判断请求方法是否为 GET,若是,则实例化 Regist 对象,并赋值给 obj,最终将信息传送并渲染到 register.html 页面;第 6~10 行是若请求方法不是 GET,则以 POST 方式实例化 Regist()对象,并最终创建一个新用户(将数据存入数据库中),最后跳转到登录视图函数中。

2) Regist 类

```
1    class Regist(forms.Form):
2        username = forms.CharField(
3            error_messages = {'required':'用户名错误'},
4            widget = forms.TextInput(
5                attrs = {'class':"form-control",'placeholder':'用户名'})
6                )
7        password = forms.CharField(
8            min_length = 3,
9            error_messages = {'required':'密码错误'},
10           widget = forms.PasswordInput(
11               attrs = {'class':"form-control",'placeholder':'密码'}
12           )
13       )
14       email = forms.EmailField(
15           error_messages = {'required':'邮箱格式错误'},
16           widget = forms.EmailInput(
17               attrs = {'class': "form-control", 'placeholder': '邮箱'}
18           )
19       )
```

上述代码是注册页面中三个信息的验证以及错误提示。

3. 配置 URL

上述内容已经将注册的功能都实现了,接下来配置 URL。在项目的 url.py 文件的 urlpatterns 列表中加入以下代码:

```
path('regist/', register),
```

4. 运行效果

运行项目并在浏览器中输入 127.0.0.1:8000/regist 查看运行结果,运行结果如图 11.4 所示。

注意:Django 中默认开启 CSRF,本项目将此内容注释(线上项目不建议),在项目中 settings.py 文件的 MIDDLEWARE 列表中注释 CSRF 功能,具体示例如下:

图 11.4 注册界面运行结果

```
MIDDLEWARE = [
    'django.middleware.security.SecurityMiddleware',
    'django.contrib.sessions.middleware.SessionMiddleware',
    'django.middleware.common.CommonMiddleware',
    # 'django.middleware.csrf.CsrfViewMiddleware',
    'django.contrib.auth.middleware.AuthenticationMiddleware',
    'django.contrib.messages.middleware.MessageMiddleware',
    'django.middleware.clickjacking.XFrameOptionsMiddleware',
]
```

11.2.2 用户登录

用户在网站注册成功之后,可以通过登录界面进行登录,验证成功之后跳转到网站的主页面。接下来介绍用户的登录功能。

1. 用户登录界面设计

```
1    <body>
2    <h5>{{ error_message }}</h5>
3    <div style = "width: 1200px;">
4        <div class = "row" id = "form">
5            <div class = "col-md-offset-9">
6                <form action = "/login/" method = "post" novalidate>
7                    <div class = "form-group">
8                        {{ obj.user }}{{ obj.errors.user.0 }}
9                    </div>
10                   <div class = "form-group">
11                       {{ obj.pwd }}{{ obj.errors.pwd.0 }}
12                   </div>
```

```
13              < button type = "submit" class = "btn btn - default">登录</button>
14              < button type = "button" class = "btn btn - default"
15                     onclick = "window.location.href = '/regist/'">注册
16              </button >
17          </ form >
18        </ div >
19      </div >
20    </ div >
21 </ body >
```

上述代码是用户登录界面的主体代码,包括用户名、密码、登录按钮以及注册按钮。第13行是登录按钮,直接提交表单;第14～16行是跳转到注册页面,并执行注册。

登录界面除了 Bootstrap 框架自带的 CSS 样式,还编写了一些自定义样式,样式代码如下:

```
< style >
    #form{margin - top: 120px}
    form input{margin - top: 30px}
    body{
        background - image: url("../static/dist/img/6.jpg");
        background - size: 100 % ;
        background - repeat: no - repeat;
    }
</ style >
```

2. 视图设计

1) log_in()函数

```
1  def log_in(request):
2      if request.method == 'GET':
3          obj = Log_in()
4          return render(request, 'login.html',locals())
5      else:
6          obj = Log_in(request.POST)
7          if obj.is_valid():
8              data = obj.cleaned_data
9              user = auth.authenticate(username = data.get('user'),
10                          password = data.get('pwd'))
11             if user:
12                 auth.login(request,user)
13                 return redirect('/index/')
14             else:
15                 return render(request, 'login.html', {'obj': obj})
16         else:
17             return render(request, 'login.html',{'obj':obj})
```

上述代码与注册中 register()函数类似,其中第7～17行是对用户登录信息的判断;第9行是将用户输入并通过 Log_in 实例验证过的用户名和密码与数据库中数据进行比对,比对结果赋值给 user；第 11 行若用户存在，则直接登录成功并跳转到网站首页；第 15 行是用户不存在，重新渲染登录界面；第 17 行是 Log_in 实例未通过验证，重新渲染登录界面。

2）Log_in 类

```
1   class Log_in(forms.Form):
2       user = forms.CharField(
3           error_messages = {'required': '用户不能为空'},
4           widget = forms.TextInput(
5               attrs = {'class':"form-control",'placeholder':'用户名'})
6       )
7       pwd = forms.CharField(
8           min_length = 3,
9           error_messages = {'required': '密码不能为空'},
10          widget = forms.PasswordInput(
11              attrs = {'class':"form-control",'placeholder':'密码'})
12      )
```

上述代码主要是对登录的信息进行设置并验证，与注册中 Regist 类类似，此处不再赘述。

3. 配置 URL

在项目的 url.py 文件的 urlpatterns 列表中加入以下代码：

```
path('', log_in),
path('login/', log_in),
```

4. 运行效果

完成功能及页面的设计以后，运行项目并在浏览器中输入 127.0.0.1:8000/login/ 查看效果，运行结果如图 11.5 所示。

图 11.5 登录界面运行结果

11.2.3 修改密码

用户注册网站后,可以根据需要修改登录账号的密码,接下来讲解修改密码功能。

1. 修改密码页面设计

```
1    <div class = "container col-md-offset-4">
2        <div class = "row" id = "form">
3            <div class = "col-md-4">
4                <form action = "/set_password/" method = "post">
5                    <div class = "form-group">
6                        <input type = "password" name = "oldpwd"
7                            class = "form-control" placeholder = "原始密码">
8                    </div>
9                    <div class = "form-group">
10                       <input type = "password" name = "newpwd"
11                           class = "form-control" placeholder = "新的密码">
12                   </div>
13                   <button type = "submit" class = "btn btn-default">确定</button>
14                   <button type = "button" class = "btn btn-default"
15                       onclick = "window.location.href = '/index/'">返回
16                   </button>
17               </form>
18           </div>
19       </div>
20   </div>
```

上述代码是修改密码的主体代码,主要包括原始密码和新密码两个输入框以及确定和返回两个按钮。

2. 视图设计

修改密码页面设计完成之后就是实现修改密码功能并修改数据库,主要的视图函数是 set_password() 函数,代码如下:

```
1    def set_password(request):
2        if request.method == 'GET':
3            return render(request,'set_password.html')
4        else:
5            oldpwd = request.POST.get('oldpwd')
6            newpwd = request.POST.get('newpwd')
7            user = request.user
8            if user.check_password(oldpwd):
9                user.set_password(newpwd)
10               user.save()
11               return redirect('/login/')
12           else:
13               return render(request, 'set_password.html')
```

上述代码中第 5 行将用户输入的原始密码赋值给 oldpwd;第 6 行将用户输入的新密码

赋值给 newpwd；第7行将发起请求的用户对象赋值给 user；第8行进行检测用户输入的旧密码是否正确,正确则执行设置新密码(第9行),并保存到数据库中(第10行);第11行跳转到登录界面;第12～13行是原始密码错误时,跳转到修改密码界面。

3. 配置 URL

在项目的 url.py 文件的 urlpatterns 列表中加入以下代码:

```
path('set_password/', set_password),
```

4. 运行效果

完成功能及页面的设计以后,运行项目并在浏览器中输入 127.0.0.1:8000/set_password/查看效果,运行结果如图 11.6 所示。

图 11.6　修改密码界面运行结果

当用户将原始密码输入错误时,重新跳转修改密码页面,原始密码输入正确则跳转到登录界面。

11.3　页面设计

Web 网站开发中很大一部分是进行页面设计,网站最终是要展示给用户观看及使用的,因此页面设计也是非常重要的。接下来介绍图书管理系统的页面设计。

11.3.1　基页面

base.html 是网站中其他页面的基页面,网站中其他页面都继承自 base.html。接下来详细讲解 base.html 中内容。

base.html 代码如下:

```html
1   <!DOCTYPE html>
2   <html lang="en">
3   <head>
4       <meta charset="UTF-8">
5       <title>1000phone 图书馆</title>
6       <script src="/static/jquery-3.2.1.min.js"></script>
7       <script src="/static/dist/js/bootstrap.js"></script>
8       <link rel="stylesheet" href="/static/dist/css/bootstrap.css">
9       <style>
10          .col-md-9{margin-top:50px}
11          body{
12              background-size:100%;
13              background-repeat:no-repeat;
14          }
15          #canel{margin-left:180px}
16
17          *{margin:0}
18          .header{
19              width:100%;
20              height:48px;
21              background-color:black;
22              opacity:0.8;
23              position:fixed;
24              top:0px;
25              left:0px;
26          }
27
28          .left{
29              width:200px;
30              background-color:whitesmoke;
31              position:fixed;
32              top:48px;
33              left:0px;
34              bottom:0px;
35          }
36          .title li{
37              margin-top:80px;
38          }
39
40      </style>
41      {% block css %}
42
43      {% endblock %}
44  </head>
45  <body>
46
47  <div class="content">
48      <div class="header">
49          <a href="/index/"><img src="/static/dist/img/4.png"
50                                 style="height:48px;width:200px"/></a>
```

```html
51          <a href="/index/" style="margin-left: 30px;
52              text-align: center;line-height: 48px;font-size: 20px;
53              color: wheat">图书管理系统</a>
54          <a href="/index/" style="margin-left:60px;text-align: center;
55              line-height:48px;font-size: 20px;color: wheat">首页</a>
56          <span style="margin-left: 430px;color: wheat">
57              欢迎您      {{ request.user }}</span>
58          <a href="/logout/" style="float: right;margin-right: 20px;
59              text-align: center;line-height: 48px;color: wheat;
60              text-decoration:none;">注销</a>
61          <a href="/set_password/" style="float: right;
62              margin-right: 30px;text-align: center;line-height: 48px;
63              color: wheat;text-decoration:none;">修改密码</a>
64      </div>
65      <div class="left">
66          <ul class="title" style="list-style-type:none">
67              <li><a href="/index/">操作</a></li>
68              <li><a href="/ul/menu/author/" style="text-decoration:none">
69                  作者</a></li>
70              <li><a href="/ul/menu/publish/" style="text-decoration:none">
71                  出版社</a></li>
72              <li><a href="/ul/menu/classify/" style="text-decoration:none">
73                  书籍分类</a></li>
74          </ul>
75      </div>
76      <div class="container" style="margin-top: 60px;">
77          <div class="row">
78              <div class="col-md-9 col-md-offset-2">
79                  {% block book_list %}
80                  {% endblock %}
81              </div>
82          </div>
83  </div>
84      {% block content %}
85
86      {% endblock %}
87  </div>
88  </body>
89  {% block js %}
90
91  {% endblock %}
92  </html>
```

上述代码是图书管理系统网站的基页面,网站的主要界面均继承自它,因此内容比较重要。第6~8行是引入jQuery以及Bootstrap框架。第9~40行是编写自定义网站样式,主要包括body、header类、left类的样式。第41~43行是为其他页面编写或引入CSS样式内容所留下的模板块。第48~64行是整个网站的头,即网站的横向导航栏,其中第49~50行是图片标签,即千锋教育LOGO图片,并添加链接到首页,第51~53行是"图书管理系统"

字样并添加链接到首页,第 54~55 行是首页链接,第 56~57 行是欢迎用户,第 58~60 行是注销登录,第 61~63 行是修改密码。第 65~75 行是网站左边栏的内容,包括操作、作者、出版社和书籍分类四部分内容,分别添加链接到首页、作者页、出版社页和书籍分类页。第 76~87 行是网站中其他页面的主体内容,其中 78~81 行是用来显示名为 book_list 块内容的,即其他页面中将要显示的内容块命名为 book_list 就可以在此处 div 标签中显示,第 84~86 行同理。第 89~91 行是为其他页面编写或引入 JS 内容所留下的模板块。

注意:本节接下来的页面均需要继承基页面,因此页面均需要在编写代码开始时添加以下代码:

```
{% extends 'base.html' %}
```

11.3.2 首页

首页主要是将书籍信息显示出来,代码如下:

```
1    {% block content %}
2        <div class="container">
3        <div class="row">
4            <div class="col-md-10 col-md-offset-2">
5                <form action="/query/" method="post">
6                    <p><input type="text" placeholder="请输入书名" name="book">
7                    <input type="submit" class="btn-info" value="Search">
8                    </p>
9                </form>
10               <span><a href="/addbook/">
11                   <button class="btn-info">添加</button></a></span>
12               <table class="table table-hover">
13                   <tr>
14                       <th>编号</th>
15                       <th>书名</th>
16                       <th>价格</th>
17                       <th>出版社</th>
18                       <th>出版时间</th>
19                       <th>分类</th>
20                       <th>作者</th>
21                       <th colspan="3" style="text-align: center">操作</th>
22                   </tr>
23                   {% block book %}
24                   {% for book in book %}
25                       <tr>
26                           <td>{{ forloop.counter }}</td>
27                           <td>{{ book.title }}</td>
28                           <td>{{ book.price }}</td>
29                           <td>{{ book.publish.name }}</td>
30                           <td>{{ book.date }}</td>
31                           <td>{{ book.classify.category }}</td>
32                           <td>
```

```
33                  {% for author in book.author.all %}
34                      {{author.name}}
35                  {% endfor %}
36              </td>
37              <td><a href="/editbook/?id={{ book.id }}">
38                  <button class="btn-info">编辑</button></a></td>
39              <td><a href="/delbook/?id={{ book.id }}">
40                  <button class="btn-danger">删除</button></a></td>
41          </tr>
42      {% endfor %}
43  {% endblock %}
44  </table>
45      </div>
46  </div>
47 </div>
```

上述代码是网站的首页代码,将所有书籍信息显示出来。第6~8行搜索书籍输入框以及搜索触发按钮。第10~11行是添加书籍按钮,直接跳转到添加书籍界面。第12~44行是首页主体显示内容,以表格形式显示书籍信息,主要包括编号{{ forloop.counter }}、书名{{ book.title }}、价格{{ book.price }}、出版社{{ book.publish.name }}、出版时间{{ book.date }}、分类{{ book.classify.category }}、作者{{author.name }}、操作(编辑、删除)字段,前6个字段以for循环形式将书籍遍历显示在表格中(第24~42行),作者可能有多个,因此使用for循环遍历在表格中(第33~35行)。

由于书籍数量较大,如果将所有书籍都在一个页面上显示会导致整个网站的用户体验非常差,因此在首页的设计上添加了分页显示的效果,使网站的整体体验更优化。具体如下:

```
1   <nav aria-label="Page navigation"
2       style="position: fixed;bottom: 5px;right: 50%">
3       <ul class="pagination">
4           {% if book.has_previous %}
5               <li><a href="/index/?page={{ book.previous_page_number }}">
6                   上页<span class="sr-only">(current)</span></a></li>
7           {% else %}
8               <li class="disabled"><a href="#">上页</a></li>
9           {% endif %}
10          {% for page in p.page_range %}
11              <li><a href="/index/?page={{ page }}">{{ page }}
12                  <span class="sr-only">(current)</span></a></li>
13          {% endfor %}
14          {% if book.has_next %}
15              <li><a href="/index/?page={{ book.next_page_number }}">
16                  下页<span class="sr-only">(current)</span></a></li>
17          {% else %}
18              <li class="disabled"><a href="#">下页</a></li>
19          {% endif %}
```

```
20        </ul>
21      </nav>
22    {% endblock %}
```

上述代码是对书籍信息数据实现分页显示。第4~9行是判断整个分类数据有没有上一页,若有,则"上页"按钮跳转到上一页;若没有,则不能跳转。第10~13行将书籍的页数用for循环显示在网站的下方(本页面设计的是每页显示5条,在本章的图书管理中有详细讲解)。第14~19行是判断整个分类数据有没有下一页,若有,则"下页"按钮跳转到下一页;若没有,则不能跳转。

11.3.3 分类管理页面设计

分类管理是管理书籍的类别添加和显示的,其中页面设计主要包括 menu_classify.html 和 menu_classify_edit.html 两个文件,前者是显示书籍类别信息的页面,后者是编辑书籍类别信息的页面。

menu_classify.html

分类显示页面主要包括数据展示、分页和添加数据三部分内容。接下来详细解析这三部分的代码内容。

```
1   <a class="btn btn-default" href="/index/" role="button"
2       style="float: right">返回</a>
3   <button type="button" class="btn btn-primary" data-toggle="modal"
4           data-target="#myModal">
5   添加书籍分类
6   </button>
7   <div class="modal fade" id="myModal" tabindex="-1" role="dialog"
8        aria-labelledby="myModalLabel">
9     <div class="modal-dialog" role="document">
10      <div class="modal-content">
11        <div class="modal-header">
12          <button type="button" class="close" data-dismiss="modal"
13                  aria-label="Close"><span aria-hidden="true">&times;
14          </span></button>
15          <h4 class="modal-title" id="myModalLabel">添加书籍类</h4>
16        </div>
17        <div class="modal-body">
18          <form>
19              <div class="form-group">
20                  <input type="email" class="form-control"
21                         placeholder="书籍类别" name="category">
22              </div>
23          </form>
24        </div>
25        <div class="modal-footer">
26          <button type="button" class="btn btn-default"
27                  data-dismiss="modal">取消</button>
28          <button type="button" id="add_classify"
```

```
29                        class = "btn btn - primary">确定</button>
30                  </div>
31              </div>
32          </div>
33      </div>
34      <table class = "table table - hover">
35          <tr>
36              <th>序号</th>
37              <th>类别</th>
38              <th colspan = "1" style = "text - align: center">操作</th>
39          </tr>
40          {% for categ in book_list  %}
41          <tr>
42              <td>{{ forloop.counter }}</td>
43              <td>{{ categ.category }}</td>
44              <td style = "width: 130px">
45                  <a href = "/ul/menu/classify/edit/?id = {{ categ.id }}">
46                      <button class = "btn - info">编辑</button></a></td>
47              <td style = "width: 130px">
48                  <a href = "/ul/menu/classify/del/?id = {{categ.id }}">
49                      <button class = "btn - danger">删除</button></a></td>
50          </tr>
51          {% endfor %}
52      </table>
```

上述代码是书籍类别显示的代码,以表格形式展示书籍分类信息,主要包括序号、类别和操作,其中{{ forloop.counter }}是书籍分类的序号,{{ categ.category }}是分类名称,操作中包含编辑和删除两个按钮。

书籍分类数据较多时,也可以考虑进行分页显示,因此在书籍分类的信息显示页面也采用了分页显示,具体代码与首页中的分页实现相同。

注意:以上两部分代码(数据展示和分页)是编写在{{block book_list}}与{{endblock}}块中的。

图书管理系统中若有新的书籍分类出现,则需要向数据库中添加新的书籍分类,本系统通过jQuery来实现书籍分类添加功能,具体如下:

```
1   {% block js %}
2       <script>
3           $('#add_classify').click(function () {
4               var $classify = $('[name = category]').val()
5               $.ajax({
6                   url:'/ul/menu/classify/add/',
7                   type:'POST',
8                   data:{'classify': $classify},
9                   success:function (data) {
10                      if (data == 'ok'){window.location.reload()}}
11              })
12          })
```

```
13            </script>
14    {% endblock %}
```

上述代码通过 jQuery 中的 Ajax 技术进行数据传送最终实现书籍分类的添加。第 3~12 行是当 id 为 add_classify 的按钮被单击时触发。其中第 4 行将 name=category 的值赋给变量 $classify。第 5~12 行通过 Ajax 技术将变量 $classify 的值以 POST 的方式传送到 url 为 /ul/menu/classify/add/ 的视图函数中，最终通过视图函数完成书籍分类信息的添加。

menu_classify_edit.html

当遇到书籍分类消息需要修改时，需要修改页面来将数据进行修改。书籍分类修改代码如下：

```
1    {% block book_list %}
2        <form action="/ul/menu/classify/edit/?id={{ classify.id }}"
3                method="post">
4            <div class="form-group">
5                <p>书籍分类:</p>
6                <input class="form-control"  value={{classify.category}}
7                        name="category">
8            </div>
9            <input type="submit" value="修改">
10           <button id="canel"><a href="/ul/menu/classify/">取消</a></button>
11       </form>
12   {% endblock %}
```

上述代码实现了书籍分类信息的修改。第 2~11 行均属于{{block book_list}}块中。第 2~3 行是表单的头标签内容，通过{{ classify.id }}来控制提交数据的修改。第 5~7 行是书籍分类修改框，其中原始数据为{{classify.category}}，修改之后可以单击"修改"按钮（第 9 行）提交修改之后的表单，交由相关视图函数进行数据库修改，当不想修改时可单击"取消"按钮（第 10 行）进行取消操作。

11.3.4 图书管理页面设计

图书管理页面是显示书籍的管理信息的，其中页面设计主要包括 addbook.html、editbook.html、query.html 三个文件，第一个文件是添加书籍信息的显示页面，第二个文件是编辑书籍信息的显示页面，第三个是查询书籍信息的显示页面。

addbook.html

添加书籍信息页面数据量比较大，因此使用了表单来实现，实现代码如下：

```
1    {% block book_list %}
2        <form action="/addbook/" method="post">
3            <div class="form-group">
4                <p>书名:</p>
5                <input class="form-control" id="title" name="title">
6            </div>
```

```
7       <div class = "form-group">
8           <p>价格:</p>
9           <input type = "text" class = "form-control" id = "price" name = "price">
10      </div>
11      <div class = "form-group">
12          <p>出版社:</p>
13          <select name = "publish_id">
14              {% for publish in publish %}
15              <option value = "{{ publish.id }}">
16                  {{ publish.name }} </option>
17              {% endfor %}
18          </select>
19      </div>
20      <div class = "form-group">
21          <p>出版日期:</p>
22          <input type = "text" class = "form-control" id = "date" name = "date">
23      </div>
24      <div class = "form-group">
25          <p>分类:</p>
26          <select name = "classify_id">
27              {% for classify in classify %}
28              <option value = "{{ classify.id }}">
29                  {{ classify.category }}</option>
30              {% endfor %}
31          </select>
32      </div>
33      <div class = "form-group">
34          <p>作者:</p>
35          <select name = "authors_id" multiple = "multiple">
36              {% for author in authors %}
37              <option value = "{{ author.id }}">
38                  {{ author.name }}</option>
39              {% endfor %}
40          </select>
41      </div>
42      <input type = "submit" value = "添加">
43      <button type = "button" id = "canel"
44              onclick = "window.location.href = '/index/'">取消</button>
45  </form>
46 {% endblock %}
```

上述代码实现了添加书籍信息页面,整个表单包括书名、价格、出版社、出版日期、分类、作者信息。书名(第 4~5 行)、价格(第 8~9 行)、出版日期(第 21~22 行)是在输入框中手动输入,页面设计相对简单,此处不详细介绍。第 12~18 行是出版社信息,采用 select 标签(即下拉单选框)设计,使用 for 循环将数据库中出版社信息显示在下拉单选框中。第 25~30 行是分类信息的设计,设计模式与出版社信息相同。第 34~40 行是作者信息设计,采用 select 标签以及 multiple = "multiple"属性进行多行显示下拉多选框,其他设计模式与出版社信息相同。第 42 行的"添加"按钮将表单信息提交到添加书籍的视图函数中进行书籍数据处理,并保存到数据库中。若不想添加可以单击"取消"按钮(第43~44行),取消添加。

editbook.html

本系统还提供了书籍信息修改功能,因此需要书籍信息编辑的页面。接下来介绍编辑书籍信息页面设计,代码如下:

```
1    {% block book_list %}
2        <form action="/editbook/?id={{ book_obj.id }}" method="post">
3            <div class="form-group">
4                <p>书名:</p>
5                <input class="form-control" id="title" name="title"
6                       value={{ book_obj.title }}>
7            </div>
8            <div class="form-group">
9                <p>价格:</p>
10               <input type="text" class="form-control" id="price"
11                      value={{ book_obj.price }} name="price">
12           </div>
13           <div class="form-group">
14               <p>出版社:</p>
15               <select name="publish_id">
16                   {% for p in publishs %}
17                       {% if p.id == publish.id %}
18                           <option selected value="{{ publish.id }}">
19                               {{ publish.name }}</option>
20                       {% endif %}
21                       <option value="{{ p.id }}">{{ p.name }}
22                       </option>
23                   {% endfor %}
24               </select>
25           </div>
26           <div class="form-group">
27               <p>出版日期:</p>
28               <input type="text" class="form-control" id="date"
29                      name="date" value={{ book_obj.date }}>
30           </div>
31           <div class="form-group">
32               <p>分类:</p>
33               <select name="classify_id">
34                   {% for c in classifys %}
35                       {% if c.id == classify.id %}
36                           <option selected value="{{ classify.id}}">
37                               {{ classify.category }}</option>
38                       {% endif %}
39                       <option value="{{ c.id }}">
40                           {{ c.category }}</option>
41                   {% endfor %}
42               </select>
43           </div>
44           <div class="form-group">
```

```
45              <p>作者:</p>
46              <select name = "authors_id"multiple = "multiple">
47                  {% for a in authors %}
48                      {% if a.id in author_list %}
49                      <option selected value = "{{ a.id }}">
50                          {{ a.name }}</option>
51                      {% else %}
52                      <option value = "{{ a.id }}">
53                          {{ a.name }}</option>
54                      {% endif %}
55                  {% endfor %}
56              </select>
57          </div>
58          <input type = "submit" value = "修改">
59          <button id = "canel"><a href = "/index/">取消</a></button>
60      </form>
61  {% endblock %}
```

上述代码实现了书籍信息修改页面,包含的内容与添加书籍信息页面内容类似,所不同的是,书籍信息修改页面通过触发编辑的书籍id即{{ book_obj.id }}将该书籍的信息显示在相应的字段信息上,如第4~6行的书名value={{ book_obj.title }}以及第14~24行的出版社,通过for语句与if语句来判断需修改的书籍中出版社id与表单中出版社中的id是否匹配,匹配则下拉单选框中值等于出版社名称,即{{ publish.name }};其他信息与之相同,此处不再赘述。修改完成之后通过单击第58行中"修改"按钮提交表单到相应的视图函数,完成修改,并将修改之后的信息保存到数据库中,若不想修改可以单击"取消"按钮(第59行),取消添加。

query.html

当需要在图书馆查找书籍时,因为书籍太多,如果没有相关索引,很难找到需要的书籍,因此本系统提供了书籍的查询功能,查询到的书籍在query.html页面中显示,代码如下:

```
1   {% block book_list %}
2       <a class = "btn btn - default" href = "/index/" role = "button"
3           style = "float: right">返回</a>
4   {% for book in books %}
5       <table class = "table table - striped">
6               <tr>
7                   <th>编号</th>
8                   <th>书名</th>
9                   <th>价格</th>
10                  <th>出版社</th>
11                  <th>出版时间</th>
12                  <th>分类</th>
13                  <th>作者</th>
14                  <th colspan = "3" style = "text - align: center">操作</th>
15              </tr>
16              <tr>
```

```
17                    <td>{{ forloop.counter }}</td>
18                    <td>{{ book.title }}</td>
19                    <td>{{ book.price }}</td>
20                    <td>{{ book.publish.name }}</td>
21                    <td>{{ book.date }}</td>
22                    <td>{{ book.classify.category }}</td>
23                    <td>
24                        {% for author in book.author.all %}
25                            {{ author.name }}
26                        {% endfor %}
27                    </td>
28                    <td><a href = "/editbook/?id = {{ book.id }}">
29                        <button class = "btn - info">编辑</button></a></td>
30                    <td><a href = "/delbook/?id = {{book.id }}">
31                        <button class = "btn - danger">删除</button></a></td>
32                </tr>
33            {% empty %}
34                <td><h1>抱歉没有查询结果。。。</h1></td>
35       </table>
36   {% endfor %}
37   {% endblock %}
```

上述代码实现了查找到的书籍显示页面。第4～36行是使用for循环将查询到的书籍数据依次显示在表格中,最终显示在页面中。第5～35行是表格中显示的信息,包括表头以及数据信息。第6～15行是表格中表头信息,包括编号、书名、价格、出版社、出版时间、分类、作者和操作八个字段。第16～32行是显示书籍信息的,包括编号{{ forloop.counter }}、书名{{ book.title }}、价格{{ book.price }}、出版社{{ book.publish.name }}、出版时间{{ book.date }}、分类{{ book.classify.category }}、作者{{ author.name }}和操作(编辑和删除),第24～26行是将作者一一显示(书籍作者可能有多个)。第33～34行是显示查询失败信息(书籍信息不存在)。

11.3.5 作者管理页面设计

在阅读书籍时,大部分的读者都会以作者为标准来判断书籍是否符合自己,或者书籍是否值得阅读,因此本系统将作者信息进行单独管理,添加了作者管理页面;其中页面设计主要包括menu_author.html和menu_author_edit.html两个文件,前者是作者信息的显示页面,后者是作者信息修改页面。

menu_author.html

作者信息显示页面主要由数据显示、分页和添加作者三部分内容组成。接下来讲解作者信息显示部分的内容,代码如下:

```
1    <a class = "btn btn - default" href = "/index/"
2        role = "button" style = "float: right">返回</a>
3    <button type = "button" class = "btn btn - primary"
4        data - toggle = "modal" data - target = "#myModal">
```

```html
5        添加作者
6      </button>
7      <div class="modal fade" id="myModal" tabindex="-1"
8           role="dialog" aria-labelledby="myModalLabel">
9        <div class="modal-dialog" role="document">
10         <div class="modal-content">
11           <div class="modal-header">
12             <button type="button" class="close" data-dismiss="modal"
13                     aria-label="Close"><span aria-hidden="true">
14             &times;</span></button>
15             <h4 class="modal-title" id="myModalLabel">添加作者</h4>
16           </div>
17           <div class="modal-body">
18             <form>
19                 <div class="form-group">
20                     <input type="email" class="form-control"
21                            placeholder="姓名" name="name">
22                 </div>
23                 <div class="form-group">
24                     <input type="text" class="form-control"
25                            placeholder="性别" name="sex">
26                 </div>
27                 <div class="form-group">
28                     <input type="text" class="form-control"
29                            placeholder="年龄" name="age">
30                 </div>
31                 <div class="form-group">
32                     <input type="text" class="form-control"
33                            placeholder="毕业院校" name="university">
34                 </div>
35             </form>
36           </div>
37           <div class="modal-footer">
38             <button type="button" class="btn btn-default"
39                     data-dismiss="modal">取消</button>
40             <button type="button" id="add_author"
41                     class="btn btn-primary">确定</button>
42           </div>
43         </div>
44       </div>
45     </div>
46     <table class="table table-hover">
47       <tr>
48         <th>序号</th>
49         <th>姓名</th>
50         <th>性别</th>
51         <th>年龄</th>
52         <th>毕业院校</th>
53         <th colspan="3" style="text-align: center">操作</th>
54       </tr>
```

```
55        {% for author in book_list %}
56        <tr>
57        <td>{{ forloop.counter }}</td>
58        <td>{{ author.name }}</td>
59        <td>{{ author.sex }}</td>
60        <td>{{ author.age }}</td>
61        <td>{{ author.university }}</td>
62        <td><a href = "/ul/menu/author/edit/?id = {{ author.id }}">
63            <button class = "btn-info">编辑</button></a></td>
64        <td><a href = "/ul/menu/author/del/?id = {{author.id}}">
65            <button class = "btn-danger">删除</button></a></td>
66        </tr>
67        {% endfor %}
68   </table>
```

上述代码实现了作者信息显示页面。第1~2行是"返回"按钮,查看完作者信息后,可以单击"返回"按钮返回首页。第3~6行是"添加作者"按钮,单击触发添加作者页面。第7~45行是添加作者信息页面,包括姓名、性别、年龄、毕业院校和两个控制按钮(确定、取消)五部分内容。第46~68行是作者信息显示的表格信息,包括表头和作者信息。第47~54行是显示信息表格的表头内容,包括序号、姓名、性别、年龄、毕业院校和操作。第55~67行是作者信息的具体内容,包括序号{{ forloop.counter }}、姓名{{ author.name }}、性别{{ author.sex }}、年龄{{ author.age }}、毕业院校{{ author.university }}和操作(编辑和删除),通过for循环进行遍历作者信息并依次显示在表格中。

分页部分的内容与首页中分页相同,此处不再赘述。

注意:以上两部分代码(数据显示和分页)是编写在{{block book_list}}与{{endblock}}块中的。

作者信息添加完成以后是由Ajax技术传送到后台视图进行处理的,具体如下:

```
1    {% block js %}
2        <script>
3            $('#add_author').click(function () {
4                var $name = $('[name = name]').val()
5                var $sex = $('[name = sex]').val()
6                var $age = $('[name = age]').val()
7                var $university = $('[name = university]').val()
8                $.ajax({
9                    url:'/ul/menu/author/add/',
10                   type:'POST',
11                   data:{'name': $name, 'sex': $sex,
12                         'age': $age, 'university': $university},
13                   success:function (data) {
14                       if (data == 'ok'){window.location.reload()}}
15               })
16           })
17       </script>
18   {% endblock %}
```

上述代码通过 jQuery 中的 Ajax 技术进行数据传送最终实现作者信息的添加。第 3~16 行是当 id 为 add_author 的按钮单击时触发。第 4~7 行将 name=name 的值赋给变量 \$ name, name=sex 的值赋值给变量 \$ sex, name=age 的值赋值给变量 \$ age, name=university 的值赋值给变量 \$ university。第 8~16 行通过 Ajax 技术将变量 \$ name、\$ sex、\$ age、\$ university 的值以 POST 的方式传送到 url 为/ul/menu/ author /add/的视图函数中,最终通过视图函数完成作者信息的添加。

menu_author_edit.html

本系统还对作者信息提供了修改功能,接下来讲解作者信息修改页面设计,代码如下:

```
1   {% block book_list %}
2     <form action = "/ul/menu/author/edit/?id = {{ author_obj.id }}"
3           method = "post">
4       <div class = "form-group">
5         <p>姓名:</p>
6         <input class = "form-control" value = {{author_obj.name }}
7                name = "name">
8       </div>
9       <div class = "form-group">
10        <p>性别:</p>
11        <input class = "form-control" value = {{author_obj.sex}}
12               name = "sex">
13      </div>
14      <div class = "form-group">
15        <p>年龄:</p>
16        <input class = "form-control" value = {{author_obj.age }}
17               name = "age">
18      </div>
19      <div class = "form-group">
20        <p>毕业院校:</p>
21        <input class = "form-control" value = {{author_obj.university }}
22               name = "university">
23      </div>
24      <input type = "submit" value = "修改">
25      <button id = "canel"><a href = "/ul/menu/author/">取消</a></button>
26    </form>
27  {% endblock %}
```

上述代码实现了作者信息修改页面。第 2 行是通过作者 id{{ author_obj.id }}来将表单数据以 POST 的方式提交给作者信息修改的相关视图函数。第 4~23 行是显示作者信息的表单代码,其中包括姓名、性别、年龄、毕业院校等信息,其中输入框中的原始值 value 均是 id 为{{ author_obj.id }}的作者对应信息,分别是姓名{{author_obj.name }}、性别{{author_obj.sex}}、年龄{{author-_obj.age }}、毕业院校{{author_obj.university }}。第 24 行是提交修改表单信息。第 25 行是取消修改按钮。

11.3.6 出版社管理页面设计

出版社管理页面主要包括出版社信息展示和出版社信息修改两部分内容,其中页面设计包括 menu_publish.html 和 menu_publish_edit.html 两个文件，前者是出版社信息显示页面设计，后者是出版社信息修改页面设计。

menu_publish.html

出版社信息显示页面主要包含出版社信息展示、分页显示和添加出版社三部分内容。接下来讲解出版社信息展示部分内容，代码如下：

```
1   <a class="btn btn-default" href="/index/" role="button"
2       style="float: right">返回</a>
3   <button type="button" class="btn btn-primary" data-toggle="modal"
4           data-target="#myModal">
5   添加出版社
6   </button>
7   <div class="modal fade" id="myModal" tabindex="-1" role="dialog"
8       aria-labelledby="-"myModalLabel">
9     <div class="modal-dialog" role="document">
10      <div class="modal-content">
11        <div class="modal-header">
12        <button type="button" class="close"
13              data-dismiss="modal" aria-label="Close">
14          <span aria-hidden="true">&times;</span></button>
15          <span aria-hidden="true">&times;</span></button>
16        <h4 class="modal-title" id="myModalLabel">添加出版社</h4>
17        </div>
18        <div class="modal-body">
19          <form>
20              <div class="form-group">
21                <input type="email" class="form-control"
22                      placeholder="出版社" name="name">
23              </div>
24              <div class="form-group">
25                <input type="email" class="form-control"
26                      placeholder="出版社地址" name="addr">
27              </div>
28          </form>
29        </div>
30        <div class="modal-footer">
31          <button type="button" class="btn btn-default"
32              data-dismiss="modal">取消</button>
33          <button type="button" id="add_publish"
34              class="btn btn-primary">确定</button>
35        </div>
36      </div>
37    </div>
38  </div>
39  <table class="table table-hover">
40    <tr>
41      <th>序号</th>
42      <th>出版社</th>
```

```
43          <th>地址</th>
44          <th colspan="1" style="text-align: center">操作</th>
45      </tr>
46      {% for publish in book_list %}
47      <tr>
48      <td>{{ forloop.counter }}</td>
49      <td>{{ publish.name }}</td>
50      <td>{{ publish.addr }}</td>
51      <td><a href="/ul/menu/publish/edit/?id={{ publish.id }}">
52          <button class="btn-info">编辑</button></a></td>
53      <td><a href="/ul/menu/publish/del/?id={{publish.id }}">
54          <button class="btn-danger">删除</button></a></td>
55      </tr>
56      {% endfor %}
57  </table>
```

上述代码实现了出版社信息展示页面。第1~2行是返回按钮,当查看出版社信息之后不做任何操作或者完成操作之后可以单击返回按钮。第3~6行是添加出版社按钮,单击添加出版社按钮之后触发添加界面。第7~38行是添加出版社信息界面,包括出版社名、出版社地址以及按钮(确定或取消)三部分内容,填写相关信息单击确定按钮,则由Ajax技术传送数据到后台视图函数。第39~57行是显示出版社信息的表格代码,包括表头和表身信息。第40~45行是表头信息,主要包括序号、出版社名、出版社地址和操作四个字段信息。第46~56行是出版社具体信息,主要使用for循环将出版社信息依次显示在表格中,包括序号{{ forloop.counter }}、出版社名{{ publish.name }}、出版社地址{{ publish.addr }}和操作(编辑、删除)。

分页部分的内容与首页中分页相同,此处不再赘述。

注意:以上两部分代码(数据显示和分页)是编写在{{block book_list}}与{{endblock}}块中的。

添加出版社信息之后通过Ajax技术传送给后台,接下来讲解添加出版社信息的处理,代码如下:

```
1   {% block js %}
2       <script>
3           $('#add_publish').click(function () {
4               var $name = $('[name=name]').val()
5               var $addr = $('[name=addr]').val()
6               $.ajax({
7                   url:'/ul/menu/publish/add/',
8                   type:'POST',
9                   data:{'name':$name,'addr':$addr},
10                  success:function (data) {
11                      if (data == 'ok'){window.location.reload()}}
12              })
13          })
14      </script>
15  {% endblock %}
```

上述代码通过 jQuery 中的 Ajax 技术进行数据传送，最终实现出版社信息的添加。第 3～13 行是当 id 为 add_publish 的按钮单击时触发。第 4～5 行将 name=name 的值赋给变量 $name，name=addr 的值赋值给变量 $addr。第 6～13 行通过 Ajax 技术将变量 $name、$addr 的值以 POST 的方式传送到 url 为/ul/menu/publish/add/的视图函数中，最终通过视图函数完成出版社信息的添加。

menu_publish_edit.html

本系统还对出版社信息提供了修改功能，因此设计了出版社信息修改页面。接下来讲解出版社信息修改页面设计，代码如下：

```
1    {% block book_list %}
2    <form action = "/ul/menu/publish/edit/?id = {{ publish.id }}"
3           method = "post">
4      <div class = "form-group">
5        <p>出版社名称：</p>
6        <input class = "form-control"  value = {{publish.name}}
7                name = "name">
8      </div>
9      <div class = "form-group">
10       <p>出版社地址：</p>
11       <input class = "form-control" value = {{publish.addr}} name = "addr">
12     </div>
13     <input type = "submit" value = "修改">
14     <button id = "canel"><a href = "/ul/menu/publish/">取消</a></button>
15   </form>
16   {% endblock %}
```

上述代码实现了出版社信息修改页面。第 2 行是通过出版社 id{{ publish.id }}来将表单数据以 POST 的方式提交给出版社信息修改的相关视图函数。第 4～15 行是显示出版社信息的表单代码，其中包括出版社名称、出版社地址等信息，其中各输入框中的原始值 value 均是 id 为{{ publish.id }}的出版社的对应信息，分别是出版社名称{{publish.name}}、出版社地址{{publish.addr}}。第 13 行是提交修改表单信息。第 14 行是取消修改按钮。

11.4 分 类 管 理

分类管理是对书籍分类的管理，书籍可以根据不同的属性分为不同的类型，11.3 节讲解了分类管理的前端页面设计，从本节开始讲解网站各功能的后台实现。接下来讲解分类管理的实现。

11.4.1 添加分类

视图中 menu_classify_add() 函数是处理添加分类的后台函数，将前端提交的分类信息获取并添加到数据库中，代码如下：

```
1    def menu_classify_add(request):
2        category = request.POST.get("classify")
```

```
3        models.Classify.objects.create(category = category)
4        return HttpResponse('ok')
```

上述代码实现了分类信息的添加。第 2 行将获取到的 classify 内容赋值给变量 category。第 3 行在数据库中创建一个 category 字段为变量 category 值的分类记录。第 4 行返回响应'ok'。

将视图函数、模型和前端页面设计好之后，接下来设置 URL 映射，然后就可以在浏览器中查看效果，在项目的 urls.py 文件中添加以下代码：

```
1   from jango.urls import path,include
2   from app01.views import *
3
4   urlpatterns = [
5       path('ul/',include('app01.urls')),
6   ]
```

上述代码是将应用的映射包含到项目中。第 1 行导入 path 和 include 包，用于 URL 映射配置和应用 URL 包含。第 2 行从视图中导入所有内容。第 4~6 行是 URL 映射列表，其中第 5 行是包含应用 app01 的 urls.py 文件。

然后在应用的 urls.py 文件中添加以下代码：

```
1   from app01.views import *
2   from django.urls import path
3
4   urlpatterns = [
5        path('menu/classify/add/',menu_classify_add),
6   ]
```

上述代码是配置分类添加的 URL 映射。

接下来启动项目，在浏览器中输入 http://127.0.0.1:8000/ul/menu/classify/，并单击【添加书籍分类】按钮，输入新分类名称，运行结果如图 11.7 所示。

图 11.7　添加书籍分类运行结果

分类信息添加成功如图 11.8 所示。

图 11.8 分类添加成功

11.4.2 编辑分类信息

视图中 menu_classify_edit()函数是处理编辑分类的后台函数,获取前端提交的编辑信息并更新到数据库中,代码如下:

```
1    def menu_classify_edit(request):
2        if request.method == 'GET':
3            id = request.GET.get('id')
4            classify = models.Classify.objects.get(id=id)
5            return render(request, 'menu_classify_edit.html', locals())
6        else:
7            id = request.GET.get('id')
8            category = request.POST.get('category')
9            models.Classify.objects.filter(id=id).update(category=category)
10           return redirect('/ul/menu/classify/')
```

上述代码实现了分类信息的编辑。第 2 行是判断请求方式是否是 GET。第 3～5 行是当请求方式是 GET 时,将前台提交的 id 赋值给变量 id,然后从模型(数据库)中获取到 id 等于变量 id 的记录赋值给变量 classify,最后将数据信息渲染到前端代码中。第 7～10 行是当请求方式不是 GET 时,将前端提交的表单信息赋值给相应的变量,并通过 id 将信息在数据库中更新。

将视图函数、模型和前端页面设计好之后,接下来设置 URL 映射就可以在浏览器中查看效果,在应用的 urls.py 文件中添加以下代码:

```
path('menu/classify/edit/',menu_classify_edit),
```

接下来启动项目,在浏览器中输入 http://127.0.0.1:8000/ul/menu/classify/,选中需要编辑的书籍分类并单击【编辑】按钮,输入编辑内容之后的(将"科学"改为"科学技术")运行结果如图 11.9 所示。

图 11.9 输入编辑内容

编辑成功后显示结果如图 11.10 所示。

图 11.10 编辑成功

11.4.3 删除分类信息

视图中 menu_classify_del() 函数是处理删除分类的后台函数,处理前台触发的删除请求,并删除数据库中相关记录,代码如下:

```
1    def menu_classify_del(request):
2        id = request.GET.get('id')
3        models.Classify.objects.filter(id = id).delete()
4        return redirect('/ul/menu/classify/')
```

上述代码实现了分类信息的删除。第 2 行是获取请求的分类 id,并赋值给变量 id。第 3 行是通过模型再根据请求 id 将数据库中分类记录删除。第 4 行是将 url 转向/ul/menu/

classify/。

将视图函数、模型和前端页面设计好之后,接下来设置 URL 映射就可以在浏览器中查看效果,在应用的 urls.py 文件中添加以下代码:

```
path('menu/classify/del/',menu_classify_del),
```

接下来启动项目,在浏览器中输入 http://127.0.0.1:8000/ul/menu/classify/,选中需要删除的分类信息并单击【删除】按钮,运行前后结果如图 11.11 和图 11.12 所示。

图 11.11　分类(娱乐)删除前

图 11.12　分类(娱乐)删除后

11.4.4 分页显示分类信息

视图中 menu_classify() 函数是处理分页显示分类信息的后台函数,处理前台触发的显示请求,代码如下:

```
1   def menu_classify(request):
2       page_number = request.GET.get("page")
3       book_lists = models.Classify.objects.all()
4       p = Paginator(book_lists, 5)
5       try:
6           book_list = p.page(page_number)
7       except EmptyPage:
8           book_list = p.page(p.num_pages)
9       except PageNotAnInteger:
10          book_list = p.page(1)
11      return render(request,'menu_classify.html', locals())
```

上述代码实现了分类信息的分页显示。第 2 行是获取请求数据的页码。第 3 行是获取所有分类对象,并赋值给变量 book_list。第 4 行是将 5 条分类信息赋值给变量 p(即每页显示 5 条记录)。第 5~10 行判断分类信息应该显示的内容及条数。第 6 行是正常的显示,直接显示对应页的分类信息。第 7~8 行是当页数为空时,显示 p.num_pages(num_pages 是页面总数)信息。第 9~10 行是当页码为非整数时显示第一页的分类内容。第 11 行是将分类信息渲染到 index.html 文件中。

将视图函数、模型和前端页面设计好之后,接下来设置 URL 映射就可以在浏览器中查看效果,在应用的 urls.py 文件中添加以下代码:

```
path('menu/classify/',menu_classify),
```

接下来启动项目,并在浏览器中输入 http://127.0.0.1:8000/ul/menu/classify/,运行结果如图 11.13 和图 11.14 所示。

图 11.13 分类信息第一页

图 11.14 分类信息第二页

11.5 图书管理

图书管理系统主要是管理图书,本节将详细讲解图书管理模块的后台控制实现,主要包括添加书籍信息、编辑书籍信息、删除书籍信息、分页显示书籍信息以及查询书籍信息等五部分的内容。接下来详细讲解各部分的功能实现。

11.5.1 添加书籍信息

视图中 addbook()函数是处理书籍添加的后台函数,将前台提交的书籍表单信息进行处理,并将书籍信息存入数据库,代码如下:

```
1   def addbook(request):
2       if request.method == 'GET':
3           publish = models.Publish.objects.all()
4           authors = models.Author.objects.all()
5           classify = models.Classify.objects.all()
6           return render(request, 'addbook.html', locals())
7       else:
8           d = {}
9           d['title'] = request.POST.get('title')
10          d['price'] = price = request.POST.get('price')
11          d['publish_id'] = request.POST.get('publish_id')
12          d['date'] = request.POST.get('date')
13          d['classify_id'] = request.POST.get('classify_id')
14          book_obj = models.Book.objects.create(**d)
15          authors_id = request.POST.getlist('authors_id')
16          authors = models.Author.objects.filter(id__in=authors_id)
17          book_obj.author.add(*authors)
18          book_obj.save()
19          return redirect('/index/')
```

上述代码实现了书籍信息的添加。第 2 行是判断请求方式是否为 GET 方法。第 3～6 行是请求方法为 GET 时执行的代码部分。第 3 行是将出版社的所有对象获取并赋值给变量 publish。第 4 行是将作者的所有对象获取并赋值给变量 authors。第 5 行是将分类的所有对象获取并赋值给变量 classify。第 6 行返回并渲染 addbook.html 页面。第 8～20 行是请求方法不为 GET 时执行的代码部分。第 8 行是定义一个空字典 d。第 9 行是将表单中提交的 name 为 title 的值赋值给字典 d 中的 title。第 10 行是将表单中提交的 name 为 price 的值赋值给字典中的 price。第 11 行是将表单中提交的 name 为 publish_id 的值赋值给字典中的 publish_id。第 12 行是将表单中提交的 name 为 date 的值赋值给字典中的 date。第 13 行是将表单中提交的 name 为 classify_id 的值赋值给字典中的 classify_id。第 14 行是以字典 d 中数据为基准创建一个书籍对象并赋值给变量 book_obj。第 15 行是获取请求列表中的 authors_id，并赋值给变量 authors_id。第 16 行是一个过滤器，将选中的作者赋值给变量 authors。第 17 行是为书籍添加作者。第 18 行是将该书籍信息保存至数据库。第 19 行是将 url 转向首页。

将视图函数、模型和前端页面设计好之后，接下来设置 URL 映射就可以在浏览器中查看效果，在项目的 urls.py 文件中添加以下代码：

```
path('addbook/',addbook),
```

接下来启动项目，并在浏览器中输入 http://127.0.0.1:8000/index/，单击【添加】按钮，并输入新书籍信息，结果如图 11.15 所示。

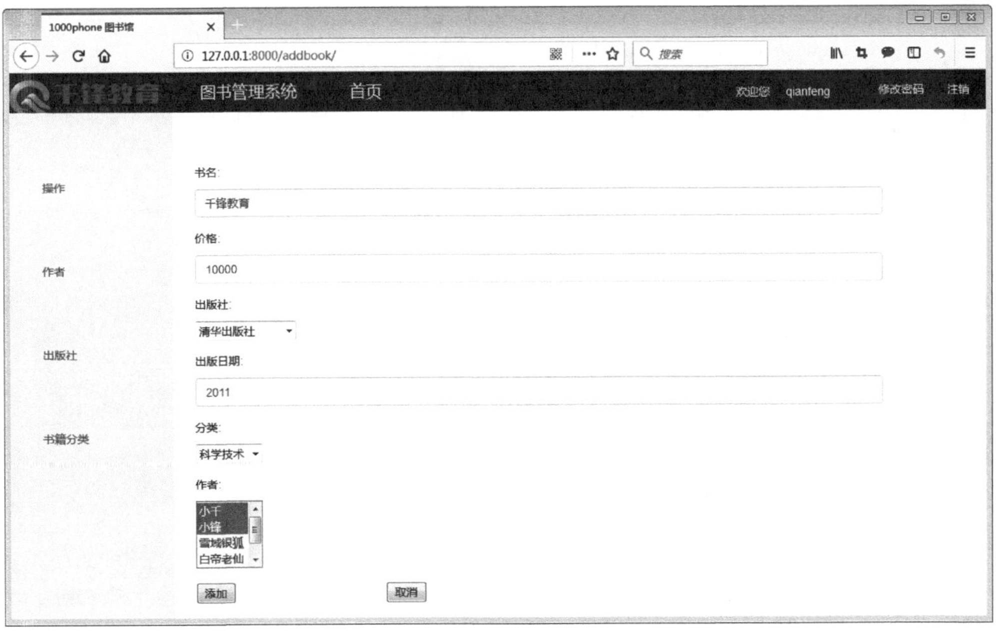

图 11.15　添加书籍

添加书籍成功界面如图 11.16 所示。

图 11.16　添加成功

11.5.2　编辑书籍信息

视图中 editbook()函数是处理书籍编辑的后台函数,将所选择的书籍信息显示在前端页面中,然后又将前台提交的书籍编辑表单信息进行处理,并将编辑后的书籍信息存入数据库,代码如下:

```
1   def editbook(request):
2       if request.method == 'GET':
3           bookid = request.GET.get('id')
4           book_obj = models.Book.objects.filter(id=bookid).first()
5           publishs = models.Publish.objects.all()
6           publish = book_obj.publish
7           classifys = models.Classify.objects.all()
8           classify = book_obj.classify
9           authors = models.Author.objects.all()
10          author_list = []
11          for author in book_obj.author.all():
12              author_list.append(author.id)
13          return render(request,'editbook.html',locals())
14      if request.method == 'POST':
15          book_id = request.GET.get('id')
16          d = {}
17          d['title'] = request.POST.get('title')
18          d['price'] = price = request.POST.get('price')
19          d['publish_id'] = request.POST.get('publish_id')
20          d['date'] = request.POST.get('date')
21          d['classify_id'] = request.POST.get('classify_id')
22          models.Book.objects.filter(id=book_id).update(**d)
23          book_obj = models.Book.objects.filter(id=book_id).first()
24          book_obj.author.clear()
```

```
25          authors_id = request.POST.getlist('authors_id')
26          authors = models.Author.objects.filter(id__in = authors_id)
27          book_obj.author.add( * authors)
28          book_obj.save()
29          return redirect('/index/')
```

上述代码实现了书籍信息的编辑。第 2 行是判断请求方法是否为 GET。第 3~13 行是请求方法为 GET 的执行代码。第 3~9 行是获取选中书籍信息,包括书籍 id、书籍对象、出版社信息、分类信息、作者信息。第 10 行是定义了一个空列表 author_list。第 11~12 行是将选中书籍的作者信息循环遍历并依次添加到列表 author_list 中。第 13 行是将信息返回并渲染 editboot.html 页面。第 14 行是判断请求方式是否为 POST。第 15~29 行是请求方法为 POST 的执行代码。第 15 行是将选中的书籍 id 赋值给变量 book_id。第 16~21 行是创建了一个字典 d,并将提交的表单信息存入字典 d。第 22 行是以字典 d 中数据为基准在数据库中更新选中书籍的信息。第 23 行是将选中数据信息获取并赋值给变量 book_obj。第 24~28 行是处理选中书籍的作者信息修改并保存的。第 29 行是将 url 转向首页。

将视图函数、模型和前端页面设计好之后,接下来设置 URL 映射就可以在浏览器中查看效果,在项目的 urls.py 文件中添加以下代码:

```
path('editbook/',editbook),
```

接下来启动项目,并在浏览器中输入 http://127.0.0.1:8000/index/,选择需要编辑的书籍,单击【编辑】按钮,运行结果如图 11.17 所示。

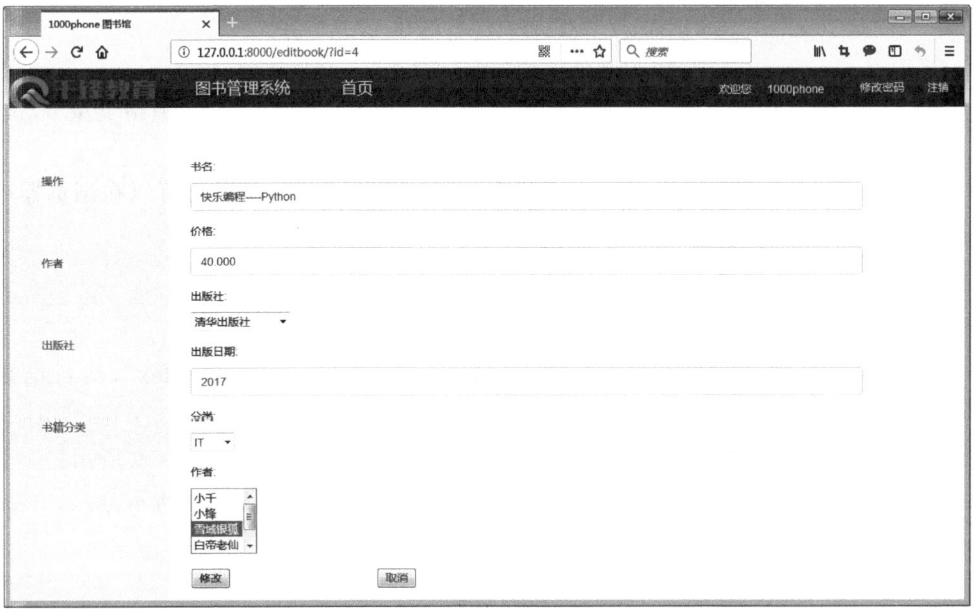

图 11.17 编辑书籍

输入需编辑的信息,然后单击如图 11.17 所示界面中【修改】按钮,则修改成功,修改成功界面如图 11.18 所示。

图 11.18　修改成功

11.5.3　删除书籍信息

视图中 delbook()函数是处理书籍删除的后台函数,将下架的书籍进行删除,并将其在数据库中的数据也删除,代码如下:

```
1    def delbook(request):
2        book_id = request.GET.get('id')
3        models.Book.objects.filter(id=book_id).delete()
4        return redirect('/index/')
```

上述代码实现了书籍信息的删除。第 2 行是获取选中书籍的 id,并赋值给变量 book_id。第 3 行是删除选中书籍。第 4 行是将 url 转向首页。

将视图函数、模型和前端页面设计好之后,接下来设置 URL 映射就可以在浏览器中查看效果,在项目的 urls.py 文件中添加以下代码:

```
path('delbook/', delbook),
```

接下来启动项目,并在浏览器中输入 http://127.0.0.1:8000/index/,运行结果如图 11.19 和图 11.20 所示。

在首页找到书籍《千锋教育》,该书信息在书籍显示的第 3 页,如图 11.19 所示。

单击【删除】按钮之后,第 3 页选项就不存在了,显示结果如图 11.20 所示。

11.5.4　分页显示书籍信息

视图中 index()函数是将书籍信息分页显示的后台函数,将所有书籍从数据库中查询出来并分页显示在网站页面中,代码如下:

图 11.19 《千锋教育》删除前

图 11.20 《千锋教育》删除后

```
1    def index(request):
2        page_number = request.GET.get("page")
3        book = models.Book.objects.all()
4        p = Paginator(book,5)
5        try:
6            book = p.page(page_number)
7        except EmptyPage:
8            book = p.page(p.num_pages)
```

```
 9          except PageNotAnInteger:
10              book = p.page(1)
11      return render(request, 'index.html', locals())
```

上述代码实现了书籍信息的分页显示。第 2 行是获取请求数据的页码。第 3 行是获取所有书籍对象，并赋值给变量 book。第 4 行是将 5 条书籍信息赋值给变量 p（即每页显示 5 条记录）。第 5～10 行判断书籍应该显示的内容及条数。第 6 行是正常的显示，直接显示对应页的书籍信息。第 7～8 行是当页数为空时，显示 p.num_pages（num_pages 是页面总数）信息。第 9～10 行是当页码为非整数时显示第一页的书籍内容。第 11 行是将书籍信息渲染到 index.html 文件中。

将视图函数、模型和前端页面设计好之后，接下来设置 URL 映射就可以在浏览器中查看效果，在项目的 urls.py 文件中添加以下代码：

```
path('index/', index),
```

接下来启动项目，并在浏览器中输入 http://127.0.0.1:8000/index/，运行结果如图 11.21 和图 11.22 所示。

书籍分页第一页显示结果如图 11.21 所示。

图 11.21　分页显示第一页

书籍分页第二页显示结果如图 11.22 所示。

11.5.5　查询书籍信息

视图中 query() 函数是处理书籍查询的后台函数，将查询到的书籍信息显示在页面中，代码如下：

图 11.22 分页显示第二页

```
1    def query(request):
2        if request.method == 'POST':
3            title = request.POST.get('book')
4            if title:
5                books = models.Book.objects.filter(title__icontains = title)
6                return render(request,'query.html',locals())
7            else:
8                return redirect('/index/')
```

上述代码实现了书籍信息的查询。第 2 行是判断请求方法是否为 POST。第 3~8 行是请求方法为 POST 的执行代码。第 3 行是获取用户输入的书籍名称。第 4 行是判断 title 是否存在。第 5~6 行是 title 存在时执行代码,第 5 行是使用模糊匹配将匹配到的书籍信息赋值给变量 books,第 6 行是将查询到的信息渲染到 query.html 中。第 7~8 行是 title 不存在时将 url 转向首页。

将视图函数、模型和前端页面设计好之后,接下来设置 URL 映射就可以在浏览器中查看效果,在项目的 urls.py 文件中添加以下代码:

```
path('query/', query),
```

接下来启动项目,并在浏览器中输入 http://127.0.0.1:8000/index/,运行结果如图 11.23 和图 11.24 所示。

单击 search 按钮之后显示结果如图 11.24 所示。

图 11.23 搜索前页面

图 11.24 搜索结果

11.6 作者管理

每本图书都会有作者,对于部分读者来说作者是一个判断书籍喜好的指标,因此本系统添加了作者管理模块,主要包括添加作者信息、编辑作者信息、删除作者信息以及分页显示作者信息四部分内容,接下来详细介绍这四部分的内容。

11.6.1 添加作者信息

视图中 menu_author_add()函数是添加作者信息的后台函数,将前端提交的作者表单信息进行处理,最终添加到数据库中,代码如下:

```
1   def menu_author_add(request):
2       name = request.POST.get('name')
3       sex = request.POST.get('sex')
4       age = request.POST.get('age')
5       university = request.POST.get('university')
6       models.Author.objects.create(
7           name = name, sex = sex, age = age, university = university)
8       return HttpResponse('ok')
```

上述代码实现了作者信息的添加。第2~5行是获取表单中提交的信息并赋值给相应变量。第6~7行是通过模型在数据库中添加新作者信息。第8行是返回服务器回应,内容是'ok'。

将视图函数、模型和前端页面设计好之后,接下来设置 URL 映射就可以在浏览器中查看效果,在应用的 urls.py 文件中添加以下代码:

```
path('menu/author/add/', menu_author_add),
```

接下来启动项目,在浏览器中输入 http://127.0.0.1:8000/ul/menu/author/,单击【添加作者】按钮,并输入新作者信息,运行结果如图 11.25 所示。

图 11.25 添加作者

添加成功之后显示界面如图 11.26 所示。

图 11.26　添加成功

11.6.2　编辑作者信息

视图中 menu_author_edit() 函数是编辑作者信息的后台函数，将选中的作者信息显示在前端页面中，并将前端提交的编辑之后的作者表单信息进行处理，最终更新到数据库中，代码如下：

```
1   def menu_author_edit(request):
2       if request.method == 'GET':
3           id = request.GET.get('id')
4           author_obj = models.Author.objects.get(id = id)
5           return render(request,'menu_author_edit.html',locals())
6       else:
7           id = request.GET.get('id')
8           name = request.POST.get('name')
9           sex = request.POST.get('sex')
10          age = request.POST.get('age')
11          university = request.POST.get('university')
12          models.Author.objects.filter(id = id).update(
13              name = name,sex = sex,age = age,university = university)
14          return redirect('/ul/menu/author/')
```

上述代码实现了作者信息的编辑。第 2 行是判断请求方法是否为 GET。第 3~5 行是请求方式为 GET 的执行代码。第 3 行是获取作者 id 并赋值给变量 id。第 4 行是获取选中的作者信息赋值给变量 author_obj。第 5 行是将作者信息渲染到 menu_author_edit.html 文件中。第 7~14 行是请求方法不为 GET 的执行代码。第 7~11 行是获取表单提交的信息并赋值给相应变量。第 12~13 行是将获取到的表单信息通过模型将数据库更新。第 14 行是将 url 转向 /ul/menu/author/。

将视图函数、模型和前端页面设计好之后，接下来设置 URL 映射就可以在浏览器中查看效果，在应用的 urls.py 文件中添加以下代码：

```
path('menu/author/edit/',menu_author_edit),
```

接下来启动项目,并在浏览器中输入 http://127.0.0.1:8000/ul/menu/author/,并找到需修改的作者,然后单击【编辑】按钮,运行结果如图 11.27 所示。

图 11.27　编辑作者信息

在选中的作者信息编辑页面输入需编辑的信息,单击【修改】按钮即修改成功。

11.6.3　删除作者信息

视图中 menu_author_del()函数是删除作者信息的后台函数,将选中的作者信息删除显示,并在数据库中删除,代码如下:

```
1    def menu_author_del(request):
2        id = request.GET.get('id')
3        models.Author.objects.filter(id = id).delete()
4        return redirect('/ul/menu/author/')
```

上述代码实现了作者信息的删除。第 2 行是获取作者 id 并赋值给变量 id。第 3 行是通过模型将该作者信息删除。第 4 行是将 url 转向/ul/menu/author/。

将视图函数、模型和前端页面设计好之后,接下来设置 URL 映射就可以在浏览器中查看效果,在应用的 urls.py 文件中添加以下代码:

```
path('menu/author/del/',menu_author_del),
```

接下来启动项目,在浏览器中输入 http://127.0.0.1:8000/ul/menu/author/,并找到需删除的作者,然后单击【删除】按钮,运行结果如图 11.28 和图 11.29 所示。

删除之前显示结果如图 11.28 所示。
删除之后显示结果如图 11.29 所示。

图 11.28　删除"千锋教育"前

图 11.29　删除"千锋教育"后

11.6.4　分页显示作者信息

视图中 menu_author()函数是分页显示作者信息的后台函数,将所有作者信息分页显示在页面中,代码如下:

```
1   def menu_author(request):
2       page_number = request.GET.get("page")
3       book_lists = authors = models.Author.objects.all()
4       p = Paginator(book_lists,2)
5       try:
6           book_list = p.page(page_number)
7       except EmptyPage:
8           book_list = p.page(p.num_pages)
9       except PageNotAnInteger:
10          book_list = p.page(1)
11      return render(request,'menu_author.html',locals())
```

上述代码实现了作者信息的分页显示。第 2 行是获取请求页码。第 3 行是将所有作者信息获取并赋值给 book_list 和 authors。第 4 行是将 2 条作者信息赋值给 p(即每页显示两条信息)。第 5～10 行判断作者信息应该显示的内容及条数。第 6 行是正常的显示,直接显示对应页的作者信息。第 7～8 行是当页数为空时,显示 p.num_pages(num_pages 是页面总数)信息。第 9～10 行是当页码为非整数时显示第一页的作者内容。第 11 行是将作者信息渲染到 index.html 文件中。

将视图函数、模型和前端页面设计好之后,接下来设置 URL 映射就可以在浏览器中查看效果,在应用的 urls.py 文件中添加以下代码:

```
path('menu/author/',menu_author),
```

接下来启动项目,并在浏览器中输入 http://127.0.0.1:8000/ul/menu/author/,运行结果如图 11.30～图 11.32 所示。

作者信息分页显示第一页如图 11.30 所示。

图 11.30　分页显示第一页

作者信息分页显示第二页如图 11.31 所示。

图 11.31　分页显示第二页

作者信息分页显示第三页如图11.32所示。

图11.32　分页显示第三页

11.7　出版社管理

由于有部分人是根据作者来判断对书籍喜好的程度的；同理，不同出版社出版的书籍在很多方面也有不同，大家也会通过这方面来判断对书籍的喜好；此外，还有版权之类的问题，等等，因此本系统也设置了出版社信息管理模块。出版社信息管理模块主要包括添加出版社信息、编辑出版社信息信息、删除出版社、分页显示出版社信息四部分内容，接下来详细讲解各部分的内容。

11.7.1　添加出版社信息

视图中menu_publish_add()函数是添加出版社信息的后台函数，将前端添加的出版社表单信息进行处理，并最后存储在数据库中，代码如下：

```
1    def menu_publish_add(request):
2        name = request.POST.get('name')
3        addr = request.POST.get('addr')
4        models.Publish.objects.create(name = name, addr = addr)
5        return HttpResponse('ok')
```

上述代码实现了出版社信息的添加。第2~3行是将表单中提交的name和addr赋值给变量name和addr。第4行是使用模型在数据库中添加新的出版社信息。第5行是返回服务器响应，内容为'ok'。

将视图函数、模型和前端页面设计好之后，接下来设置URL映射就可以在浏览器中查看效果，在应用的urls.py文件中添加以下代码：

```
path('menu/publish/add/', menu_publish_add),
```

接下来启动项目,并在浏览器中输入 http://127.0.0.1:8000/ul/menu/publish/,并单击【添加出版社】按钮,运行结果如图 11.33 和图 11.34 所示。

在添加界面添加'千锋教育出版社',地址为'北京千锋',如图 11.33 所示。

图 11.33　添加出版社信息

添加之后的显示界面如图 11.34 所示。

图 11.34　添加成功显示

11.7.2　编辑出版社信息

视图中 menu_publish_edit()函数是实现编辑出版社信息的后台函数,将选中的出版社信息查询出来并显示在编辑页面,最后将编辑之后的表单信息进行处理,并在数据库中更新,代码如下:

```
1    def menu_publish_edit(request):
2        if request.method == 'GET':
3            id = request.GET.get('id')
```

```
4          publish = models.Publish.objects.get(id = id)
5          return render(request,'menu_publish_edit.html',locals())
6       else:
7          id = request.GET.get('id')
8          name = request.POST.get('name')
9          addr = request.POST.get('addr')
10         models.Publish.objects.filter(id = id).update(name = name,addr = addr)
11         return redirect('/ul/menu/publish/')
```

上述代码实现了出版社信息的编辑。第2行是判断请求方法是否为GET。第3～5行是请求方法为GET时的执行代码。第3行是获取选中的出版社id并赋值给变量id。第4行是将选中的出版社信息查询出来并赋值给变量publish。第5行是将信息渲染到menu_publish_edit.html文件中。第7～11行是请求方法不为GET时的执行代码。第7～9行是获取表单提交的信息并赋值给相应的变量。第10行是通过模型和id更新数据库中出版社信息。第11行是将url转向/ul/menu/publish/。

将视图函数、模型和前端页面设计好之后，接下来设置URL映射就可以在浏览器中查看效果，在应用的urls.py文件中添加以下代码：

```
path('menu/publish/edit/',menu_publish_edit),
```

接下来启动项目，并在浏览器中输入http://127.0.0.1:8000/ul/menu/publish/，并选中出版社，然后单击【编辑】按钮，运行结果如图11.34～图11.36所示。

编辑之前出版社信息显示如图11.35所示。

图11.35 编辑之前

填写需要编辑的信息，如图11.36所示。

编辑之后出版社显示界面如图11.37所示。

11.7.3 删除出版社信息

视图中menu_publish_del()函数是实现删除出版社信息的后台函数，将选中的出版社

图 11.36　编辑信息

图 11.37　编辑成功

信息进行删除,并在数据库中进行删除,代码如下:

```
1    def menu_publish_del(request):
2        id = request.GET.get('id')
3        models.Publish.objects.filter(id = id).delete()
4        return redirect('/ul/menu/publish/')
```

上述代码实现了出版社信息的删除。第 2 行是获取选中出版社 id 并赋值给变量 id。第 3 行是使用模型在数据库中删除选中的出版社信息。第 4 行是将 url 转向/ul/menu/publish/。

将视图函数、模型和前端页面设计好之后,接下来设置 URL 映射就可以在浏览器中查看效果,在应用的 urls.py 文件中添加以下代码:

```
path('menu/publish/del/',menu_publish_del),
```

接下来启动项目，在浏览器中输入http://127.0.0.1:8000/ul/menu/publish/，选中需要删除的出版社，然后单击【删除】按钮，运行结果如图11.38和图11.39所示。

删除前的显示如图11.38所示。

图11.38　删除出版社前

删除后的显示如图11.39所示。

图11.39　删除出版社后

11.7.4　分页显示出版社信息

视图中menu_publish()函数是实现分页显示出版社信息的后台函数，将所有的出版社信息查询出来并分页显示在前端页面中，代码如下：

```
1    def menu_publish(request):
2        page_number = request.GET.get("page")
3        book_lists = models.Publish.objects.all()
```

```
4        p = Paginator(book_lists, 5)
5        try:
6            book_list = p.page(page_number)
7        except EmptyPage:
8            book_list = p.page(p.num_pages)
9        except PageNotAnInteger:
10           book_list = p.page(1)
11       return render(request, 'menu_publish.html', locals())
```

上述代码实现了出版社信息的分页显示。第2行是获取请求页码。第3行是将所有出版社信息获取并赋值给book_list。第4行是将5条出版社信息赋值给p(即每页显示5条信息)。第5~10行判断出版社信息应该显示的内容及条数。第6行是正常的显示,直接显示对应页的出版社信息。第7~8行是当页数为空时,显示p.num_pages(num_pages是页面总数)信息。第9~10行是当页码为非整数时显示第一页的出版社内容。第11行是将出版社信息渲染到index.html文件中。

将视图函数、模型和前端页面设计好之后,接下来设置URL映射就可以在浏览器中查看效果,在应用的urls.py文件中添加以下代码:

```
path('menu/publish/',menu_publish),
```

接下来启动项目,并在浏览器中输入http://127.0.0.1:8000/ul/menu/publish/,运行结果如图11.40所示。

图11.40 分页显示出版社信息

在图11.39中,出版社信息只有三条,因此只有一页。

11.8 本章小结

本章主要讲解使用Django来完成图书管理系统的实现,其中包括项目概览、用户管理、页面设计、分类管理、图书管理、作者管理、出版社管理七部分内容。对于本章内容,大家一定要跟着项目的流程一步一步地实际操作，直至达到所需的结果，然后多练习巩固，最终达到独立设计并开发一个网站系统的目的。

11.9 习　　题

思考题

使用 Django 进行网站开发有哪些优点？

第 12 章　Flask 实战

本章学习目标

掌握 Flask 项目开发流程

用 Flask 创建网站十分方便快捷,本章将以实战形式讲解使用 Flask 框架创建网站的步骤和方法。在编程过程中,当遇到解决不了的技术问题时,大家都会到网上查询一些技术博客,也有人会在生活博客上记录自己的生活。本章将讲解 Flask 实战——博客系统。

12.1　项目概览及准备

12.1.1　项目概览

博客系统是一个既可管理自己博客,也可浏览其他人博客的一个网站系统,主要包括用户管理、博客管理两大主要内容,本章将围绕这两部分内容详细讲解。如图 12.1 和图 12.2 所示是某博客项目的内容概览。

以上是整个项目的目录结构图,接下来将详细讲解目录结构图中的内容。

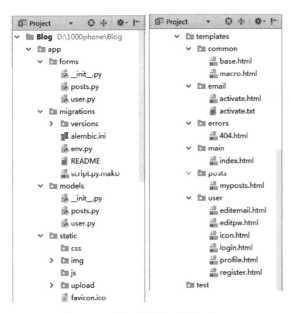

图 12.1　博客系统目录结构图(1)

图 12.2　博客系统目录结构图(2)

12.1.2 项目配置

在进行项目编写前,需要对整个项目进行配置,接下来讲解如何配置博客系统项目。

manage.py(项目中)

```
1   import os
2   from app import create_app
3   from flask_script import Manager
4   from flask_migrate import MigrateCommand
5   # 获取配置
6   config_name = os.environ.get('FLASK_CONFIG') or 'default'
7   # 创建Flask实例
8   app = create_app(config_name)
9   # 创建命令行启动控制对象
10  manager = Manager(app)
11  # 添加数据库迁移命令
12  manager.add_command('db', MigrateCommand)
13  # 启动项目
14  if __name__ == '__main__':
15      manager.run()
```

上述代码是博客系统的运行配置实现代码。第1~4行是导入所需模块。第6行是获取配置,并将配置名赋值给变量config_name。第8行是创建Flask应用示例"app"。第10行是创建使用命令行启动项目的控制对象并赋值给变量manager。第12行是添加数据库迁移命令。第14~15行是启动项目。

编写了上述配置文件之后可以通过命令"python manage.py runserver -r -d"运行项目,其中"-r"是"reload"的意思,"-d"是"debug"的意思;运行结果如图12.3所示。

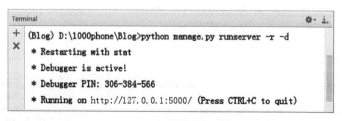

图12.3 命令行运行项目

对于应用也会有自己的配置信息,包含此应用各个重要内容的配置,如数据库、开发环境、文件上传、邮件发送等,接下来讲解应用的配置编写。

app/config.py

```
1   import os
2   base_dir = os.path.abspath(os.path.dirname(__file__))
3   # 通用配置
4   class Config:
5       # 密钥
6       SECRET_KEY = os.environ.get('SECRET_KEY') or '123456'
```

```
7       # 数据库
8       SQLALCHEMY_COMMIT_ON_TEARDOWN = True
9       SQLALCHEMY_TRACK_MODIFICATIONS = False
10      # 邮件发送
11      MAIL_SERVER = os.environ.get('MAIL_SERVER') \
12                    or 'smtp.1000phone.com'
13      MAIL_USERNAME = os.environ.get('MAIL_USERNAME') \
14                     or 'qfbook@1000phone.com'
15      MAIL_PASSWORD = os.environ.get('MAIL_PASSWORD') \
16                     or '******************'
17      # 文件上传
18      MAX_CONTENT_LENGTH = 8 * 1024 * 1024
19      UPLOADED_PHOTOS_DEST = os.path.join(base_dir, 'static/upload')
20      @staticmethod
21      def init_app(app):
22          pass
23  # 开发环境
24  class DevelopmentConfig(Config):
25      SQLALCHEMY_DATABASE_URI = 'sqlite:///' + os.path.join(
26          base_dir, 'blog-dev.sqlite')
27  # 测试环境
28  class TestingConfig(Config):
29      SQLALCHEMY_DATABASE_URI = 'sqlite:///' + os.path.join(
30          base_dir, 'blog-test.sqlite')
31  # 生产环境
32  class ProductionConfig(Config):
33      SQLALCHEMY_DATABASE_URI = 'sqlite:///' + os.path.join(
34          base_dir, 'blog.sqlite')
35  # 配置字典
36  config = {
37      'development': DevelopmentConfig,
38      'testing': TestingConfig,
39      'production': ProductionConfig,
40      'default': DevelopmentConfig
41  }
```

上述代码是博客系统的应用配置实现代码。第1行是导入系统模块。第2行是获取当前文件的基地址,并赋值给变量 base_dir。第4～22行是通用配置类。第6行是密钥信息配置。第8行是启用自动提交数据库更改。第9行是默认情况为 True,Flask-SQLAlchemy 会追踪对象的修改并且发送信号,由于此工作需要额外的内存,因此设置为 False 禁用。第11～16行是邮件发送的相关配置信息。第11～12行是配置邮件发送服务器。第13～14行是发送邮件的用户名。第15～16行是发送邮件的邮箱密码,其中"****…"是自己配置的邮箱密码。第18行是定义文件最大内容。第19行是设置文件上传地址。第20～22行是额外的初始化操作,不添加内容也是有意义的。第24～34行是项目开发中各环境的配置类,主要是配置各环境的数据库 URI。第36～41行是将各环境配置信息用字典形式标注,方便调用配置。

12.1.3 项目所使用扩展

由于 Flask 的各大功能都是依赖扩展来实现的,因此本项目将所有扩展以及使用的初始化内容单独以文件的形式存储,方便使用和移植。接下来讲解本项目所使用到的扩展内容,以及各扩展的对象创建和初始化。

app/extensions.py

```
1    #导入类库
2    from flask_bootstrap import Bootstrap
3    from flask_sqlalchemy import SQLAlchemy
4    from flask_mail import Mail
5    from flask_migrate import Migrate
6    from flask_moment import Moment
7    from flask_login import LoginManager
8    from flask_uploads import UploadSet, IMAGES
9    from flask_uploads import configure_uploads, patch_request_class
10   #创建对象
11   bootstrap = Bootstrap()
12   db = SQLAlchemy()
13   mail = Mail()
14   moment = Moment()
15   migrate = Migrate(db=db)
16   login_manager = LoginManager()
17   photos = UploadSet('photos', IMAGES)
18   #初始化
19   def config_extensions(app):
20       bootstrap.init_app(app)
21       db.init_app(app)
22       mail.init_app(app)
23       moment.init_app(app)
24       migrate.init_app(app)
25       #登录认证
26       login_manager.init_app(app)
27       #指定登录的端点
28       login_manager.login_view = 'user.login'
29       login_manager.login_message = '需要登录才能访问'
30       login_manager.session_protection = 'strong'
31       #文件上传
32       configure_uploads(app, photos)
33       patch_request_class(app, size=None)
```

上述代码是博客系统使用到的扩展内容实现。第 2~9 行是导入所需模块。第 11~17 行是创建各扩展类的实例对象。第 20~26 行是初始化各对象实例,其中第 26 行是登录认证初始化。第 28 行是指定登录端点为蓝本 user 的 login(蓝本在后续内容中会详细讲解)。第 29 行是设置需登录才能执行操作的提示信息。第 30 行是设置 session 的保护级别。其中有三个级别,分别是 None:禁用 session 保护;basic:基本的保护,默认选项;strong:最严格的保护,一旦用户登录信息改变,立即退出登录。第 32 行是将 app 的 config 配置注册到 UploadSet 实例 photos。第 33 行是设置文件大小。

12.1.4 数据库生成

一个网站系统离不开数据库,因此数据库在网站系统中有着特殊的意义,接下来讲解博客系统的数据库生成代码实现。

本博客系统主要包含三个表:用户表、博客表、用户与博客的联系表。

app/models/user.py

```
1   class User(UserMixin, db.Model):
2       __tablename__ = 'users'
3       id = db.Column(db.Integer, primary_key = True)
4       username = db.Column(db.String(20), unique = True)
5       password_hash = db.Column(db.String(128))
6       email = db.Column(db.String(64), unique = True)
7       confirmed = db.Column(db.Boolean, default = False)
8       #头像
9       icon = db.Column(db.String(64), default = 'default.jpg')
10      #在另一模型中添加一个反向引用
11      posts = db.relationship('Posts', backref = 'user', lazy = 'dynamic')
12      #密码字段保护
13      @property
14      def password(self):
15          raise AttributeError('密码是不可读属性')
16      #设置密码,加密存储
17      @password.setter
18      def password(self, password):
19          self.password_hash = generate_password_hash(password)
20      #密码的校验
21      def verify_password(self, password):
22          return check_password_hash(self.password_hash, password)
23      #生成激活的token
24      def generate_activate_token(self, expires_in = 3600):
25          #创建用于生成token的类,需要传递密钥和有效期
26          s = Serializer(current_app.config['SECRET_KEY'], expires_in)
27          #生成包含有效信息(必须是字典数据)的token字符串
28          return s.dumps({'id': self.id})
29      @staticmethod
30      def check_activate_token(token):
31          s = Serializer(current_app.config['SECRET_KEY'])
32          try:
33              data = s.loads(token)
34          except BadSignature:
35              flash('无效的token')
36              return False
37          except SignatureExpired:
38              flash('token已失效')
39              return False
40          user = User.query.get(data.get('id'))
```

```
41          if not user:
42              flash('激活的账户不存在')
43              return False
44          #没有激活才需要激活
45          if not user.confirmed:
46              user.confirmed = True
47              db.session.add(user)
48          return True
49      #判断是否收藏指定帖子
50      def is_favorite(self, pid):
51          #获取该用户所有收藏的帖子列表
52          favorites = self.favorites.all()
53          posts = list(filter(lambda p: p.id == pid, favorites))
54          if len(posts) > 0:
55              return True
56          return False
57      #收藏指定帖子
58      def add_favorite(self, pid):
59          p = Posts.query.get(pid)
60          self.favorites.append(p)
61      #取消收藏指定帖子
62      def del_favorite(self, pid):
63          p = Posts.query.get(pid)
64          self.favorites.remove(p)
65  #登录认证的回调
66  @login_manager.user_loader
67  def load_user(uid):
68      return User.query.get(int(uid))
```

上述代码是博客系统的用户模型实现代码。第 2 行是定义表名。第 3~11 行是定义字段名及类型。第 11 行是在另一个模型中添加一个反向引用,第一个参数是关联的模型名;第二个参数是在关联的模型中动态添加字段;第三个参数是加载方式,其中值为 dynamic 表示不加载,但提供记录的查询;若使用一对一,添加参数 uselist 并置为 False。第 13~15 行是设置密码字段保护,设置为不可读。第 17~19 行是设置密码并进行加密存储。第 21~22 行是验证密码。第 24~28 行是生成激活的 token。第 29~48 行是验证 token 信息,并将激活状态更新到相应用户中。第 33 行是加载 token,将字符串的 token 转换成字典形式并赋值给变量 data。第 34 行是捕获到错误的 token 时抛出异常。第 37 行是 token 过时时抛出异常。第 40 行是根据 id 查询用户信息,并将用户信息赋值给变量 user。第 41~43 行是当用户不存在时的执行代码。第 45~48 是当用户未激活时,修改数据库中用户激活状态。第 50~56 行是判断是否收藏指定博客函数。第 58~60 行是收藏指定博客函数。第 62~64 行是取消收藏博客函数。第 66~68 行是登录认证的回调。

以上是用户模型的实现,接下来讲解博客模型的实现。

app/models/posts.py

```
1   class Posts(db.Model):
2       __tablename__ = 'posts'
```

```
3       id = db.Column(db.Integer, primary_key = True)
4       rid = db.Column(db.Integer, index = True, default = 0)
5       content = db.Column(db.Text)
6       timestamp = db.Column(db.DateTime, default = datetime.utcnow)
7       #添加关联外键 '表名.字段'
8       uid = db.Column(db.Integer, db.ForeignKey('users.id'))
```

上述代码是博客模型实现代码。第2行是定义表名。第3～6行是定义各字段及类型。第8行是添加关联 user 表的外键。

在对用户和博客模型编写完成后执行数据库文件迁移，具体如下：

- 在 Terminal 输入命令"python manage.py db init"，初始化迁移文件。
- 执行成功之后输入命令"python manage.py db migrate"，生成迁移文件。
- 生成迁移文件之后输入命令"python manage.py db upgrade"，执行迁移（更新迁移）。

执行后查看数据库中表信息如图 12.4 所示。

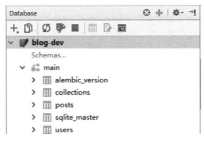

图 12.4　数据库表结构

在图 12.4 中，collections 表、posts 表、users 表是编写模型代码实现的，其余表是执行数据库迁移文件时自动生成的。

注意：本章使用的是 SQLite 数据库。

12.1.5　蓝本（蓝图）的使用

蓝本是在一个应用中，跨应用制作应用组件和支持通用的模式，换一句话说，蓝本定义了可用于单个应用的视图、模板、静态文件等等的集合。一般需要将应用组织成不同的组件时会使用到蓝本，接下来讲解蓝本的使用。

view/__init__.py

```
1   #蓝本配置
2   DEFAULT_BLUEPRINT = (
3       (main, ''),
4       (user, '/user'),
5       (posts, '/posts'),
6   )
7   #封装函数,完成蓝本注册
8   def config_blueprint(app):
```

```
9      for blueprint, prefix in DEFAULT_BLUEPRINT:
10         app.register_blueprint(blueprint, url_prefix = prefix)
```

上述代码是博客系统的蓝本配置实现代码。第2~6行是定义蓝本,其中(user,'/user'),前者是蓝本名,后者是URL中的前缀。第8~10行是蓝本注册,将蓝本名和前缀进行对应注册。

蓝本的定义与注册实现之后,就可以在视图函数(views/main.py)中使用蓝本了,代码如下:

```
main = Blueprint('main', __name__)
```

使用蓝本配置路由,代码如下:

```
@main.route('/', methods = ['GET', 'POST'])
```

12.2 页面设计

开发 Web 网站其中很大一部分是进行页面设计,网站最终是要展示给用户观看及使用的,因此页面设计非常重要。接下来介绍博客系统的页面设计(templates 文件中)。

12.2.1 基页面

base.html 是网站中其他页面的基页面,网站中其他页面都继承自 base.html,接下来详细解析 base.html 中内容。

templates/common/base.html

```
1   {% extends 'bootstrap/base.html' %}
2   {% import 'bootstrap/wtf.html' as wtf %}
3
4   {% block styles %}
5       {{ super() }}
6       <link rel = "icon" href = "{{ url_for('static', filename = 'img/1.png') }}"
7           type = "image/x-icon"/>
8   {% endblock %}
9
10  {% block title %}博客中心{% endblock %}
11
12  {% block navbar %}
13  <nav class = "navbar navbar-inverse"
14      style = "border-radius: 0px;">
15      <div class = "container">
16          <div class = "navbar-header">
17              <a class = "navbar-brand"
18                  href = "{{ url_for('main.index') }}">首页</a>
```

```
19              </div>
20              <div class = "collapse navbar-collapse">
21                  <ul class = "nav navbar-nav">
22                      <li><a href = "{{ url_for('posts.myposts',
23                          uid = current_user.id) }}">我的博客</a></li>
24                  </ul>
25                  <ul class = "nav navbar-nav navbar-right">
26                      {% if current_user.is_authenticated %}
27                      <li><a href = "{{ url_for('user.logout') }}">退出</a></li>
28                      <li class = "dropdown">
29                          <a href = "#" class = "dropdown-toggle"
30                              data-toggle = "dropdown" role = "button"
31                              aria-haspopup = "true" aria-expanded = "false">
32                              {{ current_user.username }}
33                              <span class = "caret"></span></a>
34                          <ul class = "dropdown-menu">
35                              <li><a href = "{{ url_for('user.profile') }}">
36                                  用户详情</a></li>
37                              <li><a href = "{{ url_for('user.editpw') }}">
38                                  修改密码</a></li>
39                              <li><a href = "{{ url_for('user.editemail') }}">
40                                  修改邮箱</a></li>
41                              <li><a href = "{{ url_for('user.icon') }}">
42                                  修改头像</a></li>
43                          </ul>
44                      </li>
45                      {% else %}
46                      <li><a href = "{{ url_for('user.login') }}">登录</a></li>
47                      <li><a href = "{{ url_for('user.register') }}">注册</a></li>
48                      {% endif %}
49                  </ul>
50              </div>
51          </div>
52  </nav>
53  {% endblock %}
54
55  {% block content %}
56  <div class = "container">
57      {% for message in get_flashed_messages() %}
58          <div class = "alert alert-warning alert-dismissible"
59              role = "alert">
60              <button type = "button" class = "close"
61                  data-dismiss = "alert" aria-label = "Close">
62                  <span aria-hidden = "true">&times;</span></button>
63              {{ message }}
64          </div>
65      {% endfor %}
66      {% block page_content %}默认内容{% endblock %}
67  </div>
```

```
68      {% endblock %}
69
70      {% block scripts %}
71          {{ super() }}
72          {{ moment.include_moment() }}
73          {{ moment.locale('zh_CN') }}
74      {% endblock %}
```

上述代码是博客系统网站的基页面,网站的主要界面均继承自它,因此内容比较重要,接下来对代码进行详细解析。第 1 行是继承 Bootstrap 框架的基页面。第 2 行是引入 Bootstrap 框架中的 wtf.html 文件,并命名为 wtf。第 4～8 行是样式及静态文件的内容,其中第 6～7 行是链入图片 1.png。第 12～54 行是整个博客系统的导航栏部分。第 17～19 行是"首页"的内容及链接({{ url_for('main.index') }})。第 20～24 行是"我的博客"模块,链接为"{{ url_for('posts.myposts',uid = current_user.id) }}"。第 25～49 行是用户信息的相关管理链接。第 26 行是判断用户是否登录,若登录则执行。第 27～44 行是内容显示。第 27 行是"退出",链接为"{{ url_for('user.logout') }}"。第 29～44 行是用户信息管理的下拉菜单,显示为当前登录的用户名,其中包括"用户详情{{ url_for('user.profile') }}""修改密码{{ url_for('user.editpw') }}""修改邮箱{{ url_for('user.editemail') }}""修改头像{{ url_for('user.icon') }}"四部分内容,若用户未登录则执行 46～48 行的内容显示,包括"注册{{ url_for('user.register') }}""登录{{ url_for('user.login') }}"。第 56～67 行是博客系统的主体内容。第 57～65 行是循环遍历 flash 中的提示信息。第 66 行是各页面需要显示的内容。第 70～74 行是 js 等脚本控制语言。

注意:本节接下来的页面均需要继承自基页面,因此页面均需要在编写代码开始时添加以下代码:

```
{% extends 'base.html' %}
```

12.2.2 宏文件

博客系统需要将博客展示给用户观看,随着时间的推移,博客数量会随之增长,因此页面显示需要分页展示,以达到清晰美观的效果。接下来介绍分页的页面设计,具体如宏文件 macro.html 所示。

templates/common/marco.html

```
1   {% macro show_pagination(pagination, endpoint) %}
2   <nav aria-label="Page navigation">
3       <ul class="pagination">
4           {# 上一页 #}
5           <li {% if not pagination.has_prev %}
6               class="disabled"{% endif %}>
7               <a href="{% if pagination.has_prev %}
8               {{ url_for(endpoint, page=pagination.prev_num, **kwargs) }}
9               {% else %}#{% endif %}" aria-label="Previous">
```

```
10              <span aria-hidden="true">&laquo;</span>
11            </a>
12          </li>
13      {# 中间页码 #}
14      {% for p in pagination.iter_pages() %}
15          {% if p %}
16              <li {% if pagination.page == p %}
17                  class="active"{% endif %}>
18                  <a href="{{ url_for(endpoint, page=p, **kwargs) }}">
19                      {{ p }}</a></li>
20          {% else %}
21              <li><a href="#">&hellip;</a></li>
22          {% endif %}
23      {% endfor %}
24      {# 下一页 #}
25      <li {% if not pagination.has_next %}
26          class="disabled"{% endif %}><a href="
27          {% if pagination.has_next %}
28          {{ url_for(endpoint, page=pagination.next_num,
29              **kwargs) }}{% else %}#{% endif %}"
30                                  aria-label="Next">
31              <span aria-hidden="true">&raquo;</span>
32          </a>
33      </li>
34    </ul>
35  </nav>
36  {% endmacro %}
```

上述代码是博客系统分页显示页面的实现。第 1 行是定义宏文件内容，包括 show_pagination(pagination, endpoint) 函数，其中参数 pagination 是分页对象，参数 endpoint 是端点。第 5~12 行是上一页的实现代码。第 5~6 行是判断分页是否有上一页，如果没有则无法单击，若有则执行下面代码。第 7~11 行是当分页有上一页时，跳转链接为"{{ url_for(endpoint, page=pagination.prev_num, **kwargs) }}"。第 14~23 行是将所有页数显示在中间。第 14 行是循环遍历 pagination 对象中的页数。第 15~19 行是当页数存在时执行。第 16 行是判断 pagination 对象的页码是否与遍历的页码相同，相同则为触发状态。第 18~19 行是显示中间页码，链接为"{{ url_for(endpoint, page = pagination.next_num, **kwargs) }}"。第 21 行是当页数不存在时执行。第 25~33 行是下一页的实现代码。第 25 行是判断分页是否还有下一页，如果没有则无法单击，若有则执行下面代码。第 26~31 行是当分页有下一页时，跳转链接为"{{ url_for(endpoint, page = pagination.next_num, **kwargs) }}"。

分页的宏文件到此就编写完成，当文件需要使用分页时，直接传递不同的分页对象即可。

12.2.3 首页

首页主要是将所有用户的博客显示在页面上，还包含发表博客，接下来讲解首页的页面设计实现,具体如 index.html 文件所示。

templates/main/index.html

```
1    {% extends 'common/base.html' %}
2    {% from 'common/macro.html' import show_pagination %}
3
4    {% block title %}首页{% endblock %}
5
6    {% block page_content %}
7        {{ wtf.quick_form(form) }}
8
9        {# 遍历展示帖子 #}
10       {% for p in posts %}
11           <hr/>
12           <div class="media">
13               <div class="media-left">
14                   <a href="#">
15                       <img class="media-object"
16                           src="{{ url_for('static',
17                           filename='upload/' + p.user.icon) }}"
18                           alt="头像" style="height: 64px; width: 64px;">
19                   </a>
20               </div>
21               <div class="media-body">
22                   <div style="float: right;">
23                       {{ moment(p.timestamp).fromNow() }}</div>
24                   <h4 class="media-heading">{{ p.user.username }}</h4>
25                   {{ p.content }}
26                   {# 收藏功能 #}
27                   {% if current_user.is_authenticated %}
28                       <div url="{{ url_for('posts.collect', pid=p.id) }}"
29                           style="cursor: pointer;" class="collect">
30                           {% if current_user.is_favorite(p.id) %}取消收藏
31                           {% else %}收藏{% endif %}</div>
32                   {% endif %}
33               </div>
34           </div>
35       {% endfor %}
36       <hr/>
37       {# 分页构造 url 时的额外参数 #}
38       {{ show_pagination(pagination, 'main.index', xxx='yyy') }}
39   {% endblock %}
40
41   {% block scripts %}
42       {{ super() }}
43       <script type="text/javascript">
44           $(function () {
45               $('.collect').click(function () {
46                   _this = this
```

```
47                $.get($(this).attr('url'), function () {
48                    if ($(_this).text() == '收藏') {
49                        $(_this).text('取消收藏')
50                    } else {
51                        $(_this).text('收藏')
52                    }
53                })
54            })
55        })
56    </script>
57 {% endblock %}
```

上述代码是博客系统的首页页面的实现。第1行是继承基页面。第2行是从宏文件中引入show_pagination方法。第6~40行是整个首页的主体内容。第7行是发表博客的表单显示。第10~36行是循环遍历博客并显示在页面中。第15~18行是显示用户的头像。第22~25是显示用户名和博客的主体信息。第27~33行是判断用户是否收藏的显示内容。第39行是分页内容的显示,其中"xxx='yyy'"是测试,代表可以传递其他的参数。第42~57行是实现收藏与取消收藏的单击事件。

首页的页面设计到此就完成了,主要包括了发表博客表单、各用户的博客展示、博客的收藏与取消收藏以及博客分页显示功能。

12.2.4 用户信息管理页面设计

用户信息管理(templates/user)是一个网站系统最基本的内容,因此这部分内容的页面设计必不可少。用户信息管理页面设计主要包括用户注册、用户登录、用户详情、修改邮箱、修改密码、修改头像六部分内容。接下来详细介绍每一部分页面设计的实现内容。

一个网站的好坏可以从用户的访问量以及用户的注册量来判断,其中用户的注册量指的是网站的注册用户有多少。接下来讲解用户注册页面实现。

register.html

```
1  {% extends 'common/base.html' %}
2  {% block title %}用户注册{% endblock %}
3
4  {% block page_content %}
5      <h1>欢迎注册</h1>
6      {{ wtf.quick_form(form) }}
7  {% endblock %}
```

上述代码是博客系统的用户注册页面的实现。第1行是继承基页面。第6行是显示用户注册表单。

在用户注册成功之后,需要提供用户登录接口使用户可以登录网站管理自己的内容,接下来讲解用户登录页面实现。

login. html

```
1   {% extends 'common/base.html' %}
2   {% block title %}用户登录{% endblock %}
3
4   {% block page_content %}
5       <h1>欢迎登录</h1>
6       {{ wtf.quick_form(form) }}
7   {% endblock %}
```

上述代码是博客系统的用户登录页面的实现。第 1 行是继承基页面。第 6 行是显示用户登录表单。

用户在登录网站之后可以通过接口来查看自己的个人信息，并且通过查看信息可以将需要修改的信息通过其他接口进行修改，接下来讲解用户详情页面实现。

profile. html

```
1   {% extends 'common/base.html' %}
2   {% block title %}用户详情{% endblock %}
3
4   {% block page_content %}
5       <h1>用户详细信息</h1>
6       <b>头像</b><br />
7       {% if img_url %}
8           <img src="{{ img_url }}" style="width:128px; height:128px;" />
9       {% endif %}
10      <br />
11      <div class="form-group">
12          <label for="username">用户名</label>
13          <input type="text" class="form-control" id="username"
14              value="{{ current_user.username }}" readonly>
15      </div>
16      <div class="form-group">
17          <label for="email">邮箱</label>
18          <input type="text" class="form-control" id="email"
19              value="{{ current_user.email }}" readonly>
20      </div>
21  {% endblock %}
```

上述代码是博客系统的用户详情显示页面的实现。第 1 行是继承基页面。第 4～21 行是显示用户信息的主要内容。第 8～10 行是判断用户头像 img_url 是否存在，存在则显示用户头像。第 14～15 行是以只读的形式显示用户名。第 19～20 行是以只读的形式显示用户的邮箱。

用户在查看信息之后发现邮箱不是自己常用邮箱，可以通过接口将邮箱进行修改，只是邮箱修改以后需要再次激活用户，接下来讲解修改邮箱页面实现。

editemail.html

```
1    {% extends 'common/base.html' %}
2    {% block title %}修改邮箱{% endblock %}
3
4    {% block page_content %}
5        <h1>修改邮箱</h1>
6        {{ wtf.quick_form(form) }}
7    {% endblock %}
```

上述代码是博客系统的用户修改邮箱页面的实现。第 1 行是继承基页面。第 6 行是显示修改邮箱表单。

如果说用户名是登录网站的通行证,那密码就是登录网站最重要的凭证。网络安全问题一直存在整个互联网上,因此对于密码这样重要的凭证需要时刻保证它的安全,其中一个办法就是定时修改密码,接下来讲解修改密码页面实现。

editpw.html

```
1    {% extends 'common/base.html' %}
2    {% block title %}修改密码{% endblock %}
3
4    {% block page_content %}
5        <h1>修改密码</h1>
6        {{ wtf.quick_form(form) }}
7    {% endblock %}
```

上述代码是博客系统的用户密码修改页面的实现。第 1 行是继承基页面。第 6 行是显示修改密码表单。

对于新一代的年轻人,信息更新迭代速度太快,用户对于个人头像的喜好也会随之改变,因此需要提供随时更改头像的接口,接下来讲解修改头像页面实现。

icon.html

```
1    {% extends 'common/base.html' %}
2    {% block title %}修改头像{% endblock %}
3
4    {% block page_content %}
5        <h1>头像上传</h1>
6        {% if img_url %}
7            <img src="{{ img_url }}" style="width: 128px; height: 128px;" />
8        {% endif %}
9        {{ wtf.quick_form(form) }}
10   {% endblock %}
```

上述代码是博客系统的用户修改头像页面的实现。第 1 行是继承基页面。第 6~8 行是判断用户的头像 img_url 是否存在,存在则显示头像。第 9 行是显示修改头像表单。

12.2.5 博客管理页面设计

博客管理(templates/posts)是管理用户自己的博客,可以显示自己的博客以及删除自己的博客。接下来讲解"我的博客"页面实现。

myposts.html

```
1   {% extends 'common/base.html' %}
2   {% from 'common/macro.html' import show_pagination %}
3   {% block title %}我的博客{% endblock %}
4
5   {% block page_content %}
6       {# 遍历展示帖子 #}
7       {% for p in posts %}
8           {% if p.uid == current_user.id %}
9           <hr/>
10          <div class="media">
11              <div class="media-left">
12                  <a href="#">
13                      <img class="media-object" src="{{ url_for('static',
14                          filename='upload/'+p.user.icon) }}"
15                          alt="头像" style="height:64px;width:64px;">
16                  </a>
17              </div>
18              <div class="media-body">
19                  <div style="float:right;">
20                      {{ moment(p.timestamp).fromNow() }}</div>
21                  <h4 class="media-heading">{{ p.user.username }}</h4>
22                  {{ p.content }}
23                  {% if current_user.is_authenticated %}
24                  <div url="{{ url_for('posts.collect', pid=p.id) }}"
25                      style="cursor:pointer;" class="collect">
26                      {% if current_user.is_favorite(p.id) %}取消收藏
27                      {% else %}收藏{% endif %}</div>
28                  {% endif %}
29                  <a href="javascript:;"
30                      onclick="if(confirm('您确定删除这条记录?'))
31                      {location.href='{{ url_for('posts.delpost',
32                      pid=p.id,uid=p.uid) }}';}"
33                      style="cursor:pointer;">删除</a>
34              </div>
35          </div>
36          {% endif %}
37      {% endfor %}
38      <hr/>
39      {# 分页构造url时的额外参数 #}
40      {{ show_pagination(pagination, 'posts.myposts',
41          uid=current_user.id) }}
```

```
42      {% endblock %}
43
44      {% block scripts %}
45          {{ super() }}
46          <script type="text/javascript">
47              $(function () {
48                  $('.collect').click(function () {
49                      _this = this
50                      $.get($(this).attr('url'), function () {
51                          if ($(_this).text() == '收藏') {
52                              $(_this).text('取消收藏')
53                          } else {
54                              $(_this).text('收藏')
55                          }
56                      })
57                  })
58              })
59          </script>
60      {% endblock %}
```

上述代码是博客系统"我的博客"页面实现。第1行是继承基页面。第2行是从宏文件中引入 show_pagination 方法。第6~42行是整个页面的主体内容。第7~37行是循环遍历用户的博客并显示在页面中。第8行是判断博客的用户 id 是否与当前用户 id 相同,相同则执行下面代码。第12~16行是显示用户头像。第19~22是显示用户名和博客的主体信息。第23~27行是判断用户是否收藏的显示内容。第29~33行是删除本博客,链接为 {{ url_for('posts.delpost',pid=p.id,uid=p.uid) }}。第40~41行是分页内容的显示,其中"uid=current_user.id"是将参数 uid 传递给分页函数。第44~60行是实现收藏与取消收藏的单击事件。

至此博客管理的页面设计已经完成,主要包括了显示博客内容、删除博客功能。

12.2.6 发送邮件页面设计

此博客系统设计了邮件激活功能(templates/email),其中在注册时需要填写邮箱地址,通过后台发送邮件给用户,用户单击链接完成激活。接下来讲解发送邮件的页面及内容。

activate.html

```
1  <h1>Hello {{ username }}</h1>
2  <p>单击右边链接以完成激活,
3      <a href="{{ url_for('user.activate',
4      token=token, _external=True) }}">激活</a></p>
```

上述代码是博客系统的邮件激活内容的 HTML 代码。第1行是引语,"Hello"与变量"{{username}}"。第2~4行是邮件激活链接内容,链接为"{{ url_for('user.activate',token=token,_external=True) }}"链接中包含了"token",而其中的参数"_external"设置为 True 表示可以从外部访问网站。

HTML 文件在邮件中不好显示,因此需要再编写一个文本文件来显示邮件内容,接下来讲解文本文件内容。

activate.txt

```
1    Hello {{ username }}
2    单击右边链接以完成激活,激活:
3    {{ url_for('user.activate', token = token, _external = True) }}
```

上述代码是编写在"activate.txt"文件中,与"activate.html"文件只相差 HTML 标签,其他内容相同,此处不再赘述。

12.2.7 错误展示页面设计

网站在浏览器中运行时,出现错误会有相应的错误展示页面,即浏览器自带的错误展示页面;若对浏览器自带的错误展示页面不满意,还可以自己编写相应的错误页面(templates/errors)。接下来讲解 404 错误页面实现。

404.html

```
1    {% extends 'common/base.html' %}
2    
3    {% block title %}出错了,@_@{% endblock %}
4    {% block page_content %}
5        <h1>小千实在找不到啊…</h1>{% endblock %}
```

上述代码是博客系统的 404 错误页面的实现。第 1 行是继承基页面。第 4～5 行是错误页面的主体内容。

本博客系统只编写了 404 错误页面作为参考,大家还可以自定义其他错误页面。

12.3 表单管理

本系统使用了 WTF 表单插件来实现表单的编写与验证,实现表单与前端模板文件分离。本节主要讲解表单类的实现,接下来详细讲解用户表单和博客表单两部分内容。

12.3.1 用户表单

用户表单(forms/user.py)包括用户注册表单、用户登录表单、修改头像表单、修改密码表单、修改邮箱表单五个表单内容,接下来详细讲解这五个表单类的实现。

1. 用户注册表单类

```
1    #用户注册表单
2    class RegisterForm(FlaskForm):
3        username = StringField(
4            '用户名', validators = [Length(4, 20,
5                                message = '用户名必须在 4～20 个字符之间')])
6        password = PasswordField(
```

```
7           '密码', validators = [Length(6, 20,
8                                 message = '密码长度必须在6～20个字符之间')])
9       confirm = PasswordField(
10          '确认密码', validators = [EqualTo('password',
11                                  message = '两次密码不一致')])
12      email = StringField(
13          '邮箱', validators = [Email(message = '邮箱格式不正确')])
14      submit = SubmitField('立即注册')
15
16      #自定义字段验证
17      def validate_username(self, field):
18          if User.query.filter_by(username = field.data).first():
19              raise ValidationError('该用户已存在,请选用其他用户名')
20
21      def validate_email(self, field):
22          if User.query.filter_by(email = field.data).first():
23              raise ValidationError('该邮箱已注册,请选用其他邮箱地址')
```

上述代码是用户注册表单类的实现。第3～14行是各字段的定义,包括username、password、confirm、email、submit。第17～19行是验证用户名是否唯一的函数。第18行是判断数据库中是否存在提交的用户名,存在则执行下面代码。第19行是返回提示错误"该用户已存在,请选用其他用户名"。第21～23行是验证邮箱是否唯一的函数。第22行是判断数据库中是否存在提交的邮箱,存在则执行下面代码。第23行是返回提示错误"该邮箱已注册,请选用其他邮箱地址"。

2. 用户登录表单类

```
1   #用户登录表单
2   class LoginForm(FlaskForm):
3       username = StringField('用户名', validators = [DataRequired()])
4       password = PasswordField('密码', validators = [DataRequired()])
5       remember = BooleanField('记住我')
6       submit = SubmitField('立即登录')
```

上述代码是用户登录表单类的实现。第3～6行是各字段的定义包括username、password、remember、submit,其中DataRequired()表示必填项。

3. 修改头像表单类

```
1   #修改头像表单
2   class IconForm(FlaskForm):
3       icon = FileField(
4           '头像', validators = [FileAllowed(photos, message = '只能上传图片'),
5                               FileRequired(message = '请先选择文件')])
6       submit = SubmitField('保存')
```

上述代码是修改头像表单类的实现。第3～5行是头像字段的定义,其中FileAllowed()函数指定允许的文件类型为photos,FileRequired()表示文件需先选择。第6行是保存并提交字段定义。

4. 修改密码表单类

```
1   #修改密码表单
2   class EditPWForm(FlaskForm):
3       passwordold = PasswordField('原始密码', validators = [DataRequired()])
4       passwordnew = PasswordField(
5           '新密码', validators = [
6               Length(6, 20, message = '密码长度必须在6～20个字符之间')])
7       submit = SubmitField('确定')
```

上述代码是修改密码表单类的实现。第 3～6 行是各字段的定义包括 passwordold、passwordnew，其中 DataRequired()表示必填项。第 7 行是确定提交字段。

5. 修改邮箱表单类

```
1   #修改邮箱表单
2   class EditEmailForm(FlaskForm):
3       emailnew = StringField(
4           '新邮箱地址', validators = [Email(message = '邮箱格式不正确')])
5       submit = SubmitField('确定')
```

上述代码是修改邮箱表单类的实现。第 3～4 行是新邮箱地址字段的定义。第 5 行是确定提交字段。

上述内容是整个博客系统的用户表单类的实现。

12.3.2 博客表单

博客最主要的表单内容是发表博客，接下来详细讲解发表博客表单（forms/posts.py）内容。

发表博客表单类

```
1   class PostsForm(FlaskForm):
2       content = TextAreaField(
3           '', render_kw = {'placeholder': '这一刻的想法...'},
4           validators = [Length(5, 128, message = '注意内容要求(5～128)')])
5       submit = SubmitField('发表')
```

上述代码是发表博客表单类的实现。第 2～4 行是博客内容字段的定义，其中'placeholder'是当没有填写内容时输入框内显示的内容。第 5 行是发表提交字段。

12.4 首页管理

首页显示用户博客，也是用户进入网站时第一个浏览到的页面，接下来讲解首页的后台视图实现。

1. 视图设计
main.py

```
1   main = Blueprint('main', __name__)
2
3   @main.route('/', methods = ['GET', 'POST'])
4   def index():
5       form = PostsForm()
6       if form.validate_on_submit():
7           # 判断用户是否登录
8           if current_user.is_authenticated:
9               u = current_user._get_current_object()
10              p = Posts(content = form.content.data, user = u)
11              db.session.add(p)
12              return redirect(url_for('main.index'))
13          else:
14              flash('登录后才能发表')
15              return redirect(url_for('user.login'))
16      # 读取帖子信息
17      page = request.args.get('page', 1, type = int)
18      pagination = Posts.query.filter_by(rid = 0).order_by(
19          Posts.timestamp.desc()).paginate(
20          page, per_page = 5, error_out = False)
21      posts = pagination.items
22      return render_template('main/index.html',
23                      form = form, posts = posts, pagination = pagination)
```

上述代码是首页显示的实现。第1行是定义蓝本"main"。第3行是配置首页路由。第5行是创建发表博客表单对象"form"。第8～12行是用户登录之后发表博客实现。第8行是判断用户是否登录。第9～10行是用户对象(u)与发表的博客对象(p)。第11行是将新发表的博客对象添加到数据库。第12行将URL重定向到蓝本main中的首页。第14～15行是当用户没有登录时执行的代码。第14行是flash提示信息。第15行是将URL重定向到蓝本user中的注册页面。第17行是读取页数信息。第18～20行是按需求进行分页查询博客。第21行是将查询出来的博客信息赋值给变量"posts"。第22～23行是渲染首页。

2. 运行结果

将首页的相关操作都完成以后，通过浏览器以及URL就可以查看运行结果了。接下来运行项目，使用命令"python manage.py runserver -r -d"运行，其中"-r"是"reload"的意思，"-d"是"debug"的意思；然后在浏览器中输入http://127.0.0.1:5000/，运行结果如图12.5所示。

图 12.5 首页

12.5 用户管理

用户管理(views/user.py)是管理所有注册和登录本系统的用户信息,对用户的登入退出进行验证管理,以确保安全。

12.5.1 用户注册

用户登录/注册是每个系统必备的功能,接下来讲解用户注册模块的实现。

1. 视图设计

前端模板和表单完成之后,通过后台视图函数控制就可以将所有注册的功能实现,接下来讲解注册模块的视图函数实现。

```
1   @user.route('/register/', methods = ['GET', 'POST'])
2   def register():
3       form = RegisterForm()
4       if form.validate_on_submit():
5           u = User(username = form.username.data,
6                    password = form.password.data, email = form.email.data)
7           db.session.add(u)
8           db.session.commit()
9           token = u.generate_activate_token()
10          send_mail(form.email.data, '账户激活', 'email/activate',
```

```
11                          username = form.username.data, token = token)
12                  # 给出 flash 提示消息
13                  flash('邮件已发送,请单击链接完成用户激活')
14                  return redirect(url_for('main.index'))
15      return render_template('user/register.html', form = form)
```

上述代码是用户注册模块的实现。第 1 行是配置函数 register() 的路由。第 2~15 行是整个注册模块的后台实现代码。第 3 行是创建 RegisterForm 注册表单对象 form。第 4 行判断表单是否提交,已提交执行下面代码。第 5~6 行是创建用户对象,将提交的 form.username.data 赋值给 username,form.password.data 赋值给 password,form.email.data 赋值给 email。第 7 行是将对象添加到数据库。第 8 行是因为激活邮箱时需要包含用户信息的 token,因此手动提交用户对象。第 9 行是生成激活邮件的 token。第 11~12 行是调用 send_email() 函数发送邮件。第 13 行是 flash 的提示信息。第 14 行是重定向到蓝本 main 中的首页。第 15 行是当还未提交注册表单时渲染注册页面。

2. 注册模块运行结果

将注册模块中的内容都完成以后,通过浏览器以及 URL 就可以查看运行结果了。接下来运行项目,使用命令"python manage.py runserver -r -d"运行程序,然后在浏览器中输入 http://127.0.0.1:5000/user/register/,运行结果如图 12.6 所示。

图 12.6 注册表单

3. 邮件发送激活实现

邮件发送激活包含两部分内容,一部分在 user.py 文件中,一部分在 email.py 文件中。

接下来详细讲解邮件发送与激活的实现。

user.py

```
1    #账户的激活
2    @user.route('/activate/<token>')
3    def activate(token):
4        if User.check_activate_token(token):
5            flash('账户已激活')
6            return redirect(url_for('user.login'))
7        else:
8            flash('激活失败')
9            return redirect(url_for('main.index'))
```

上述代码是判断用户邮箱是否激活的实现。第 2 行是配置函数 activate() 的路由。第 4 行是判断用户 "token" 是否激活,激活则执行下面代码。第 5 行是用户激活后 flash 的提示信息。第 6 行是将 URL 重定向到蓝本 user 的登录页面。第 8~9 行是当用户 "token" 没被激活时的执行代码。第 8 行是用户激活失败的 flash 提示信息。第 9 行是将 URL 重定向到蓝本 main 的首页页面。

用户激活判断已经完成,接下来讲解邮件发送的实现。

email.py

```
1    def async_send_mail(app, msg):
2        with app.app_context():
3            mail.send(msg)
4    
5    def send_mail(to, subject, template, **kwargs):
6        app = current_app._get_current_object()
7        msg = Message(subject = subject, recipients = [to],
8                      sender = app.config['MAIL_USERNAME'])
9        msg.html = render_template(template + '.html', **kwargs)
10       msg.body = render_template(template + '.txt', **kwargs)
11       #创建线程
12       thr = Thread(target = async_send_mail, args = [app, msg])
13       #启动线程
14       thr.start()
15       return thr
```

上述代码是邮件发送的实现。第 1~3 行是实现在应用上下文中发送邮件的函数。第 2 行是发送邮件必须在上下文中。第 3 行是发送邮件。第 5~15 行是封装发送邮件函数,需要创建新线程执行发送。第 6 行是根据代理对象 current_app 找到实例化的 app 对象。第 7~8 行是邮件的内容。第 9 行是邮件的 HTML 文件渲染。第 10 行是邮件的主体内容即文本文件。第 12 行是创建发送邮件的线程。第 14 行是启动发送邮件的线程。第 15 行是返回线程。

4. 最终运行结果

注册模块以及邮件激活内容完成以后,可以进行注册测试即运行整个注册模块,运行程序并在浏览器中输入 http://127.0.0.1:5000/user/register/，然后输入用户的注册信息，如图 12.7 所示。

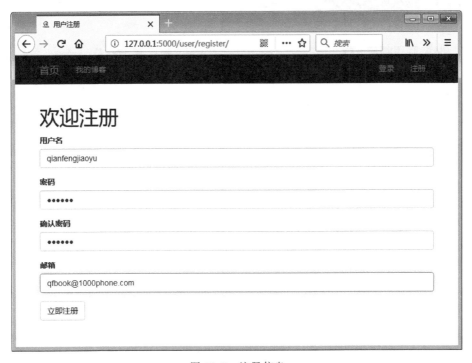

图 12.7　注册信息

在图 12.7 中，单击【立即注册】按钮，显示结果如图 12.8 所示。

图 12.8　注册后跳转

接下来登录注册所填写的邮箱，单击最新邮件信息，邮件信息如图12.9所示。

图 12.9 邮件信息

单击图 12.9 中的【激活】按钮，显示结果如图 12.10 所示。

图 12.10 单击【激活】按钮后的弹窗

单击图12.10中的【继续访问】按钮,跳转到博客系统的登录界面,显示结果如图12.11所示。

图12.11 激活成功

12.5.2 用户登录

在12.5.1小节的内容中已经将用户"qianfengjiaoyu"注册成功,并成功跳转到登录界面,然后直接输入用户名和密码提交到后台验证,验证成功之后就可以跳转到网站的主页面。接下来讲解用户的登录功能。

1. 用户登录视图函数设计

```
1    #用户登录
2    @user.route('/login/', methods = ['GET', 'POST'])
3    def login():
4        form = LoginForm()
5        if form.validate_on_submit():
6            u = User.query.filter_by(username = form.username.data).first()
7            if not u:
8                flash('无效的用户名')
9            elif u.verify_password(form.password.data):
10               login_user(u, remember = form.remember.data)
11               flash('登录成功')
12               return redirect(request.args.get('next')
13                           or url_for('main.index'))
14           else:
```

```
15          flash('无效的密码')
16          return render_template('user/login.html', form = form)
```

上述代码是用户登录的实现。第 2 行是配置函数 login() 的路由,并指定参数 "methods" 的值为['GET','POST']。第 4 行是创建登录表单对象 form。第 5 行是判断用户是否提交表单。第 6~13 行是用户提交表单之后执行的代码。第 6 行是以用户名为基准查询用户数据。第 7 行是判断是否存在该用户。第 8 行是当用户不存在时 flash 的提示信息。第 9 行是判断密码是否正确。第 10~13 行是用户名与密码均正确时执行的代码。第 10 行是 "记住我" 功能的实现。第 12~13 行是将 URL 重定向到下一页或蓝本 main 的首页。第 15 行是当密码不正确时 flash 的提示信息。第 16 行是渲染用户登录界面。

2. 运行结果

将用户登录中的内容都完成以后,通过浏览器以及 URL 就可以查看运行结果了。接下来运行程序,然后在浏览器中输入 http://127.0.0.1:5000/user/login/,并输入登录信息之后的运行结果如图 12.12 所示。

图 12.12 登录

单击图 12.12 中的【立即登录】按钮,显示页面如图 12.13 所示。

3. 用户退出

用户登录之后需要切换账号或者退出网站时,需要提供用户退出功能,接下来讲解用户退出功能实现。

```
1   @user.route('/logout/')
2   def logout():
3       logout_user()
4       flash('您已退出登录')
5       return redirect(url_for('main.index'))
```

图 12.13　登录成功

上述代码是用户退出的实现。第 1 行是配置函数 logout() 的路由。第 3 行是调用系统内置的退出函数。第 5 行是将 URL 重定向到蓝本 main 的首页。

4．用户退出运行结果

将用户退出中的视图函数编写完成之后，运行程序并登录网站，运行结果如图 12.14 所示。

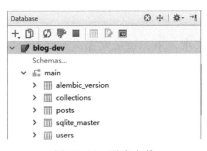

图 12.14　退出之前

单击图 12.14 中的【退出】按钮，运行结果如图 12.15 所示。

12.5.3　用户信息展示

本系统提供了用户信息展示功能，即用户详情接口。用户可以通过用户详情接口查看自己的相关信息。接下来详细讲解用户详情功能的实现。

图 12.15 退出之后

1. 视图设计

```
1    #用户详情
2    @user.route('/profile/')
3    def profile():
4        img_url = photos.url(current_user.icon)
5        return render_template('user/profile.html', img_url = img_url)
```

上述代码是用户详情的实现。第 2 行是配置函数 profile() 的路由。第 4 行是将当前用户的头像 URL 赋值给变量"img_url"。第 5 行是将当前用户的头像 URL 渲染到用户详情显示页中。

2. 运行结果

将用户详情中的内容都完成以后,通过浏览器以及 URL 就可以查看运行结果了。接下来运行程序,然后在浏览器中输入 http://127.0.0.1:5000/user/profile/,运行结果如图 12.16 所示。

在图 12.16 中,用户名、邮箱信息都是以只读形式展示的,无法编辑。

12.5.4 用户信息修改

随着时间的推移,用户的信息可能会发生变化,因此需要提供用户信息修改的功能。本系统主要设计了三个方面的用户信息修改,分别是修改密码、修改邮箱、修改头像。接下来详细讲解这三部分内容的实现。

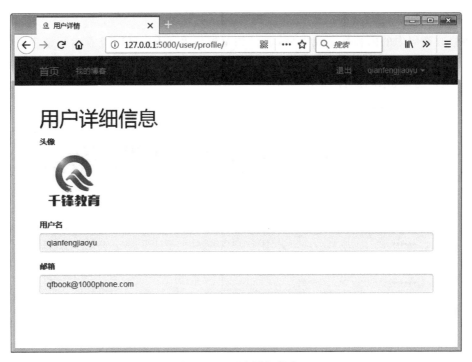

图12.16　用户详细信息

1. 修改密码

大家在银行办理银行卡后,需要设置密码,但当设置好后会有提示告知:为保证账户安全,请每隔一段时间修改一次密码。而在网站中也会出现类似的安全问题,因此接下来讲解修改密码功能的实现。

1) 视图设计

```
1    #修改密码
2    @user.route('/editpw/', methods = ['GET', 'POST'])
3    def editpw():
4        form = EditPWForm()
5        if form.validate_on_submit():
6            if current_user.verify_password(form.passwordold.data):
7                current_user.password = form.passwordnew.data
8                db.session.add(current_user)
9                flash('密码修改成功')
10               return redirect(url_for('user.login'))
11           else:
12               flash('密码错误')
13       return render_template('user/editpw.html', form = form)
```

上述代码是用户修改密码的实现。第2行是配置函数editpw()的路由。第4行是创建修改密码的表单对象。第6行是判断用户输入的原始密码是否正确,若正确则执行第7行代码。第7行是将提交的新密码赋值给当前用户的密码变量"current_user.password"。第8行是将修改之后的密码更新到数据库中。第10行是将URL重定向到蓝本user的登录界面。第12行是用户输入的原始密码错误时执行的代码。第13行是渲染修改密码页面。

2）运行结果

将修改密码中的内容都完成以后，通过浏览器以及 URL 可以查看运行结果。接下来运行程序，然后在浏览器中输入 http://127.0.0.1:5000/user/editpw/，并输入原始密码和新密码，运行结果如图 12.17 所示。

图 12.17　修改密码

单击图 12.17 中的【确定】按钮，跳转到登录界面，如图 12.18 所示。

图 12.18　密码修改成功

2. 修改邮箱

当用户常用的邮箱更换时,本系统也可以提供修改,只需要再次激活即可。接下来讲解修改邮箱功能的实现。

1) 视图设计

```
1   #修改邮箱
2   @user.route('/editemail/', methods = ['GET', 'POST'])
3   def editemail():
4       form = EditEmailForm()
5       if form.validate_on_submit():
6           token = current_user.generate_activate_token()
7           send_mail(form.emailnew.data, '账户激活', 'email/activate',
8                     username = current_user.username, token = token)
9           #给出 flash 提示消息
10          flash('邮件已发送,请单击链接完成用户激活')
11          current_user.email = form.emailnew.data
12          current_user.confirmed = False
13          db.session.add(current_user)
14          return redirect(url_for('main.index'))
15      return render_template('user/editemail.html', form = form)
```

上述代码是用户修改邮箱的实现。第 2 行是配置函数 editemail() 的路由。第 4 行是创建修改邮箱的表单对象。第 6 行是生成 token 并赋值给变量 "token"。第 7~8 行是发送邮件给新邮箱。第 11 行是将修改之后的邮箱赋值给当前用户的邮箱变量 "current_user.email"。第 12 行是将当前用户的激活状态置为 False。第 13 行是将修改后的邮箱信息更新到数据库中。第 14 行是将 URL 重定向到蓝本 main 的首页。第 15 行是渲染修改邮箱界面。

2) 运行结果

将修改邮箱中的内容都完成以后,通过浏览器以及 URL 可以查看运行结果。接下来运行程序,然后在浏览器中输入 http://127.0.0.1:5000/user/editemail/,并输入新邮箱,运行结果如图 12.19 所示。

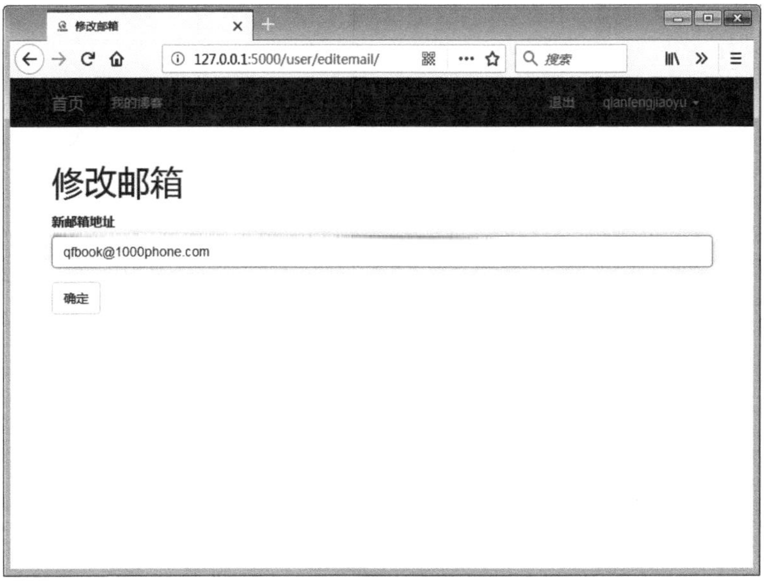

图 12.19 修改邮箱

单击图 12.19 中的【确定】按钮,跳转到首页,显示结果如图 12.20 所示。

图 12.20　邮箱修改成功

其余运行结果及操作与注册时的邮件激活相同,此处不再赘述。

3. 修改头像

随着对新事物的接触,很多用户都会更换自己的头像来凸显自己跟随潮流,因此修改头像可以说是一个非常重要且不可缺少的一个功能。接下来详细讲解修改头像功能的实现。

1) 视图设计

```
1    # 头像上传
2    @user.route('/icon/', methods=['GET', 'POST'])
3    def icon():
4        form = IconForm()
5        if form.validate_on_submit():
6            suffix = os.path.splitext(form.icon.data.filename)[1]
7            filename = random_string() + suffix
8            photos.save(form.icon.data, name=filename)
9            pathname = os.path.join(
10               current_app.config['UPLOADED_PHOTOS_DEST'], filename)
11           img = Image.open(pathname)
12           img.thumbnail((128, 128))
13           img.save(pathname)
```

```
14        #删除原来的头像,默认的除外
15        if current_user.icon != 'default.jpg':
16            os.remove(os.path.join(
17                current_app.config['UPLOADED_PHOTOS_DEST'],
18                current_user.icon))
19        #保存修改到数据库
20        current_user.icon = filename
21        db.session.add(current_user)
22        flash('头像已保存')
23    #获取头像的url
24    img_url = photos.url(current_user.icon)
25    return render_template('user/icon.html', form = form, img_url = img_url)
```

上述代码是用户修改头像的实现代码。第 2 行是配置函数 icon() 的路由。第 4 行是创建修改头像的表单对象。第 6~7 行是生成随机头像名。第 6 行是将用户提交的文件名赋值给变量"suffix"。第 7 行是调用生成随机数函数,生成一个随机字符串再加上变量"suffix"的值作为最终的文件名,并赋值给变量"filename"。第 8 行是保存上传的文件。第 9~10 行是拼接上传的文件路径。第 11~13 行是生成上传头像的缩略图并再次保存。第 11 行是打开文件内容,并将文件内容赋值给变量"img"。第 12 行是重新定义图片的大小。第 13 行是再次保存图片。第 15 行是判断当前用户的头像是否是默认头像,若不是则执行下面代码。第 16~18 行是将原来的头像删除。第 20 行是将文件名赋值给当前用户的头像变量"current_user.icon"。第 21 行是将文件保存在数据库中。第 24 行是将头像的 URL 赋值给变量"img_url"。第 25 行是渲染修改头像页面。

2)随机数生成函数

上述修改头像功能的实现,使用了随机数生成函数,接下来详细讲解随机数生成函数的实现。

```
1    #生成随机的字符串
2    def random_string(length = 32):
3        import random
4        base_str = 'abcdefghijklmnopqrstuvwxyz1234567890'
5        return ''.join(random.choice(base_str) for i in range(length))
```

上述代码是用户修改邮箱的实现代码。第 3 行是引入 random 模块。第 4 行是定义基础数据即随机数从变量"base_str"中随机抽取。第 5 行是将生成的随机数返回。

3)运行结果

将修改头像中的内容都完成以后,通过浏览器以及 URL 可以查看运行结果。接下来运行程序,然后在浏览器中输入 http://127.0.0.1:5000/user/ icon/,运行结果如图 12.21 所示。

单击图 12.21 中的【浏览】按钮,选择相应头像,如图 12.22 所示。

头像选择完成后,单击如图 12.22 所示界面中的【保存】按钮,显示结果如图 12.23 所示。

图 12.21　头像上传

图 12.22　选中文件

图 12.23　保存头像

12.6　博客管理

博客系统中主要分为两部分的内容,一部分是用户管理,另一部分就是博客的管理(views/posts.py)。本节讲述的博客管理主要包括发表博客、收藏博客、"我的博客"展示、删除博客四部分内容。接下来详细讲解这四部分内容的实现。

12.6.1　发表博客

博客发表的功能在首页管理的视图函数中已讲解,接下来展示发表博客的运行结果。登录后进入网站首页,填写博客内容,运行结果如图 12.24 所示。

单击图 12.24 中的【发表】按钮,显示结果如图 12.25 所示。

12.6.2　收藏博客

大家在博客上看到比较喜欢的博客都会进行收藏,接下来讲解博客收藏功能的实现。
1. 视图设计

```
1    # 参数最好是类型限定,向后传递时默认是字符串
2    @posts.route('/collect/<int:pid>')
3    def collect(pid):
4        # 判断是否收藏过此贴
5        if current_user.is_favorite(pid):
```

图 12.24　发表博客

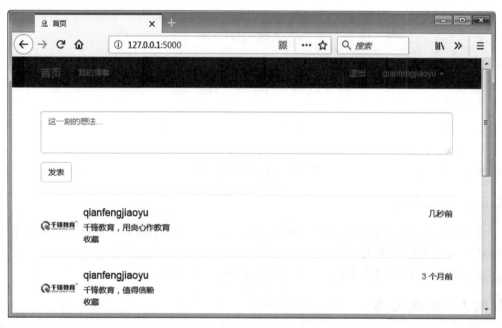

图 12.25　博客发表成功

```
    6            #取消收藏
    7            current_user.del_favorite(pid)
    8        else:
    9            #收藏
   10            current_user.add_favorite(pid)
   11    return jsonify({'result': 'ok'})
```

上述代码是收藏博客的实现。第 2 行是定义函数 collect() 的路由。第 5 行是判断用户是否收藏过这个博客，若收藏过则执行第 7 行代码。第 7 行是取消收藏。第 10 行是收藏博客。第 11 行是返回结果"ok"。

2. 运行结果

将收藏博客中的内容全部完成以后，通过浏览器可以查看运行结果。接下来运行程序，然后进入网站首页并登录，运行结果如图 12.26 所示。

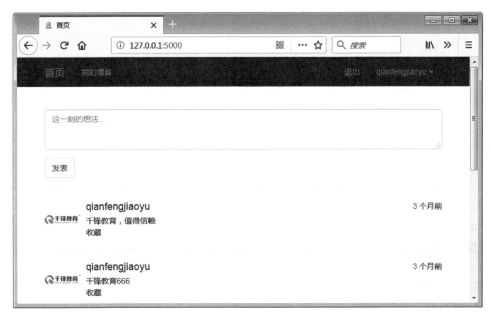

图 12.26　收藏博客前

单击图 12.26 中博客对应的【收藏】按钮，显示结果如图 12.27 所示。

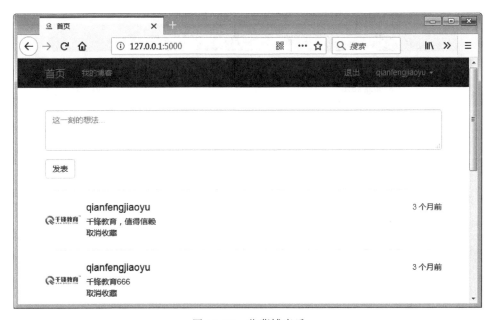

图 12.27　收藏博客后

12.6.3 "我的博客"展示

在登录网站之后,可通过接口来对自己发表的博客进行查看并操作。接下来讲解"我的博客"展示。

1. 视图设计

```
1    @posts.route('/myposts/<uid>')
2    def myposts(uid):
3        form = PostsForm()
4        page = request.args.get('page', 1, type=int)
5        pagination = Posts.query.filter_by(rid=0,uid=uid).order_by(
6            Posts.timestamp.desc()).paginate(
7            page, per_page=5, error_out=False)
8        posts = pagination.items
9        return render_template(
10            'posts/myposts.html', form=form,
11            posts=posts, pagination=pagination)
```

上述代码是"我的博客"的实现。第 1 行是定义函数 myposts()的路由。第 3 行是创建博客表单对象。第 4 行是读取页数信息。第 5~7 行是按需求进行分页查询博客并赋值给变量"pagination"。第 8 行将分页内的博客信息赋值给变量"posts"。第 9~11 行是渲染"我的博客"页面。

2. 运行结果

将"我的博客"展示中的内容都完成以后,通过浏览器以及 URL 可以查看运行结果。接下来运行程序,然后在浏览器中输入 http://127.0.0.1:5000/posts/myposts/7,其中最后数字"7"是当前用户的 id,运行结果如图 12.28 所示。

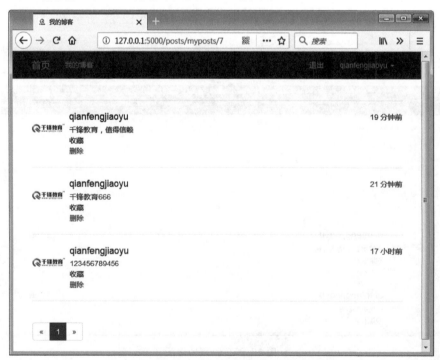

图 12.28 我的博客

12.6.4 删除博客

博客的内容可能会过时或者自己不想展示时,可以将博客删除,接下来讲解删除博客内容。

1. 视图设计

```
1   #删除博客
2   @posts.route('/delpost/<pid>/<uid>')
3   def delpost(pid,uid):
4       p = Posts.query.get(pid)
5       if p:
6           db.session.delete(p)
7           return redirect(url_for('posts.myposts',uid=uid))
8       return '无此博客'
```

上述代码是删除博客的实现。第2行是定义函数delpost()的路由。第3行是创建博客表单对象。第4行是通过博客id查找博客然后赋值给变量"p"。第5行是判断"p"是否存在,存在则执行下面代码。第6行是删除博客"p"。第7行将URL重定向到('posts.myposts',uid=uid)。第8行是当博客不存在的时候执行,返回"无此博客"。

2. 运行结果

将删除博客中的内容都完成以后,通过浏览器以及URL可以查看运行结果。接下来运行程序,然后在浏览器中输入http://127.0.0.1:5000/posts/myposts/7,其中最后数字"7"是当前用户的id,运行结果如图12.29所示。

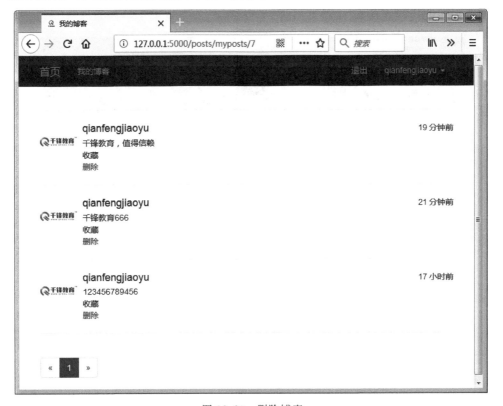

图 12.29 删除博客

查询需要删除的博客,并单击【删除】按钮,显示结果如图 12.30 所示。

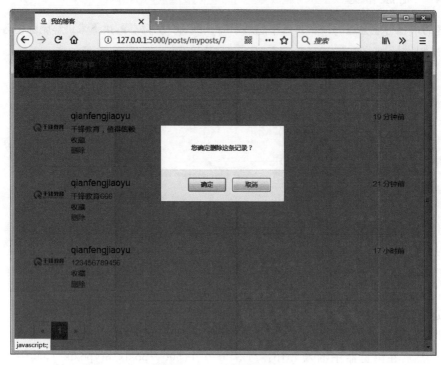

图 12.30　单击删除弹窗

单击【确定】按钮之后,显示结果如图 12.31 所示。

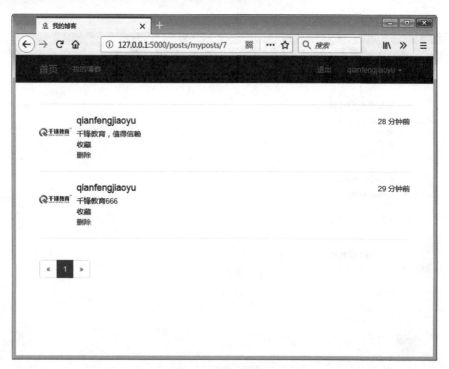

图 12.31　博客删除成功

12.7 本章小结

本章主要讲解使用 Flask 框架完成博客系统的实现,其中包括项目概念及准备、页面设计、表单管理、首页管理、用户管理、博客管理 6 部分内容。对于本章内容,大家要跟着项目的内容编程,并在编程过程中勤思考,开阔思维,最终达到独立使用 Flask 框架编写网站系统。

12.8 习 题

思考题

在互联网的世界,没有一个网站能称之为完美,因此本系统也还有很多可以完善的地方,思考在本章项目基础上还可以添加哪些内容?

图书资源支持

感谢您一直以来对清华版图书的支持和爱护。为了配合本书的使用,本书提供配套的资源,有需求的读者请扫描下方的"书圈"微信公众号二维码,在图书专区下载,也可以拨打电话或发送电子邮件咨询。

如果您在使用本书的过程中遇到了什么问题,或者有相关图书出版计划,也请您发邮件告诉我们,以便我们更好地为您服务。

我们的联系方式:

地　　址: 北京市海淀区双清路学研大厦 A 座 701

邮　　编: 100084

电　　话: 010-83470236　010-83470237

资源下载: http://www.tup.com.cn

客服邮箱: 2301891038@qq.com

QQ: 2301891038(请写明您的单位和姓名)

资源下载、样书申请

书 圈

扫一扫,获取最新目录

课 程 直 播

用微信扫一扫右边的二维码,即可关注清华大学出版社公众号"书圈"。